Biologie für Gymnasien

NATURA

Oberstufe

Stoffwechsel

von
Horst Bickel
Bernhard Knauer
Hans-Dieter Lichtner
Wolfgang Tischer

Ernst Klett Schulbuchverlag
Stuttgart Düsseldorf Berlin Leipzig

Gedruckt auf Papier aus chlorfrei gebleichtem Zellstoff, säurefrei.

1. Auflage
1 5 4 3 2 1 | 1999 98 97 96 95

Alle Drucke dieser Auflage können im Unterricht nebeneinander benutzt werden. Die letzte Zahl bezeichnet das Jahr dieses Druckes.

Satz: KLETT DRUCK H. S. GmbH, Korb
Repro: Reprographia, Lahr
Druck: Appl, Wemding

ISBN 3-12-042910-4

Autoren
Dr. Horst Bickel; Alexander-von-Humboldt-Gymnasium, Neuss
Bernhard Knauer;
Hainberg-Gymnasium, Göttingen
Hans-Dieter Lichtner;
Rats-Gymnasium, Stadthagen
Dr. Wolfgang Tischer; Gymnasium Sarstedt

unter Mitarbeit von
Roman Claus; Konrad-Duden-Gymnasium, Wesel; Fachberater Biologie beim Regierungspräsidium Düsseldorf
Roland Frank; Gottlieb-Daimler-Gymnasium, Stuttgart-Bad Cannstatt; Staatl. Seminar für Schulpädagogik (Gymnasien) Stuttgart I
Harald Gropengießer; Carl von Ossietzky Universität, Oldenburg
Gert Haala; Konrad-Duden-Gymnasium, Wesel; Studienseminar Oberhausen
Dr. Inge Kronberg; Fachautorin und Dozentin, Hohenwestedt
Uschi Loth; Gymnasium der Gemeinde Neunkirchen
Dr. Jürgen Schweizer; Hegel-Gymnasium, Stuttgart-Vaihingen
Ulrich Sommermann; Gymnasium Münchberg
Gerhard Ströhla; Gymnasium Münchberg
Günther Wichert; Theodor-Heuss-Gymnasium, Dinslaken

Wissenschaftliche Fachberatung
Prof. Dr. Ulrich Kattmann; Carl von Ossietzky Universität, Oldenburg

Gestaltung des Bildteils
Prof. Jürgen Wirth; Fachhochschule Darmstadt (Fachbereich Gestaltung)
Mitarbeit: Matthias Balonier

Einbandgestaltung
Hitz und Mahn; unter Verwendung eines Fotos von Focus (Gopal Murti, Science Photo Library), Hamburg

Bildnachweis
Siehe Seite 109

Regionale Fachberatung
Berlin: Hartmut Ulrich;
Walter-Gropius-Gesamtschule, Berlin
Brandenburg: Torsten Leidel;
Gymnasium, Kleinmachnow
Hamburg: Herbert Jelinek;
Goethe-Gymnasium, Hamburg
Hessen: Wolf-Dieter Bojunga;
Studienseminar III für das Lehramt am Gymnasium, Frankfurt
Mecklenburg-Vorpommern:
Dr. Dietrich Aldefeld; Landesinstitut für Schule und Ausbildung, Schwerin
Niedersachsen: Hans-Werner Dobias;
Lutherschule, Hannover
Nordrhein-Westfalen:
Dr. Karl Peter Ohly; Oberstufenkolleg NRW an der Universität Bielefeld
Rheinland-Pfalz: Dr. Roland Klinger;
Staatl. Gymnasium am kurfürstlichen Schloß, Mainz
Ekkehard Schmale; Konrad-Adenauer-Gymnasium, Westerburg
Saarland: Roman Paul; Landesinstitut für Pädagogik und Medien, Saarbrücken
Sachsen: Prof. Dr. Karl-Heinz Gehlhaar; Universität Leipzig
Sachsen-Anhalt: Josef Donat;
Gymnasium Ballenstedt
Schleswig-Holstein: Eckard Fister;
Ricarda-Huch-Schule, Kiel
Thüringen: Heidi Becker;
Erstes Gymnasium am Anger, Jena

Inhaltsverzeichnis

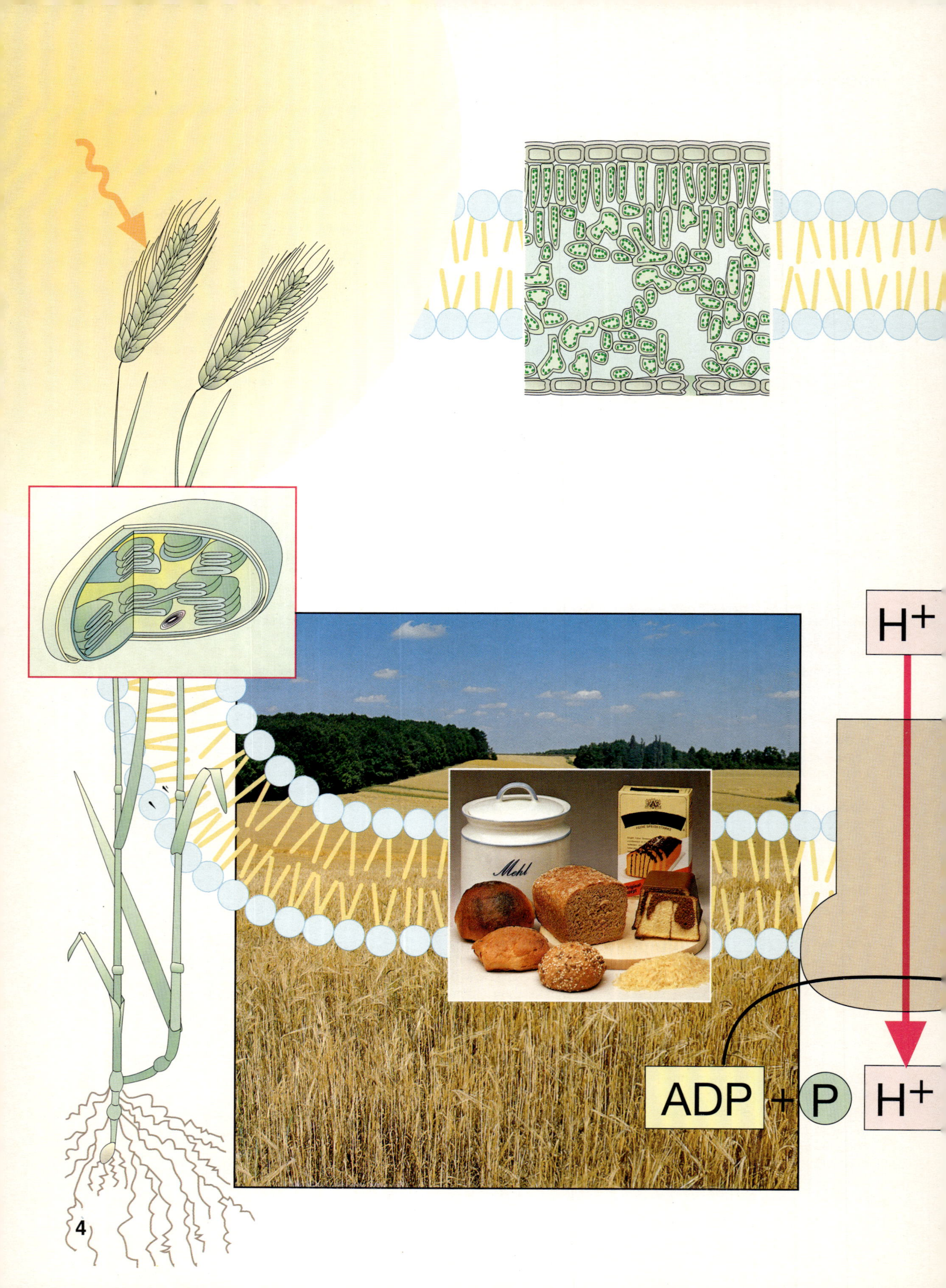
Mehl
H+
ADP + P
H+

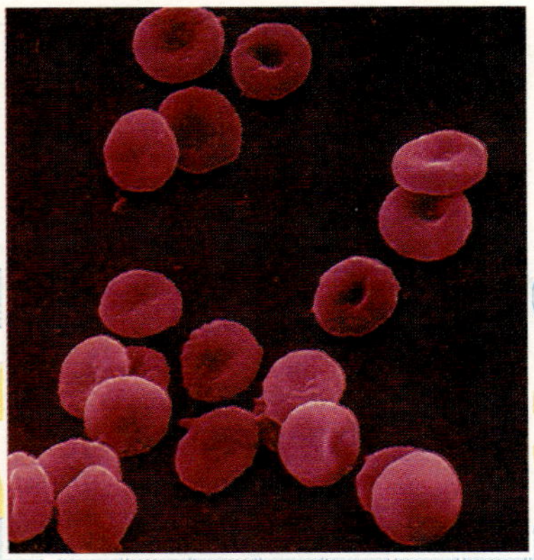

Alle lebenden Organismen, wie Pflanzen, Tiere und der Mensch, benötigen Energie. Diese gewinnen sie durch verschiedene Stoffwechselprozesse in den Zellen ihres Organismus.

Pflanzen nutzen die Sonnenenergie, die in Form der Glukose gespeichert wird. Die Energie, die von den Tieren aufgenommen wird, stammt direkt oder indirekt aus den von Pflanzen gebildeten Nährstoffen. Mit Hilfe des Sauerstoffes werden die Nährstoffe in den Körperzellen verarbeitet.

Die Verteilung der Nährstoffe und des Sauerstoffes im ganzen Organismus sind daher wichtige Grundvoraussetzungen für einen funktionierenden Energiehaushalt.

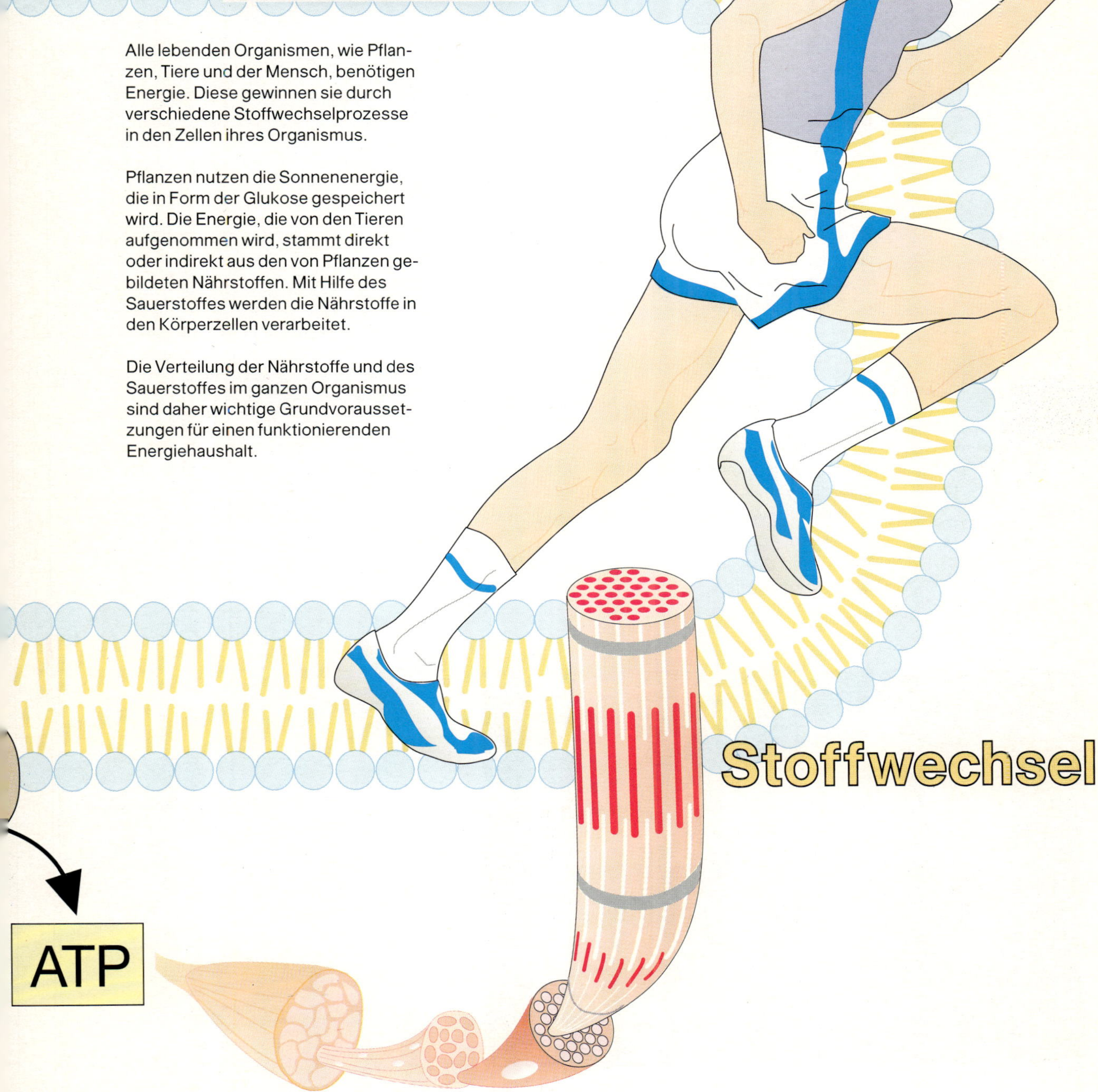

Stoffwechsel

1 Energiehaushalt gleichwarmer Tiere

Säugetiere haben unterschiedliche Herzschlagfrequenzen

Dissimilation
Abbau energiereicher Stoffe

homoiotherm
gleichwarm

poikilotherm
wechselwarm

Kein Tier kommt ohne Nahrung aus, denn alle Lebensvorgänge, wie z. B. das Wachstum, die Funktion der Organe, die Zellteilungen, der Stofftransport im Körper oder der Wärmehaushalt, brauchen Energie.

Man unterscheidet den *Ruhestoffwechsel*, bei dem das Tier keine Muskelarbeit verrichtet, und den *Leistungsstoffwechsel* bei körperlichen Aktivitäten. Auch beim Ruhestoffwechsel wird Energie umgesetzt, deren Menge man als *Grundumsatz* bezeichnet. Vergleicht man den Ruhestoffwechsel von Maus und Elefant, so ist dieser beim Elefanten mehr als 10 000mal so groß wie bei der Maus. Dies ist angesichts des extremen Größenunterschiedes nicht erstaunlich. Nimmt man als Maß für die Stoffwechselintensität der Tiere jedoch die Herzschlagfrequenzen, so schlägt das Herz des Elefanten überraschenderweise nur 22, das der Maus aber 690mal pro Minute.

Das Modellexperiment in Abb. 2 kann bei der Klärung der Frage helfen, wodurch diese Unterschiede zustande kommen. Die beiden Glaskolben mit ihren unterschiedlichen Oberflächen und Volumina veranschaulichen den Körper des Elefanten und der Maus und zeigen modellhaft die unterschiedliche Wärmeabgabe verschieden großer Tiere. Säugetiere, wie beispielsweise Maus und Elefant, sind gleichwarme *(homoiotherme)* Tiere.

Bei unterschiedlichen Umgebungstemperaturen halten sie ihre *Körperkerntemperatur* konstant. Somit ist gewährleistet, daß die Lebensfunktionen unabhängig von Klima und Jahreszeit auf unverändert hohem Niveau ablaufen können. Da die Körperkerntemperatur meist oberhalb der Temperatur der Umgebung liegt, geben die Homoiothermen ständig Energie ab (Abb. 1). Die an die Umgebung abgegebene Energie wird durch den Abbau energiereicher Stoffe *(Dissimilation)* in den Zellen ersetzt. Hierzu benötigen die Zellen Sauerstoff und Nährstoffe: Proteine, Fette und Kohlenhydrate. Die Kohlenhydrate z. B. werden bei der Verdauung in Glukose zerlegt, die über den Dünndarm ins Blut gelangt.

Den unterschiedlichen Herzschlagfrequenzen entsprechend, werden die Nährstoffbausteine und der Sauerstoff über den Blutkreislauf zu den Zellen transportiert. Gleichzeitig wird bei der Maus viel warmes Blut aus dem Kernbereich zur Körperoberfläche transportiert. So werden die Wärmeverluste ausgeglichen.

Im Vergleich zu den homoiothermen haben die wechselwarmen *(poikilothermen)* Tiere, wie z. B. Frösche und Eidechsen, eine niedrigere Stoffwechselintensität und somit eine geringere Energieabgabe. Ihre Körpertemperatur entspricht weitgehend der Umgebungstemperatur.

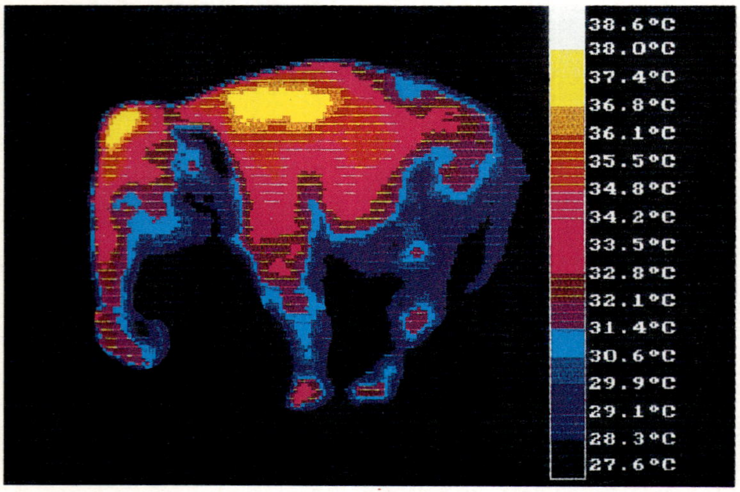

1 Thermofotografie eines Elefanten

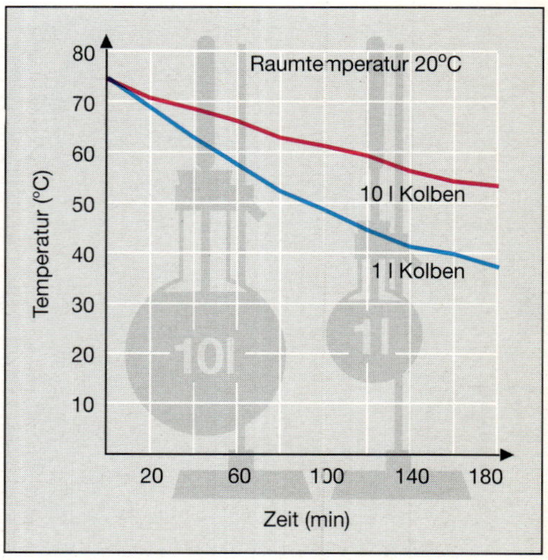

2 Modellversuch zur Körpertemperatur

Körpergröße und Energiehaushalt

Kleine homoiotherme Tiere haben, bezogen auf ihr Körpergewicht, eine größere Energieumwandlung und damit eine höhere Stoffwechselrate als große Tiere. Diese Vermutung *(Hypothese)* läßt sich jedoch erst bestätigen, wenn sie für verschiedene Säugetiere und nicht nur für den Elefanten oder die Maus gilt.

Aufgaben

① Bestimmen Sie zu den Daten aus Abb. 1 (oben) die jeweiligen 10er Logarithmen (Taschenrechner). Stellen Sie die Zusammenhänge Körpergewicht — Sauerstoffverbrauch — Herzfrequenz grafisch dar. Formulieren Sie die Aussagen der beiden Grafiken.

② Beschreiben und interpretieren Sie die Abb. 1 (unten). Setzen Sie Ihre Deutung mit den Daten von Aufgabe 1 in bezug.

③ Berechnen Sie anhand von Abb. 2 die Oberfläche, das Volumen sowie den Quotienten aus Oberfläche und Volumen (relative Oberfläche) des Würfels. Teilen Sie nun den Würfel in 8 kleinere Würfel mit halber Kantenlänge, und ermitteln Sie die Werte für den neu entstandenen Würfel. Fahren Sie so fort bis zu einer Kantenlänge von 2,5 cm. Stellen Sie alle Ergebnisse in einer Tabelle zusammen, und beschreiben Sie das Resultat Ihrer Berechnungen.

④ Erklären Sie die Bedeutung des Modellversuches in Abb. 2 für die Interpretation der unterschiedlichen Herzfrequenzen verschieden großer Tiere.

⑤ Beschreiben Sie die Gestalt der Tiere anhand der Versuchsdaten in der Abb. 2. Deuten Sie das Ergebnis.

Säugetierarten	Masse (g)	Sauerstoffverbrauch ml O_2/h	Herzfrequenz (1/min)
Maus	22	36	600
Meerschweinchen	900	605	280
Zwergziege	7 000	2 710	158
Orang-Utan	54 000	12 105	106
Mensch	76 000	15 980	72
Löwe	155 000	26 490	50
Pferd	500 000	65 100	44
Elefant	3 833 000	268 000	26

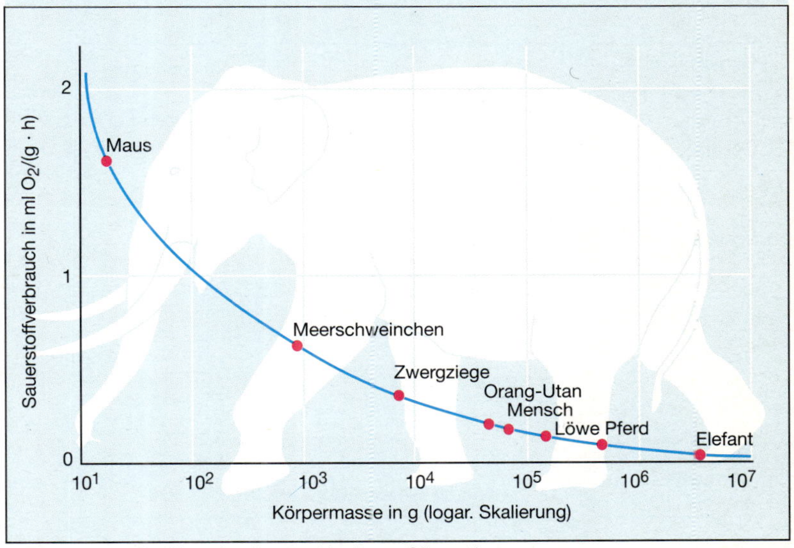

1 Daten zum Stoffwechsel verschiedener Säugetiere

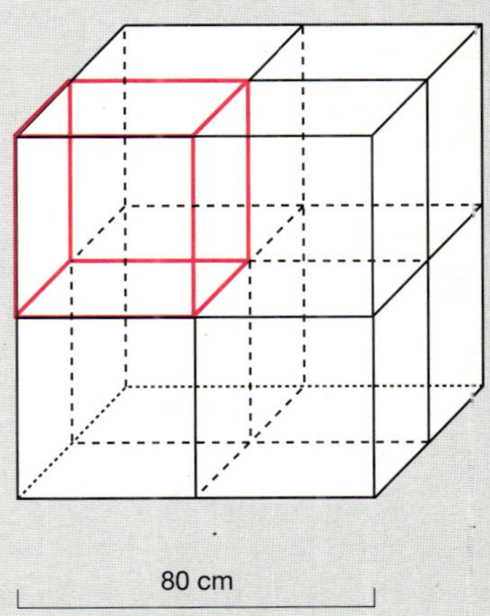

6 Ferkel des gleichen Wurfes wurden in zwei Gruppen aufgeteilt und ab dem 12. Tag langsam an unterschiedliche Umgebungstemperaturen gewöhnt. Nach 88 Tagen wurden die folgenden Daten erfaßt:

Temperatur	35°C	5°C
Gewicht (kg)	16,8	18,1
Körperlänge (mm)	715	624
Länge der Oberschenkel (mm)	126	109

2 Modell zur relativen Oberfläche

Beispiel einer Messung:

Eingeatmetes Atemvolumen: 12 l / min

eingeatmete Sauerstoffkonzentration: 21 %

ausgeatmete Sauerstoffkonzentration: 17 %

Die Differenz von 4 % ergibt einen Sauerstoffverbrauch von: 12 × 4 : 100 = 0,48 l/min

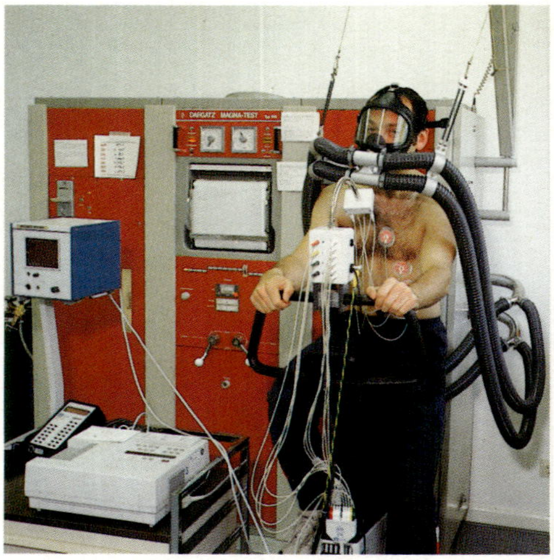

1 Messung des Sauerstoffverbrauches

Energieumsatz		
Alter (J)	Mann	Frau
5	4950	4870
20	3910	3570
70	3400	3190

Grundumsatz in kJ pro m^2 Körperoberfläche und 24 h im Vergleich

Liegen	1,0
Gehen	5,1
Schwimmen	8,1
Bäume fällen	14,5

Leistungsstoffwechsel angegeben als das x-fache gegenüber dem Grundumsatz.

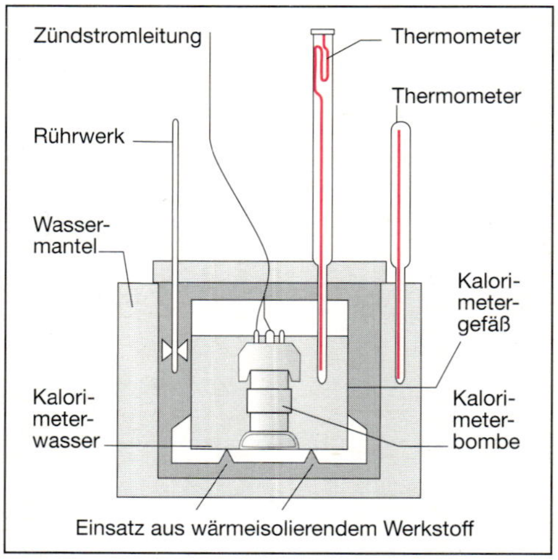

2 Aufbau eines Kalorimeters

Energiehaushalt des Körpers

In den Industrieländern ist das Übergewicht ein Phänomen, an dem viele Menschen leiden. Die Ursachen liegen meist an mangelnder Bewegung und einer Fehlernährung. Deshalb ist es von gesundheitlichem Interesse zu wissen, wieviel Energie ein Mensch über die Nahrung aufnimmt, und wieviel Energie er bei körperlichen Leistungen benötigt.

Die aufgenommene Nahrung setzt sich hauptsächlich aus Kohlenhydraten, Fetten und Eiweißen zusammen. Diese energiereichen Substanzen werden veratmet, d. h. sie werden unter Sauerstoffverbrauch zu energiearmem Kohlenstoffdioxid und Wasser abgebaut. Selbst der Harnstoff, der beim Abbau der Aminosäuren als Endprodukt entsteht, ist im Vergleich zu der Ausgangssubstanz energiearm. Bei diesen Prozessen wird Energie frei. Sie ist für den Organismus verfügbar und wird zu einem kleinen Teil für den Aufbau körpereigener Substanzen (*Baustoffwechsel*) verwendet. Der Hauptanteil dient dazu, den Energiebedarf des Körpers (*Betriebsstoffwechsel*) zu decken. Wird mehr Nahrung aufgenommen, als der Körper an Energie benötigt, wird diese in Form von Reservefetten gespeichert.

Bei der Messung des Energieumsatzes muß man unterscheiden, ob sich der Organismus in Ruhe befindet oder ob er aktiv ist. Jede körperliche Tätigkeit steigert den Energiebedarf. Selbst die Verdauung und die Konstanthaltung der Körpertemperatur benötigen Energie. Deshalb muß eine Person zur Bestimmung des Grundumsatzes nüchtern sein, völlig entspannt und bekleidet bei 20 °C auf einer Liege ruhen. Da unter diesen Bedingungen die Energie nahezu vollständig in Wärme übergeht, kann man den Grundumsatz durch die abgegebene Wärmemenge direkt bestimmen. Für dieses Verfahren der *direkten Kalorimetrie* ist eine vollständige Wärmeisolation notwendig. Der apparative Aufwand ist erheblich, deshalb hat diese Methode in der Medizin nur noch historische Bedeutung.

In der chemischen Forschung wird diese Methode dagegen sehr häufig angewandt. In einem Gefäß, das die gesamte Wärme eines Verbrennungsvorganges aufnimmt, ohne etwas davon an die Umgebung abzugeben (Kalorimeter, Abb. 2), bestimmt man die Reaktionsenergie verschiedener Substanzen. Als Brennwert bezeichnet man die Verbrennungswärme bezogen auf ein Gramm der Substanz.

Das Verfahren der *indirekten Kalorimetrie* ist nicht nur einfacher durchführbar, sondern ermöglicht auch bei körperlicher Aktivität, die Höhe des Leistungsstoffwechsels (Leistungsumsatz) zu bestimmen. Bei diesem Verfahren wird der Sauerstoffverbrauch als Maß für den Energieumsatz herangezogen. Technisch wird die Differenz zwischen dem Sauerstoffgehalt der eingeatmeten und ausgeatmeten Luft gemessen. Bei der anschließenden Auswertung macht man sich zunutze, daß pro mol Glukose 6 mol Sauerstoff verbraucht werden. Da 1 mol Sauerstoff bei Raumtemperatur ein Volumen von 22,4 Litern einnimmt, ergibt sich als Produkt der

Beziehung zwischen RQ und kalorischem Äquivalent bei Mischkost

RQ	kalorisches Äquivalent kJ pro Liter O_2
0,71	19,62
0,80	20,10
0,84	20,30
0,90	20,61
1,00	21,13

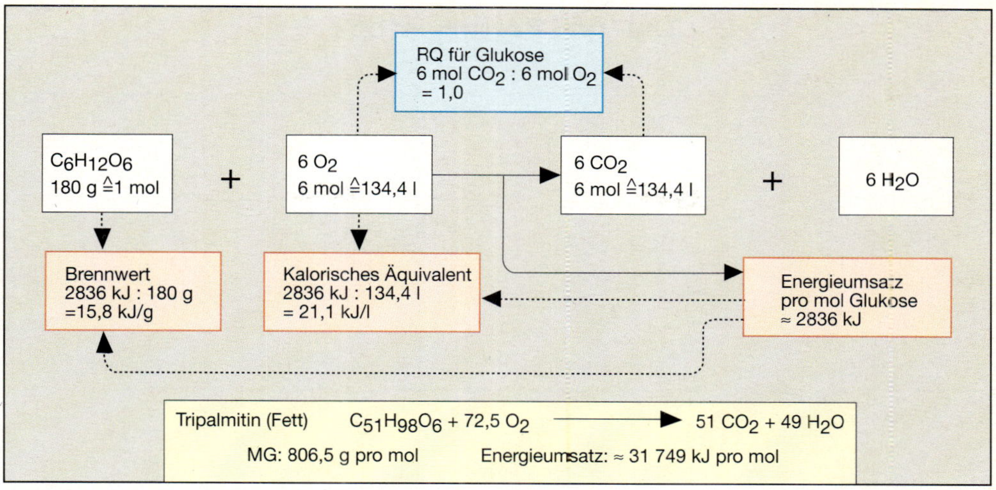

1 Respiratorischer Quotient und kalorisches Äquivalent

Sauerstoffverbrauch in Litern pro mol Glukose. Mit Hilfe des Brennwertes kann man ermitteln, wieviel Energie pro mol Glukose freigesetzt wird: 2836 kJ. Der auf einen Liter Sauerstoff bezogene Energieumsatz wird als *kalorisches Äquivalent* bezeichnet. Multipliziert man diese Größe mit der Menge an aufgenommenem Sauerstoff, so ergibt sich die im Körper umgesetzte Energie bei reiner Kohlenhydraternährung. Da der Mensch jedoch Mischkost zu sich nimmt, werden laufend Substanzen aus allen drei Nahrungsgruppen abgebaut. Ihr jeweiliges Verhältnis muß in der Berechnung berücksichtigt werden.

Obenstehende Tabelle demonstriert, daß zu jeder Mischung zwischen Kohlenhydraten und Fetten ein bestimmter *respiratorischer Quotient* (RQ) gehört. Bei Eiweißen sind die Verhältnisse etwas komplexer. Der RQ ist das Verhältnis aus abgegebener CO_2- zur aufgenommenen O_2-Menge.

$$RQ = \frac{V \text{ abgegebenes } CO_2}{V \text{ aufgenommenes } O_2}$$

Grasfresser haben RQ-Werte von etwa 1, Fleischfresser weisen RQ-Werte um ca. 0,75 auf. Bei einem normal ernährten Menschen liegt der Wert bei ca. 0,9. In Hungerphasen geht der RQ-Wert auf 0,71 zurück, es werden nur noch Fette aus den Reservespeichern verarbeitet. Zu jedem RQ-Wert zwischen 0,71 und 1,0 gehört ein kalorisches Äquivalent. Dieser Zusammenhang ermöglicht eine Bestimmung des Energieumsatzes auch bei Mischkost.

	Brennwert: kJ pro Gramm	kalorisches Äquivalent: kJ pro Liter O_2
Kohlenhydrate	17,2	21,15
Fette	38,9	19,6
Eiweiße	17,2	18,75

Aufgabe

① Bestimmen Sie den Energieumsatz des Sportlers in Abb. 8.1 anhand der gegebenen Daten bei normaler Ernährung und in der Hungerphase.

Hormone verändern den Grundumsatz

Das Gelbkörperhormon Progesteron beeinflußt den Grundumsatz im weiblichen Körper. Progesteron wird in den zu Gelbkörpern umgebildeten Follikeln des Eierstockes gebildet. Die Konzentration steigt während des Menstruationszyklus kurz nach dem Eisprung an und bewirkt in der Gebärmutterschleimhaut eine Veränderung der Zellen sowie eine Nährstoffanreicherung. Durch die Veränderung des Grundumsatzes steigt die Körpertemperatur um 0,5 °C. Durch regelmäßiges Messen der Körpertemperatur nach dem Aufwachen (Basaltemperatur) kann eine Frau ihre fruchtbaren Tage ermitteln.

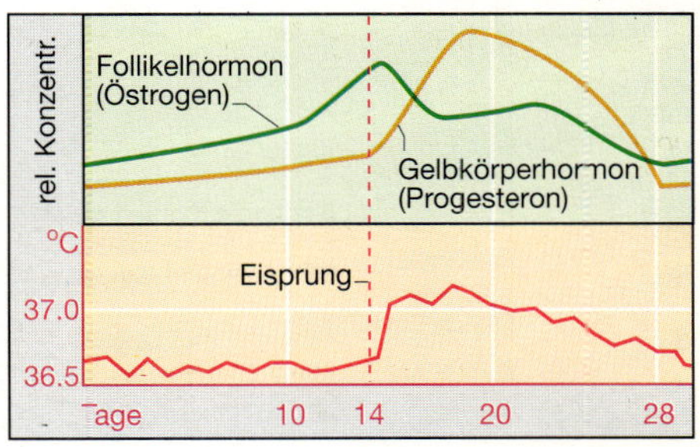

2 Bau- und Betriebsstoffe

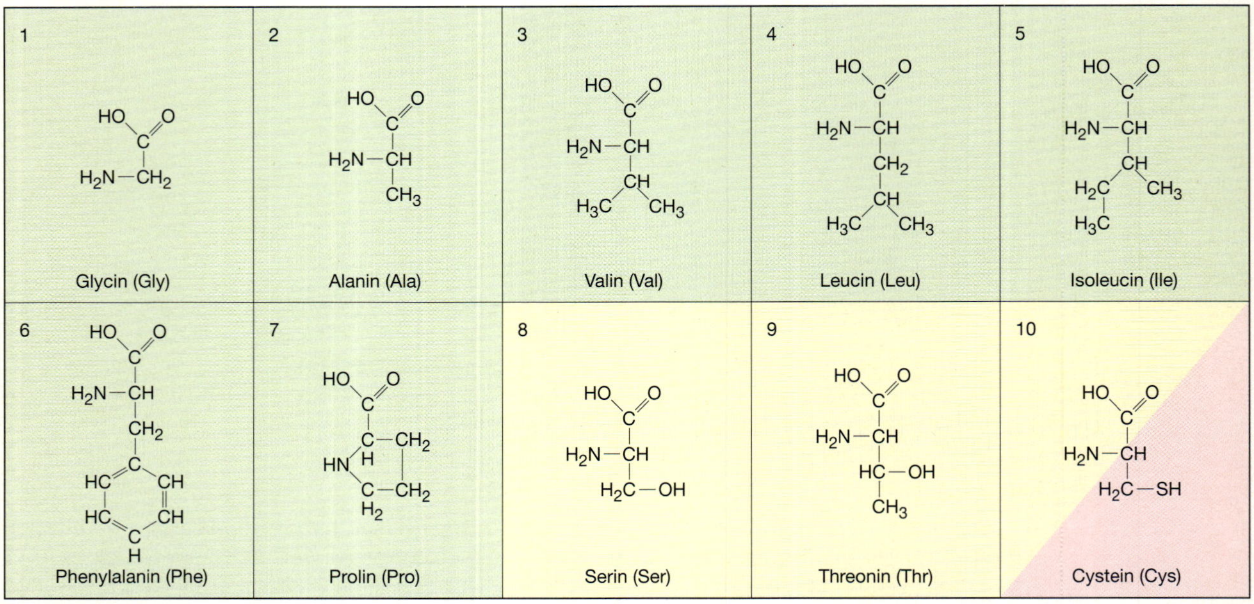

1 Aminosäuren

Proteine

Proteine gehören für jedes Lebewesen zu den wichtigsten Substanzen:

- Sie steuern als Enzyme den Stoffwechsel, übermitteln und empfangen im Körper Signale als Hormone und Membranrezeptoren.
- Sie bilden Hämoglobin und Hämocyanin, die den Sauerstoff transportieren.
- Sie dienen als Antikörper der Bekämpfung von Infektionen.
- Als Baustoffe bilden sie Gerüste für Zellen und Gewebe (z. B. *Kollagen*), aber auch außerhalb eines Körpers Haltefäden oder die verschiedenen Spinnfäden.

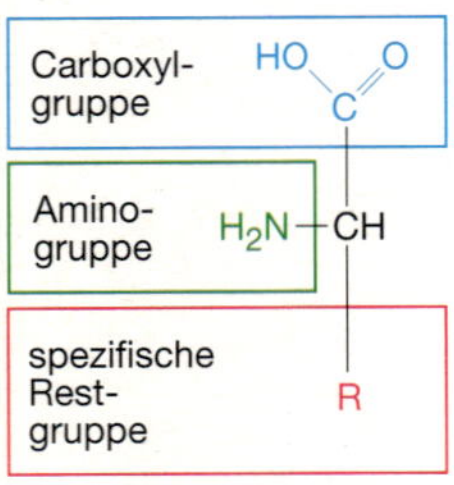

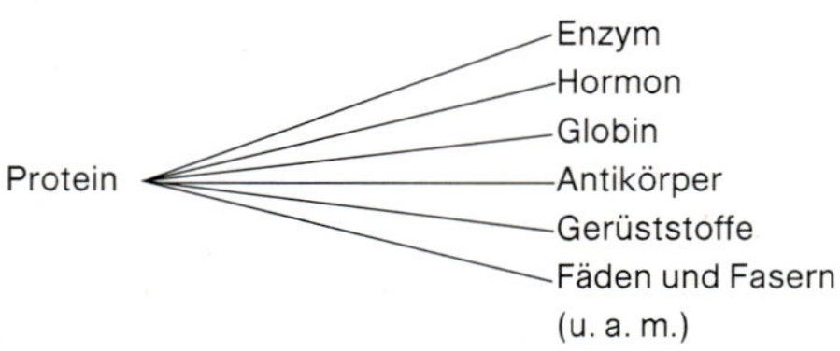

Aminosäuren in Proteinen

Proteine sind eine Stoffgruppe mit sehr großer Vielfalt. Ihr chemischer Bau läßt sich aber auf ein einheitliches Bauprinzip zurückführen: Jedes Protein besteht aus vielen Aminosäuren, die zu einem großen Molekül miteinander verbunden sind. Es kommen dabei nur 20 verschiedene Aminosäuren vor. Alle Aminosäuren besitzen einen gemeinsamen Molekülteil sowie einen Teil, in dem sie sich voneinander unterscheiden.

Den gemeinsamen Molekülteil bilden eine Carbonsäuregruppe *(Carboxylgruppe)* und eine Aminogruppe, die am zweiten C-Atom gebunden sind. Diese beiden Gruppen waren Grundlage der Benennung als Aminosäuren. Der unterschiedliche Molekülteil bestimmt die Besonderheiten der einzelnen Aminosäuren und wird *spezifische Restgruppe* genannt.

Die Eigenschaften der Restgruppen bestimmen zu einem wesentlichen Teil die Eigenschaften eines Proteins. Die wichtigste Eigenschaft dabei ist das Verhalten gegenüber Wasser, da Wasser ein allgegenwärtiger Stoff ist. Auch der Stoffwechsel einer Zelle läuft vorwiegend in wäßriger Umgebung ab. Wassermoleküle sind Dipole, und Wasser ist deswegen ein stark polares Medium. Zu Restgruppen mit Dipolen oder sogar Ionenladungen bestehen daher Anziehungskräfte *(hydrophile Restgruppen)*, während diese zu unpolaren *(hydrophoben)* Restgruppen fehlen.

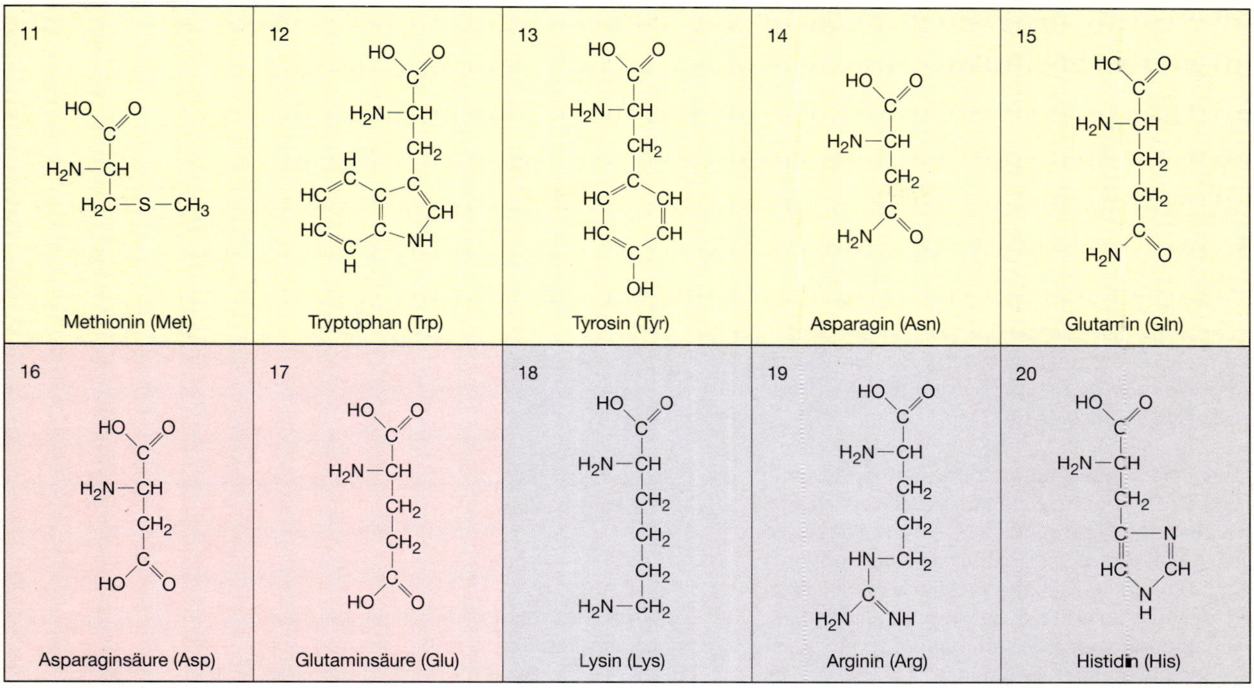

1 Aminosäuren

Die Aminosäuren werden daher folgendermaßen eingeteilt:

1) Aminosäuren mit unpolaren Restgruppen (1 – 7)
2) Aminosäuren mit polaren Restgruppen
   a) neutrale Restgruppen [8, 9, (10), 11 – 15]
   b) saure Restgruppen [(10), 16, 17]
   c) basische Restgruppen [18 – 20]

Die sauren und basischen Restgruppen sind von besonderer Bedeutung, da sie an Übertragungen von H^+-Ionen beteiligt sind:

– Saure Restgruppen können H^+-Ionen an einen Reaktionspartner abgeben:
  $COOH \rightarrow COO^- + H^+$
– Basische Restgruppen können von einem Reaktionspartner H^+-Ionen aufnehmen:
  $NH_2 + H^+ \rightarrow NH_3^+$

An der Restgruppe entsteht dabei jeweils eine Ionenladung. Beide Reaktionen sind (je nach pH-Wert) auch umkehrbar, wenn ein geeigneter Reaktionspartner vorhanden ist.

Polare Bindungen in der Biologie

Die Zellen aller Organismen bestehen zu einem großen Teil aus Wasser, das u. a. als Lösungsmittel vieler Zellinhaltsstoffe dient. Große Bedeutung kommt daher den Wechselwirkungen zwischen biologischen Stoffen und Wasser zu. Wichtig hierfür sind u. a. polare Bindungen der Moleküle. Ursache für die Polarisierung einer Bindung ist die asymmetrische Verteilung der Bindungselektronen. Dadurch wird z. B. im Wassermolekül das Sauerstoffatom leicht negativ und die Wasserstoffatome leicht positiv, sie besitzen eine negative bzw. positive Teilladung (δ^- bzw. δ^+). Jede Bindung zwischen Sauerstoff und Wasserstoff ist auf diese Weise polarisiert. Daneben gibt es eine Reihe weiterer, ebenfalls polarer Bindungen in biologischen Molekülen:

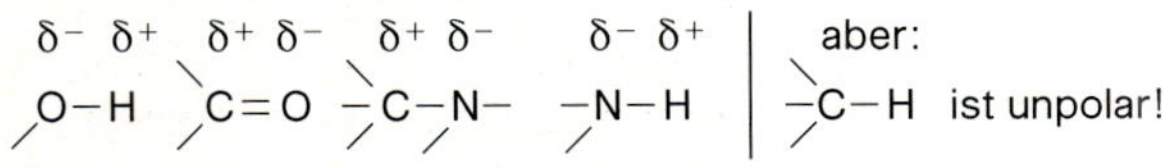

Zwischen den Teilladungen verschiedener Moleküle bestehen (je nach Ausrichtung) Anziehungs- oder Abstoßungskräfte und ebenso auch zu ganzen Ionenladungen. Wenn Wasserstoff dabei als Partner mit δ^+-Ladung vorkommt, nennt man dies eine *Wasserstoff-Brücken-Bindung* (oder kurz: *Wasserstoffbrücke*).

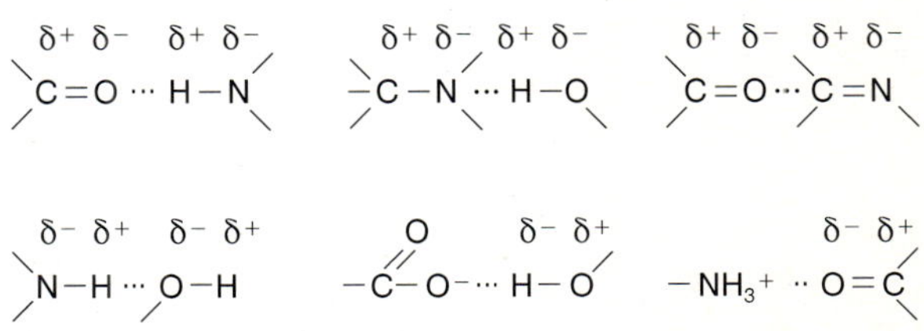

Primär-, Sekundär- und Tertiärstrukturen bei Proteinen

Primärstrukturen

Die Verknüpfung zweier Aminosäuren erfolgt zwischen den gemeinsamen Molekülteilen: Zwischen der Carboxylgruppe der ersten Aminosäure und der Aminogruppe der zweiten Aminosäure wird eine Bindung ausgebildet. Dabei werden OH^- und H^+ abgespalten, aus denen insgesamt ein Wassermolekül entsteht. Die neue Bindung wird *Peptidbindung* genannt, der neue Stoff nennt sich *Peptid* (Abb. 1).

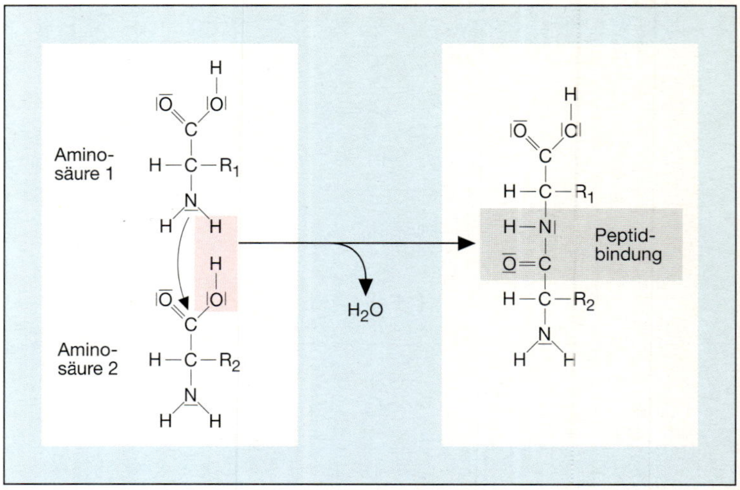

1 Peptid aus zwei Aminosäuren

Durch derartige Peptidbindungen sind in einem Protein sehr viele Aminosäuren zu einem langen Strangmolekül, einem *Polypeptid* („Vielpeptid"), miteinander verbunden. So besteht z. B. das menschliche Insulin aus 51 Aminosäuren und das menschliche Serumalbumin aus 608 Aminosäuren. In den Genen eines jeden Lebewesens ist dabei die Information festgelegt, welche Aminosäuren in welcher Reihenfolge auftreten. Die Reihenfolge der Aminosäuren wird *Primärstruktur* des Proteins genannt.

Sekundärstrukturen

Durch die Anziehungskräfte zwischen verschiedenen Peptidbindungen (Wasserstoffbrücken) entstehen in einigen Abschnitten der Peptidkette zum Teil regelmäßige Strukturen, die *Sekundärstrukturen* (Abb. 2).

1) Die Aminosäurekette ist als Spirale aufgewunden; die Restgruppen stehen seitlich ab. Diese Struktur wird *α-Helix* genannt.
2) Verschiedene Abschnitte der Aminosäurekette liegen in gleicher oder entgegengesetzter Richtung parallel nebeneinander und bilden eine gefaltete Ebene; die Restgruppen stehen abwechselnd senkrecht oberhalb und unterhalb der Ebene. Diese Struktur wird *β-Faltblatt* genannt. Ein β-Faltblatt ist meistens zusätzlich in sich verdreht.
3) Die Kette ist unregelmäßig, ihre Struktur wird *irregulär* genannt.

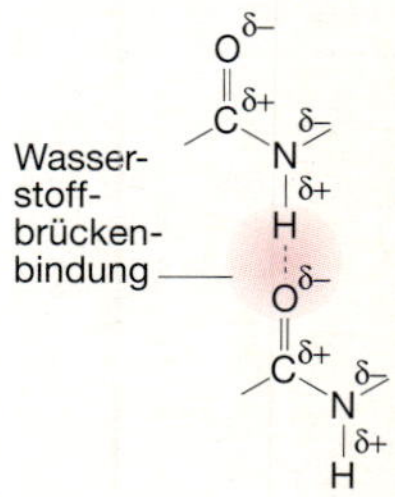

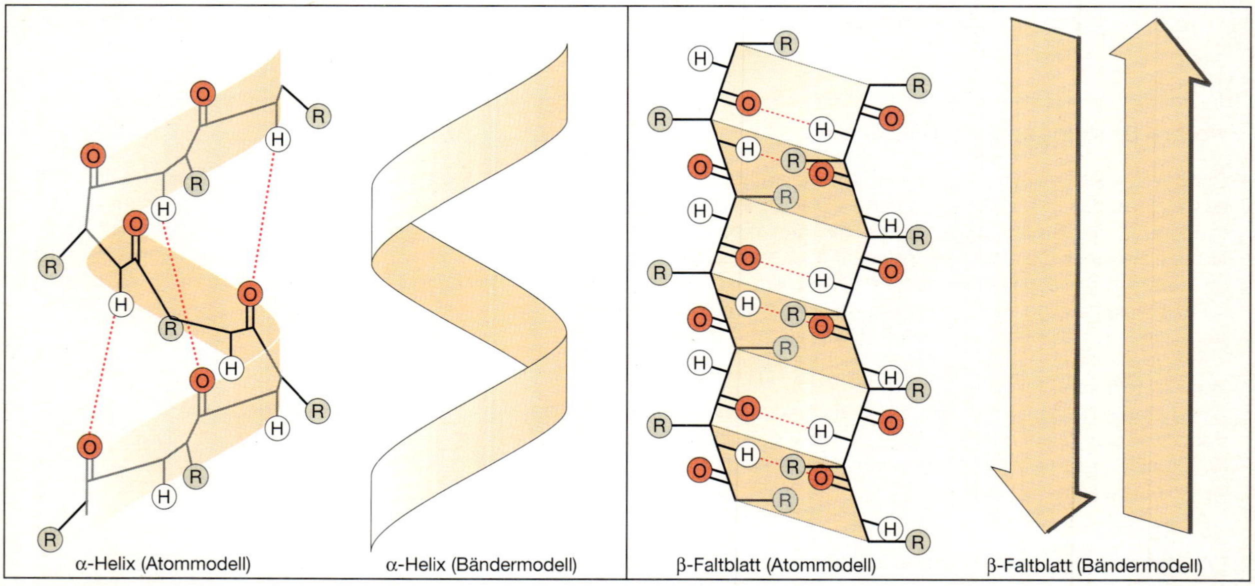

2 Sekundärstrukturen

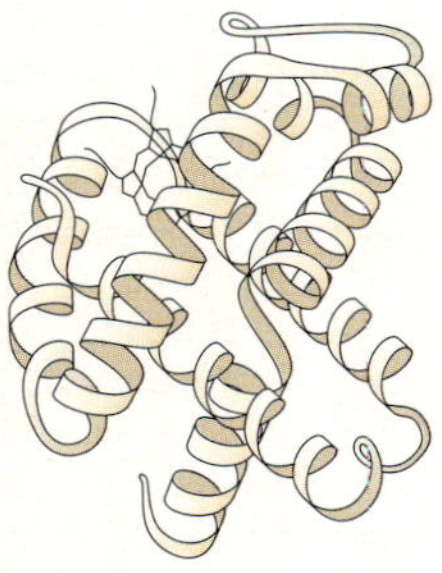
Globin

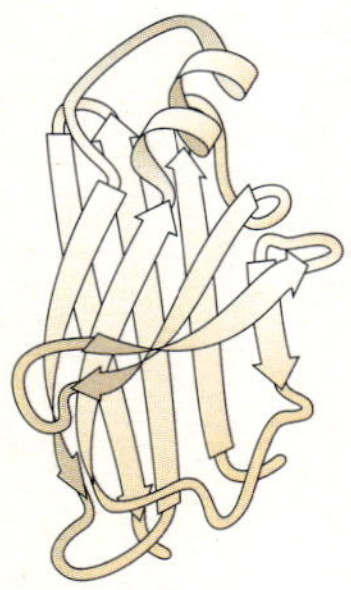
Präalbumin

Tertiärstrukturen

Ein Protein kann mehrere α-Helices und mehrere Bereiche mit einer β-Faltblattstruktur enthalten, die jeweils über irreguläre Abschnitte miteinander verbunden sind. Eine solche Gesamtstruktur des Proteins wird *Tertiärstruktur* genannt. So enthält z. B. ein Globin aus dem Hämoglobin ausschließlich α-Helices, während Präalbumin überwiegend eine β-Faltblattstruktur besitzt. In der Ribonuklease sind beide Sekundärstrukturen nahezu gleich stark vertreten.

Die Tertiärstruktur eines Proteins wird hauptsächlich durch die Eigenschaften seiner Restgruppen hervorgerufen und stabilisiert: Zum einen bewirken die Anziehungskräfte der Restgruppen zum umgebenden Wasser, daß sie die hydrophoben Restgruppen im Inneren des Proteinmoleküls sammeln, während sich die hydrophilen (zum Teil geladenen) Restgruppen zum Wasser hin ausrichten. Diese Anordnung ergibt insgesamt eine sehr dichte Packung aller Atome, so daß im Inneren des Proteins praktisch kein freier Platz mehr bleibt. Zum anderen ziehen sich zwei entgegengesetzt geladene Restgruppen an und können auf diese Weise verschiedene Kettenabschnitte durch eine *Ionenbindung* aneinander binden. Weiterhin können zwei Cystein-Restgruppen miteinander reagieren, so daß zwei Schwefelatome von verschiedenen Kettenabschnitten durch eine *Atombindung* verbunden sind *(Disulfidbrücke)*.

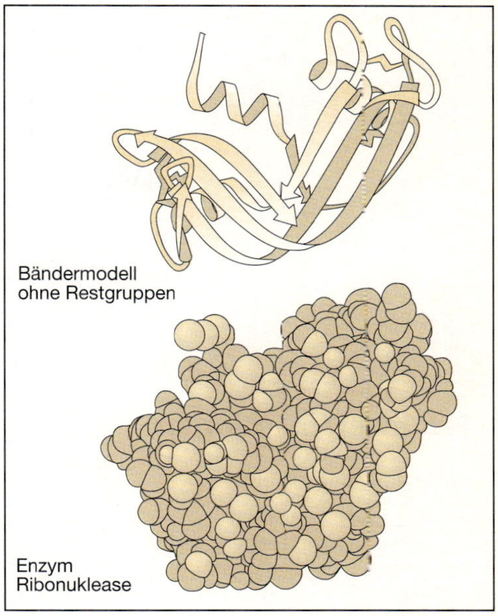

1 Bänder- und Atommodell eines Proteins

Die jeweils bewirkte Fixierung ist nicht gleich stark. Die hydrophile Anziehung ist relativ labil, während Atombindungen *(Disulfidbrücken)* eine sehr stabile Verknüpfung bewirken. Die Stabilität der Ionenbindungen nimmt dazu eine mittlere Stellung ein. Die Struktur eines Proteins kann daher z. B. durch Kochen oder durch Säurezugabe zerstört werden, das Protein wird *denaturiert.* Dies zeigt sich z. B. beim Kochen von Eiern oder dem Sauerwerden von Milch.

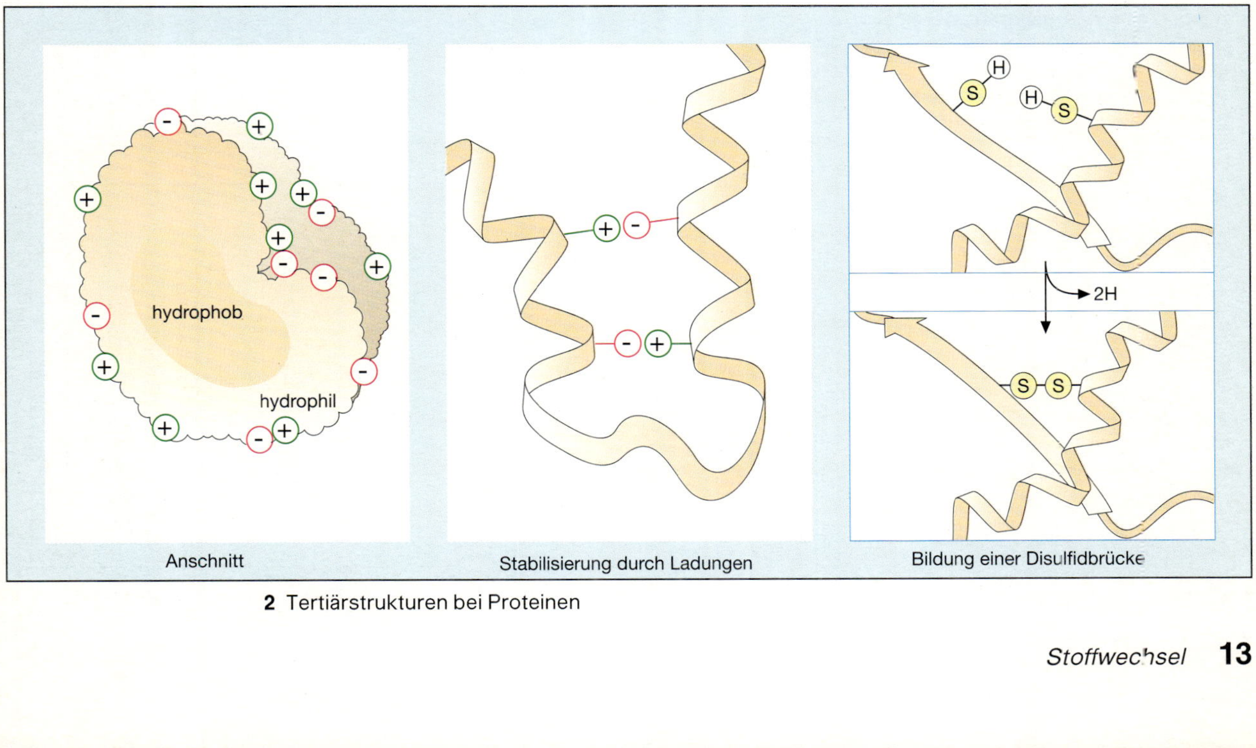

2 Tertiärstrukturen bei Proteinen

Nachweisreaktionen

a) Fehling'sche Probe

Material und Geräte:
- Fehling-Lösung I ($CuSO_4$) und Fehling-Lösung II ($NaOH^+$-Tartrat) [C]
- Reagenzglas und Klammer
- Brenner oder kochendes Wasserbad
- Schutzbrille

Durchführung:
- Etwas Lösung Fehling I (blau) zu der Probenlösung geben, dann soviel Lösung Fehling II, bis sich der anfängliche hellblaue Niederschlag dunkelblau färbt.
- Das Gemisch vorsichtig erwärmen, nicht kochen! Vorsicht, heiße Lauge, Siedeverzug möglich!
- Das Reagenzglas während des Erwärmens ständig schütteln (Schutzbrille!).

Ergebnis:
Die Fehling'sche Probe testet die Oxidierbarkeit von Substanzen. Bei einem positiven Nachweis entsteht ein roter Niederschlag aus Kupfer(I)-Oxid (Cu_2O). Geringe Mengen Cu_2O ergeben nur eine gelbgrüne Trübung.

b) Biuret-Probe

Material und Geräte:
- $CuSO_4$-Lösung (ca. 1 %)
- verdünnte NaOH-Lösung (ca. 10 %) [C]
- Reagenzglas

Durchführung:
Zur Probenlösung wird die halbe Menge NaOH-Lösung gegeben. Dann tropft man wenig $CuSO_4$-Lösung hinzu und schüttelt.

Ergebnis:
Bei einem positiven Nachweis erhält man eine violett gefärbte Lösung.

c) Xanthoprotein-Reaktion

Material und Geräte:
- Protein oder eine Lösung davon
- Salpetersäure, Natronlauge (verd.) [C]
- Reagenzglas und Halter

Durchführung:
Zu Protein wird etwas Salpetersäure getropft und erwärmt. Anschließend wird Natronlauge im Überschuß dazu gegeben. (Schutzbrille verwenden!)

Ergebnis:
Protein verfärbt sich gelb; nach Zugabe der Natronlauge erhält man eine orangene Farbe.

Aufgaben

① Führen Sie die Fehling'sche Probe mit folgenden Testsubstanzen durch: Glukose, Fruktose, Sorbit, Maltose, Saccharose, Laktose, Stärke. Untersuchen Sie ebenfalls die Reaktion der Substanzen mit Iodlösung (oder Lugol'scher Lösung).

② Kochen Sie Stärke für längere Zeit (ca. 30 min) in Wasser. Führen Sie anschließend die Fehling'sche Probe durch.
Stellen Sie eine Proteinlösung (Gelatine, Albumin, o. ä.) her. Mit dieser Lösung führen Sie folgende Versuche durch:

③ Führen Sie die Biuret-Probe und die Xanthoprotein-Reaktion mit der Proteinlösung und anschließend mit einem Kohlenhydrat durch. Vergleichen Sie die beiden Ergebnisse.

④ Kochen Sie etwas Proteinlösung auf. Geben Sie anschließend etwas Wasser hinzu.

⑤ Geben Sie zu 2 ml Proteinlösung soviel festes Ammoniumsulfat, daß ein kleiner ungelöster Rest bleibt. Geben Sie anschließend Wasser hinzu.

⑥ Geben Sie zu 2 ml Proteinlösung tropfenweise Salpetersäure [C] und anschließend Wasser hinzu. Zu einem zweiten Ansatz geben Sie statt Wasser tropfenweise NaOH-Lösung hinzu. Erklären Sie die Beobachtungen.

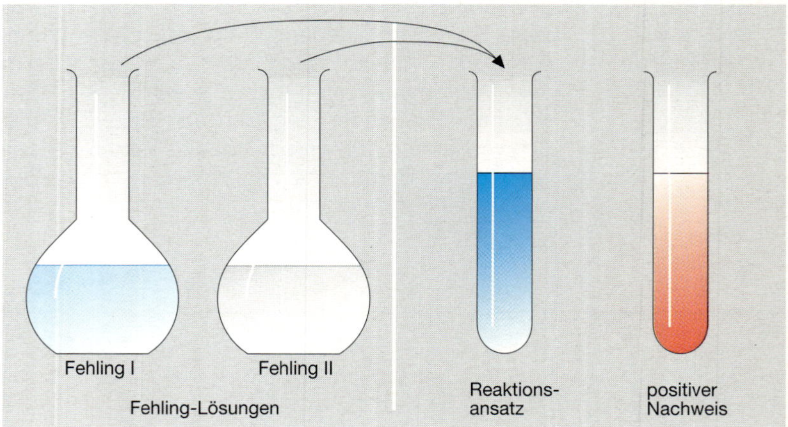

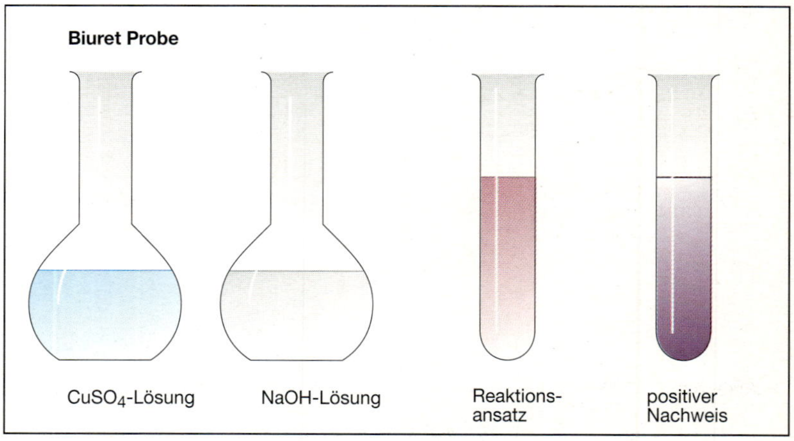

Quartärstrukturen bei Proteinen

Bei Untersuchungen des Hämoglobins stellte man fest, daß sein Proteinanteil aus vier einzelnen Proteinmolekülen besteht. Erst die Zusammenlagerung der vier Proteine ergibt das vollständige Gesamtprotein (s. Seite 35). Man nennt die Struktur derart zusammengesetzter Proteine eine *Quartärstruktur* (Abb. 1).

Die einzelnen Proteinuntereinheiten eines quartären Proteins werden vielfach mit griechischen Buchstaben versehen. So besteht der Proteinanteil des Hämoglobins aus 2 α-Globinen und 2 β-Globinen. Viele Enzyme und Hormone bestehen ebenfalls aus mehreren Untereinheiten.

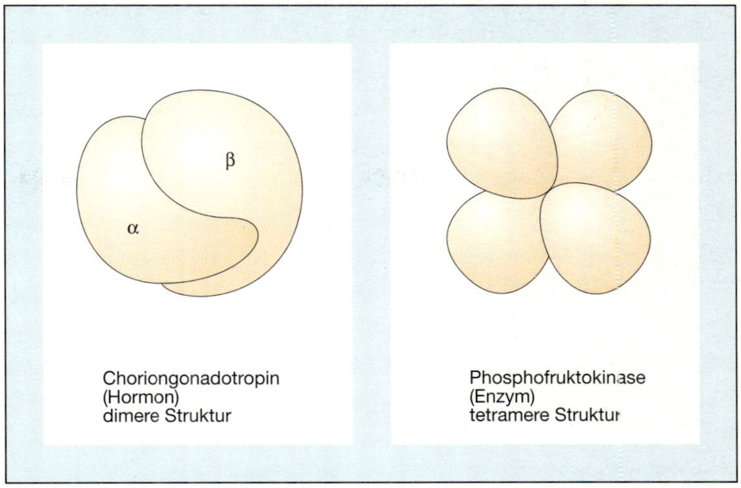

1 Quartärstrukturen bei Proteinen

Reinigungstechniken für Proteine

In einem Organismus kommen tausende unterschiedlicher Proteine vor. Will man daraus ein bestimmtes Protein näher untersuchen, so muß es erst von allen anderen Proteinen abgetrennt und gereinigt werden. Hierzu verwendet man u. a. die *Elektrophorese* und die *Gelfiltration*.

Bei hohen pH-Werten enthalten Proteine fast nur negativ geladene Restgruppen, sie besitzen also eine negative Nettoladung. Bei der *Elektrophorese* nutzt man diese Eigenschaft aus. Dazu wird ein Proteingemisch auf ein Gel aufgetragen. Nach Anlegen einer elektrischen Spannung wandern die Proteine durch das Gel zur gegenüberliegenden, entgegengesetzt geladenen Seite. Kleine Proteine im Probengemisch passen besser durch die Poren des Gels und wandern daher rascher als die großen.

Darüber hinaus werden Proteine mit unterschiedlich großen Nettoladungen verschieden stark angezogen und wandern aus diesem Grund verschieden schnell. Insgesamt legen die Proteine daher unterschiedliche Strecken zurück und werden somit aufgetrennt.

Bei der *Gelfiltration* verwendet man eine Säule, die mit kleinen Gelkügelchen (ca. 100 μm Durchmesser) gefüllt ist. Das Innere dieser Kügelchen besteht aus einem feinen Netzwerk. Läßt man nun ein Proteingemisch langsam durch die Säule fließen, so dringen kleine Proteine in die Kügelchen ein und verfangen sich dort für einige Zeit. Sie wandern daher langsam durch die Säule. Große Proteine können dies nicht und wandern schneller. Die Proteine verlassen daher nach der Größe sortiert die Säule.

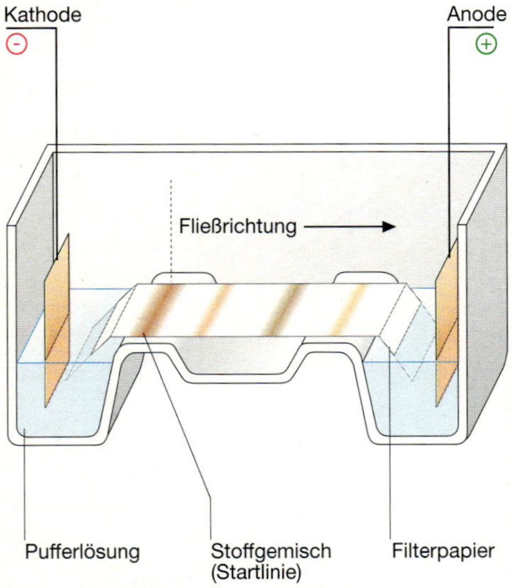

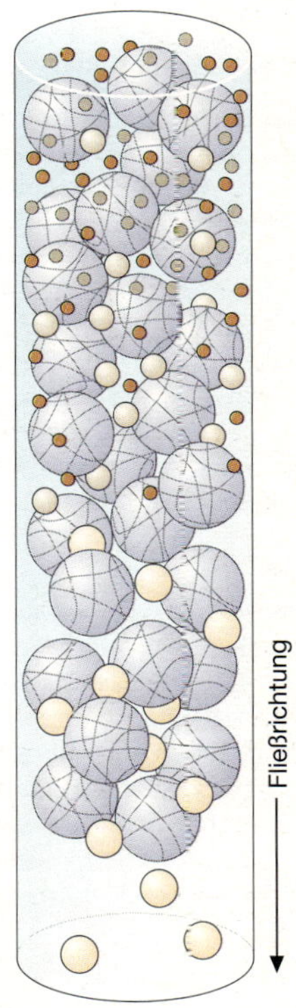

Gelfiltration

Lexikon

Bau- und Betriebsstoffe

Kohlenhydrate

Kohlenstoff, Sauerstoff und Wasserstoff sind die Elemente, aus denen alle Kohlenhydrate aufgebaut sind. Typisch für diese Stoffe sind OH-Gruppen, die ihnen polare und hydrophile Eigenschaften verleihen.

Monosaccharide

Bei den einfachen Kohlenhydraten, den sogenannten *Monosacchariden,* sind pro C-Atom 2 H-Atome und 1 O-Atom vorhanden. Glukose besitzt beispielsweise die Summenformel $C_6H_{12}O_6$, für Ribose ist dies $C_5H_{10}O_5$. Daraus ergibt sich folgende *allgemeine Summenformel:*

$$C_nH_{2n}O_n \quad \text{oder} \quad (CH_2O)_n$$

mit n als Anzahl der C-Atome.

Man unterscheidet bei den Monosacchariden zwei Gruppen: Eine Gruppe besitzt am ersten C-Atom eine Aldehyd-Gruppe. Die Stoffe dieser Gruppe werden daher *Aldosen* genannt. Hierzu gehören unter anderem Ribose, Glukose und Galaktose. Die andere Gruppe *(Ketosen)* besitzt am zweiten C-Atom eine Keto-Gruppe. Hierzu gehören beispielsweise Fruktose und Ribulose.

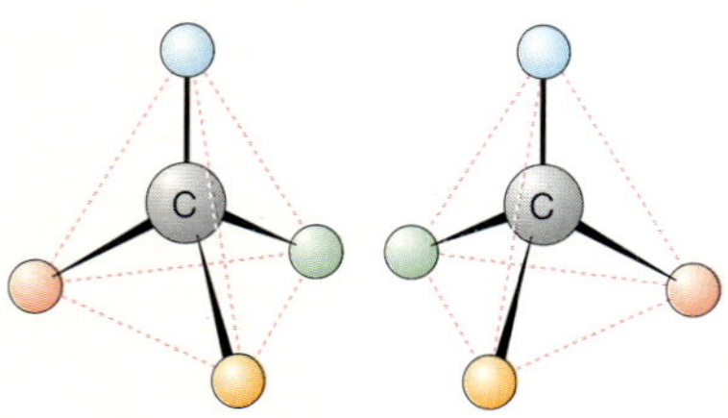

Bild und Spiegelbild beim asymmetrischen C-Atom

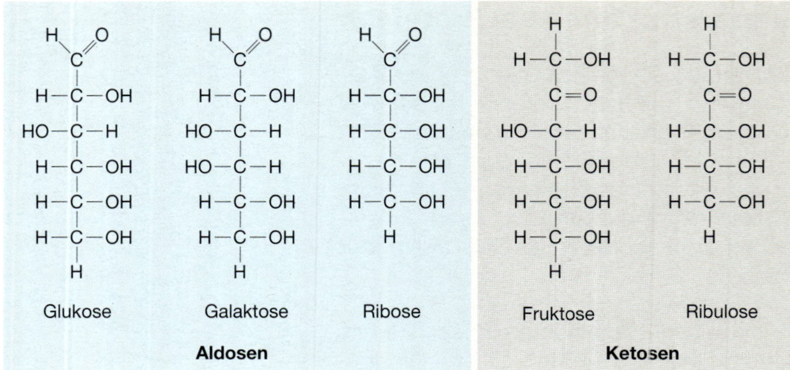

Monosaccharide

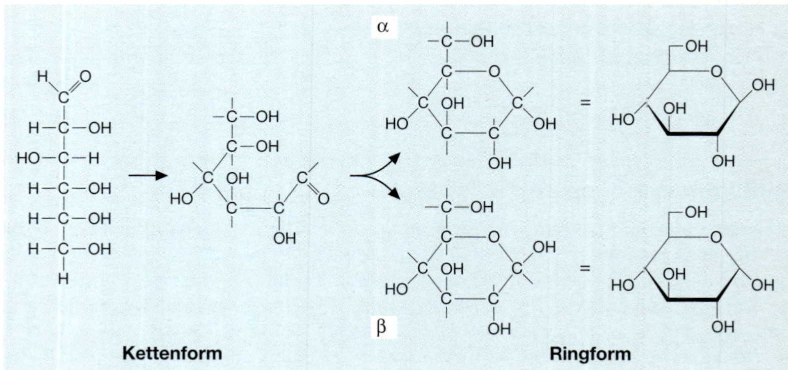

Ketten- und Ringform bei Glukose

Die beiden Aldosen Glukose und Galaktose besitzen beide dieselbe Summenformel: $C_6H_{12}O_6$. Sie unterscheiden sich jedoch in der Stellung der OH-Gruppen am 4. C-Atom. Diese Unterscheidung ist deshalb möglich und wichtig, da dieses C-Atom 4 verschiedene Gruppen trägt. Daher gibt es bei einem solchen *asymmetrischen C-Atom* Bild und Spiegelbild. Bei Aldosen sind alle C-Atome außer den endständigen asymmetrisch. Aufgrund der Kombinationsmöglichkeiten in der räumlichen Anordnung sind dann viele chemisch verschiedene Formen möglich. In biologischen Systemen ist die OH-Gruppe am untersten asymmetrischen C-Atom immer rechts angeordnet; dies definiert bei Kohlenhydraten die D-Form.

Bei den meisten Monosacchariden ist das kettenförmige Molekül zu einem Ring geschlossen. Bei Aldosen wird durch den Ringschluß das 1. C-Atom asymmetrisch, und es werden zwei neue Formen unterscheidbar: α-Form und β-Form. Beide Formen können sich über die Kettenform ineinander umwandeln. Bei Ketosen gilt entsprechendes für das 2. C-Atom.

Disaccharide

Die Moleküle mancher Kohlenhydrate bestehen aus zwei Monosaccharidmolekülen, die unter Abspaltung eines Wassermoleküls miteinander verbunden sind. Zu solchen *Disacchariden* gehören z. B. Saccharose (Haushaltszucker), bestehend aus Glukose und Fruktose), Maltose (aus 2 Glukosen) und Laktose (Milchzucker, aus Galaktose und Glukose).

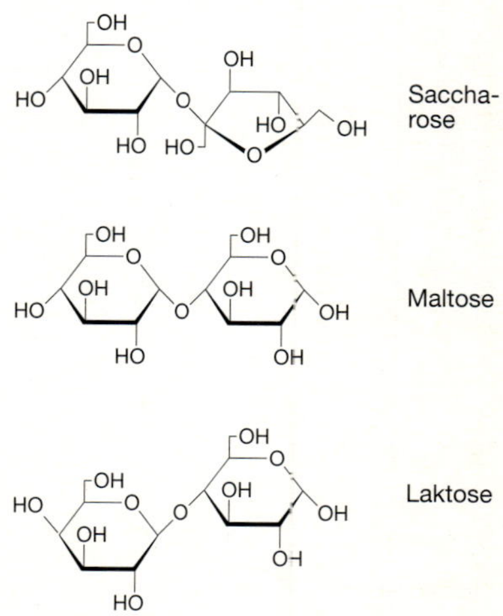

Disaccharide

Polysaccharide

Stärke besteht aus sehr vielen (bis über 10 000) miteinander verbundenen α-Glukosemolekülen. Solche makromolekularen Kohlenhydrate nennt man *Polysaccharide.* Im Stärkemolekül sind die Glukoseeinheiten zu einer spiralig aufgewundenen Kette verbunden. Man unterscheidet folgende Formen der Stärke: *Amylose* und *Amylopektin,* die als Reservestoffe in Pflanzen vorkommen. Amylose ist ein einfaches Kettenmolekül, während Amylopektin Verzweigungen besitzt. *Glykogen* ist ein Reservestoff tierischer Organismen, das dem Amylopektin ähnelt, aber viel stärker verzweigt ist.

Auch die pflanzliche Zellulose ist ein *Polysaccharid.* Ihr Molekül besteht aus einer geraden und nicht verzweigten Kette von β-Glukoseeinheiten. Zellulose ist nicht wasserlöslich und als fasernbildender Stoff ein wichtiger Bestandteil pflanzlicher Zellwände.

Chemisch verwandt mit Zellulose ist das Chitin, aus dem z. B. das Außenskelett der Gliedertiere besteht. Im Vergleich zur Zellulose ist im Chitin am 2. C-Atom jeder β-Glukoseeinheit die OH-Gruppe durch eine Aminoacetyl-Gruppe ersetzt.

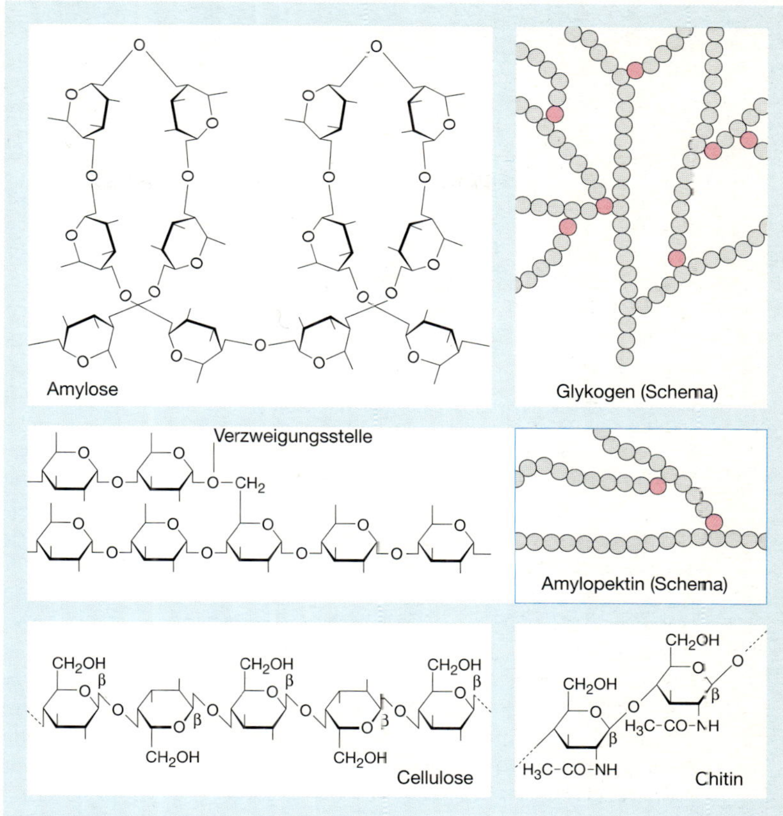

Polysaccharide

Fette oder Lipide

Fette bestehen vorwiegend aus den Atomen Kohlenstoff und Wasserstoff, dazu kommen wenige Sauerstoffatome. Sie sind unpolare, nicht wasserlösliche Substanzen. Ein Fettmolekül besteht aus vier Bauteilen: Ein Glycerinmolekül *(Propantriol)* ist mit drei langkettigen Alkansäuren (Fettsäuren) verestert. Die Fette sind *Triglyceride.* Fettsäuren besitzen meistens eine gerade Anzahl an C-Atomen (zwischen 14 und 24, am häufigsten 16 oder 18). Einige enthalten eine oder mehrere (bis 4) Doppelbindungen. Diese *ungesättigten Fettsäuren* sind essentiell, sie müssen mit der Nahrung aufgenommen werden, da der Körper sie nicht selbst synthetisieren kann.

Neben den Triglyceriden kommen in Organismen viele Diglyceride vor, die am mittleren C-Atom des Glycerins eine stark polare Gruppe wie Phosphorsäure oder Glukose tragen. Diese *Phospholipide* oder *Glykolipide* besitzen daher einen polaren Kopf und zwei unpolare Enden. Sie sind wesentliche Bauteile für alle biologischen Membranen.

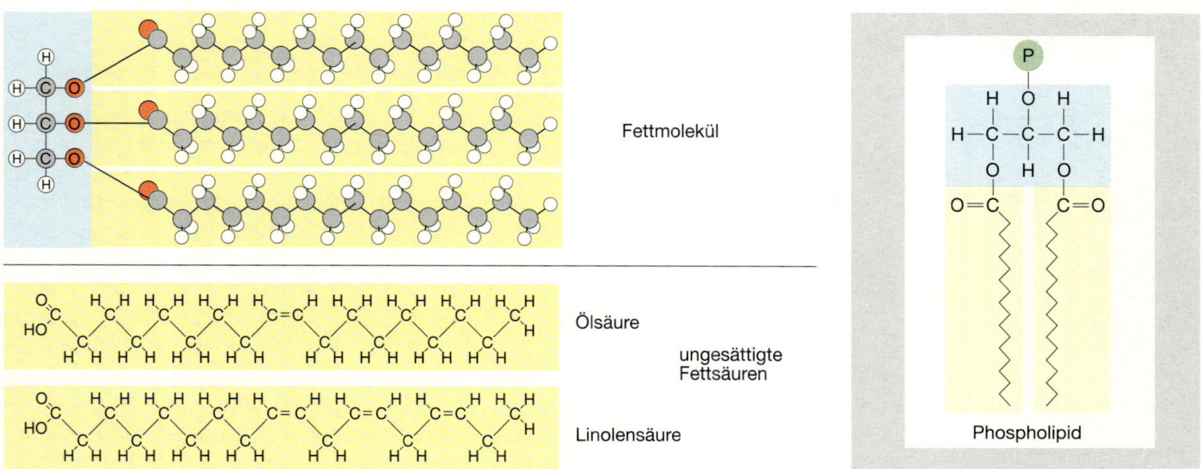

Fette (Lipide)

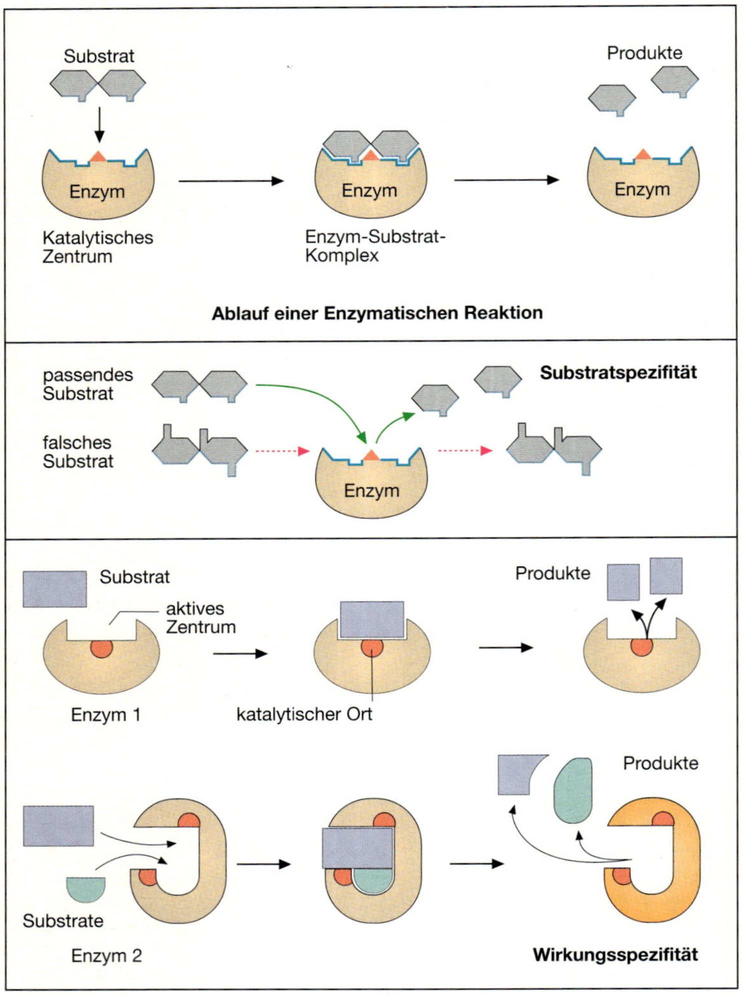

1 Modellvorstellung zur Funktion von Enzymen

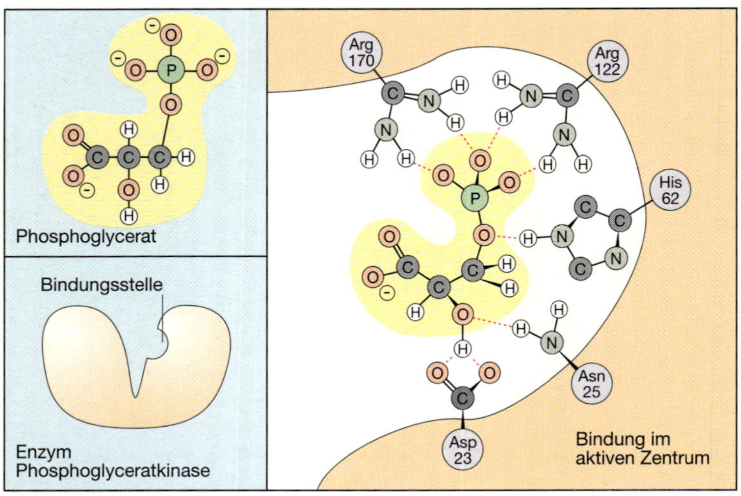

2 Räumliche Struktur eines Enzyms

Enzyme — biologische Katalysatoren

Jedes Tier benötigt Nahrung, aus der es Energie und Baustoffe gewinnt. Sie ist aber nicht direkt verwertbar, sondern muß vorher verdaut und dabei in kleinere Moleküle zerlegt werden. Diese Umsetzungen katalysieren *Enzyme*, sie sind *biologische Katalysatoren*. Im Speichel ist z. B. das Enzym Amylase vorhanden, das Stärke abbaut. Enzyme sind aber nicht nur für die Verdauung wichtig, bei sämtlichen biochemischen Reaktionen im Körper wirken Enzyme mit. Dabei kommen neben Spaltungen auch Synthesen und Umlagerungen von Molekülen vor.

Amylase baut ausschließlich Stärke ab, andere Stoffe werden nicht verändert. Stärke ist also das *Substrat* für Amylase. Diese Erscheinung gilt allgemein: Enzyme sind *substratspezifisch.* Amylase kann jedoch ein Stärkemolekül nur abbauen, aber z. B. keine neuen Seitenketten anknüpfen. Auch andere Enzyme können nur bestimmte Reaktionen mit ihren Substraten bewirken, sie sind *wirkungsspezifisch* (Abb. 1). Weiterhin zeigt die chemische Analyse, daß Enzyme aus Protein bestehen. Die riesige Anzahl der existierenden Enzyme erklärt sich demnach aus der Vielfalt möglicher Proteine.

Modellhaft stellt man sich Enzyme folgendermaßen vor: Ein Enzym besitzt eine Bindungsstelle für seine Substrate, das *aktive Zentrum,* in dem die Umsetzung abläuft. Es ist räumlich derart gebaut, daß die Substrate exakt hineinpassen: Enzym und Substrate passen wie Schlüssel und Schloß zueinander *(Schlüssel-Schloß-Prinzip).*

Die räumliche Struktur von Enzymen

Die beschriebene Modellvorstellung von Enzymen konnte durch genauere Untersuchungen in wesentlichen Zügen bestätigt werden. So besitzen Enzymmoleküle tatsächlich eine Einbuchtung oder eine tiefe Einkerbung als aktives Zentrum, in dem die Substrate eingelagert und umgesetzt werden (Abb. 2). Es zeigte sich aber, daß für die genaue Passung der Substrate im aktiven Zentrum nicht nur dessen Struktur wichtig ist, sondern ebenso sind Partialladungen und Ladungen der Restgruppen von Bedeutung sowie deren räumliche Anordnung im aktiven Zentrum. Die Substrate werden durch

Katalyse und Katalysatoren

Viele chemische Reaktionen laufen nicht spontan ab, obwohl sie energetisch möglich sind. So verbrennen beispielsweise Benzin und Wachs nicht ohne weiteres, sondern sie müssen erst entzündet, d. h. durch Energiezufuhr *aktiviert* werden.

Die anschließende Reaktion setzt häufig soviel Energie frei (Reaktionsenergie, E_R), daß genügend weitere Aktivierungsenergie (E_A) für die Fortsetzung der Reaktion zur Verfügung steht.

Ein Katalysator vermindert die erforderliche Aktivierungsenergie. Dadurch können chemische Reaktionen ohne zusätzliche Energiezufuhr in Gang gesetzt werden und laufen auch erheblich schneller ab. Allerdings verändern Katalysatoren nicht die Energiebilanz der Reaktion, da diese nur von den beteiligten Reaktionspartnern (Ausgangsstoffen und Produkten) abhängt. Energetisch unmögliche Reaktionen bleiben auch mit einem Katalysator unmöglich.

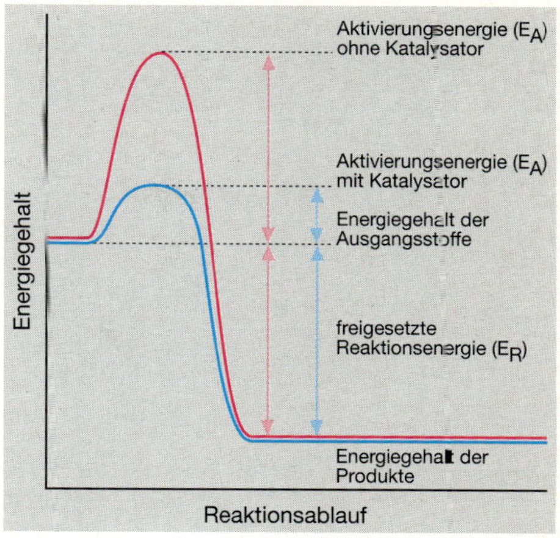

Phosphoglycerat
Anion der Phosphoglycerinsäure

sie über Wasserstoffbrücken und Ionenbindungen fixiert. Auf diese Weise ist z. B. Phosphoglycerat durch ein ganzes Netz im aktiven Zentrum seines Enzyms aufgehängt (siehe Abb. 18.2). Die Abstände zwischen den Restgruppen und Substraten sind dabei sehr gering. Die Paßform ist also sehr genau. Dies erklärt die Substratspezifität der Enzyme und bestätigt auch das Schlüssel-Schloß-Prinzip. Die Restgruppen bringen die Substrate nahe aneinander und richten sie genau aufeinander aus. Dadurch wird jedoch nur eine bestimmte Reaktion zwischen den Substraten möglich *(Wirkungsspezifität der Enzyme)*. Weitere Restgruppen polarisieren und „verbiegen" die Substrate, die dadurch aktiviert bzw. reaktionsbereit werden. Dies senkt wiederum die Aktivierungsenergie und erklärt somit die katalytische Eigenschaft der Enzyme.

Pepsin zerlegt Proteine

Pepsin ist ein Verdauungsenzym des Magens und besteht aus 326 Aminosäuren. Es spaltet unter Wasseranlagerung *(Hydrolyse)* die Peptidbindungen von Nahrungsproteinen. Protein und Wasser sind daher die Substrate des Pepsins:

$$-\overset{\overset{\displaystyle O}{\|}}{C}-\overset{\overset{\displaystyle H}{|}}{N}- \; + \; H_2O \; \longrightarrow \; -\overset{\overset{\displaystyle O}{\|}}{C}-OH \; + \; H-\overset{\overset{\displaystyle H}{|}}{N}-$$

Die Hydrolyse erfolgt vorwiegend bei den Aminosäuren Phenylalanin und Tyrosin. Deren unpolare Restgruppen passen räumlich in eine ebenfalls unpolare Tasche des aktiven Zentrums. Die Reaktion wird von zwei Asparaginsäure-Restgruppen (Aspartat-Reste 32 und 215) katalysiert. Von diesen hat eine ein H^+-Ion wieder aufgenommen. Die H^+-Aufnahme ist nur bei einem niedrigen pH-Wert (1 bis 2) möglich, wie er im Magen vorliegt. Der Ablauf der Hydrolyse geschieht wahrscheinlich in folgenden Schritten: Beide Substrate werden von Restgruppen gehalten, wobei das Wassermolekül exakt auf die Peptidbindung ausgerichtet wird, an die es in der Reaktion angelagert wird. Zu Beginn verbindet sich das Sauerstoffatom des Wassers mit dem Kohlenstoffatom der CO-Bindung. Anschließend zeigt sich, wie genau das aktive Zentrum gebaut ist: Die Substrate werden weiterhin gehalten, und die Atome verändern kaum ihre Positionen. Im letzten Schritt wird die Peptidbindung gespalten, und es entstehen eine Carboxylgruppe und eine Aminogruppe. Damit ist die Hydrolyse beendet.

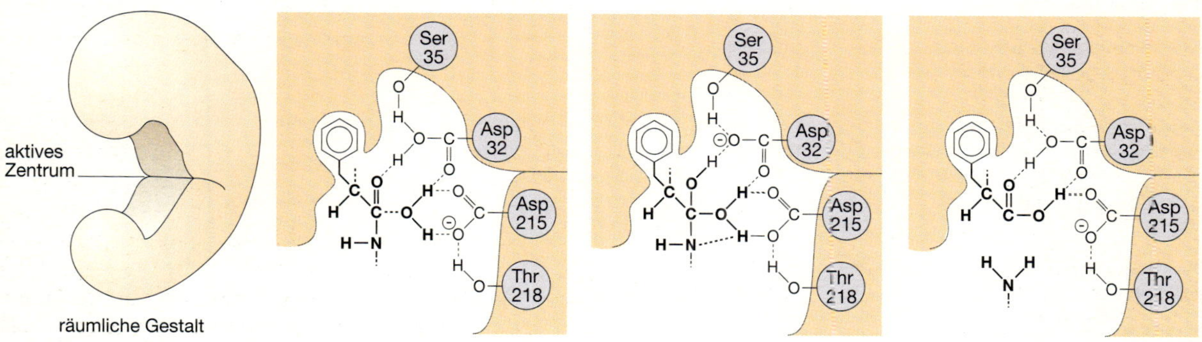

Enzyme

a) Eigenschaften von Enzymen

Benötigte Materialien:
Reagenzgläser mit Ständer, Sand, Reibschale mit Pistill, Kartoffel oder Leber, H_2O_2-Lösung (3 %) [C], Braunsteinpulver (MnO_2) [X_n], Salzsäure [C], Natronlauge [X_i], Bleinitratlösung [X_n], Holzspan, Schutzbrille.

Zu Beginn wird die Kartoffel bzw. die Leber in der Reibschale mit etwas Sand zerrieben. Das erhaltene Mus stellt das Katalasepräparat für die Versuche dar.

1. Versuch

In drei Reagenzgläser wird je 2 ml H_2O_2-Lösung gegeben. Geben Sie dann in das erste etwas Sand, in das zweite etwas Braunstein und in das dritte etwas Katalasepräparat. Halten Sie einen glimmenden Holzspan in die Reagenzgläser.

2. Versuch

In zwei Reagenzgläser wird etwas Katalasepräparat gegeben. In das erste wird anschließend 1 ml Salzsäure gegeben, in das zweite 1 ml Natronlauge. Lassen Sie die Lösungen 5 min einwirken, und geben Sie dann je 2 ml H_2O_2-Lösung hinzu.

3. Versuch

In ein Reagenzglas wird etwas Katalasepräparat gegeben. Anschließend werden wenige Tropfen Bleinitratlösung (oder Kupfersulfatlösung) hinzugegeben. Lassen Sie das Reagenzglas 5 min stehen, und geben Sie dann 2 ml H_2O_2-Lösung hinzu.

b) Versuche mit Amylase: Geschwindigkeit und Temperatur

Benötigte Materialien:
Reagenzgläser mit Ständer, mehrere temperierte Wasserbäder, Reibschale mit Pistill, Gerstenkörner, Stärkelösung, Iodlösung.
Die benötigte Amylaselösung stellt man sich auf folgende Weise her: Etwa 100 Gerstenkörner werden zwei Tage vor dem Versuchstag in einer Petrischale auf einem feuchten Filterpapier ausgebreitet. Am Tag des Versuchs werden die Gerstenkörner in der Reibschale mit etwas Sand und 50 ml Wasser zerrieben. Der erhaltene Extrakt wird 10 min zentrifugiert. Der Überstand wird 1 : 20 verdünnt und stellt die Amylaselösung dar. (Kühl aufbewahren!)

Die Stärkelösung wird vorsichtig mit so vielen Tropfen Iodlösung versetzt, daß eine deutliche Blaufärbung vorhanden ist. Zuviel Iod behindert den Versuch!

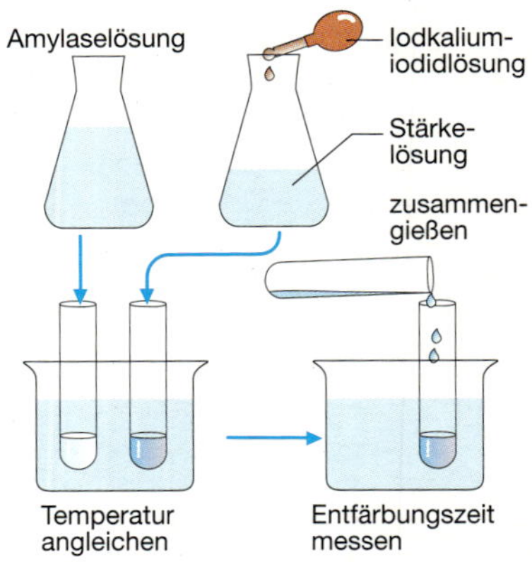

Versuchsablauf:
In den Versuchen wird die Zeit (t) bis zur Entfärbung bei verschiedenen Temperaturen (T) bestimmt.
Die vorhandenen Wasserbäder werden auf verschiedene Temperaturen im Bereich von 10 °C bis 60 °C eingestellt. In jedes Wasserbad werden zur Temperaturangleichung zwei Reagenzgläser mit folgendem Inhalt gestellt:
1) 2 ml (blaue) Stärkelösung
2) 1 ml Amylaselösung
Nach Angleichung der Temperaturen wird der Versuch gestartet und die Entfärbungszeit ermittelt.

Auswertung:
Tragen Sie die Entfärbungszeit (t) gegen die Temperatur (T) auf. Überlegen Sie, wie man aus der Entfärbungszeit (t) auf die Reaktionsgeschwindigkeit (v) schließen könnte.

c) Versuche mit Urease

Benötigte Materialien:
Reagenzgläser mit Ständer, Tropfpipetten, Ureaselösung (10 mg in 10 ml Wasser), Harnstofflösung (20 mg in 100 ml Wasser), Thioharnstofflösung (1 mg in 10 ml Wasser), Indikator Bromthymolblau, Meßpipetten und Pipettierhilfe.

Achtung: Nie mit dem Mund pipettieren! Stets mit einer Pipettierhilfe arbeiten. Ohne Pipettierhilfe besteht immer große Verätzungs- und Vergiftungsgefahr!

1. Versuch

Zu 5 ml Harnstofflösung wird 1 Tropfen Indikator gegeben. Dann wird 1 ml Urease hinzugegeben.

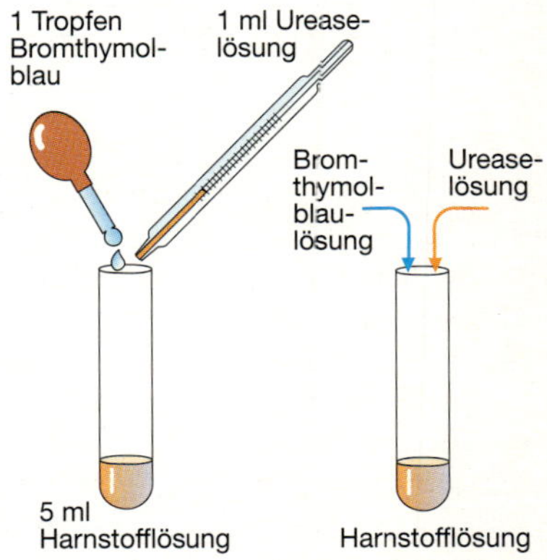

2. Versuch

Vier Reagenzgläser werden wie folgt gefüllt:

Stoff (ml)	Reagenzglas-Nr. 1	2	3	4
Harnstoff	5,0	1,0	0,5	0,1
Wasser	0,0	4,0	4,5	4,9

Anschließend werden die vier Versuchsansätze möglichst gleichzeitig durch Hinzugabe von je 1 ml Ureaselösung gestartet.

3. Versuch

Drei Reagenzgläser werden wie folgt gefüllt:

Stoff (ml)	Reagenzglas-Nr. 1	2	3
Harnstoff	4,0	4,0	4,0
Thioharnstoff	0,0	0,1	1,0
Wasser	1,0	0,9	0,0

Anschließend werden die Versuchsansätze möglichst gleichzeitig mit je 1 ml Ureaselösung gestartet.

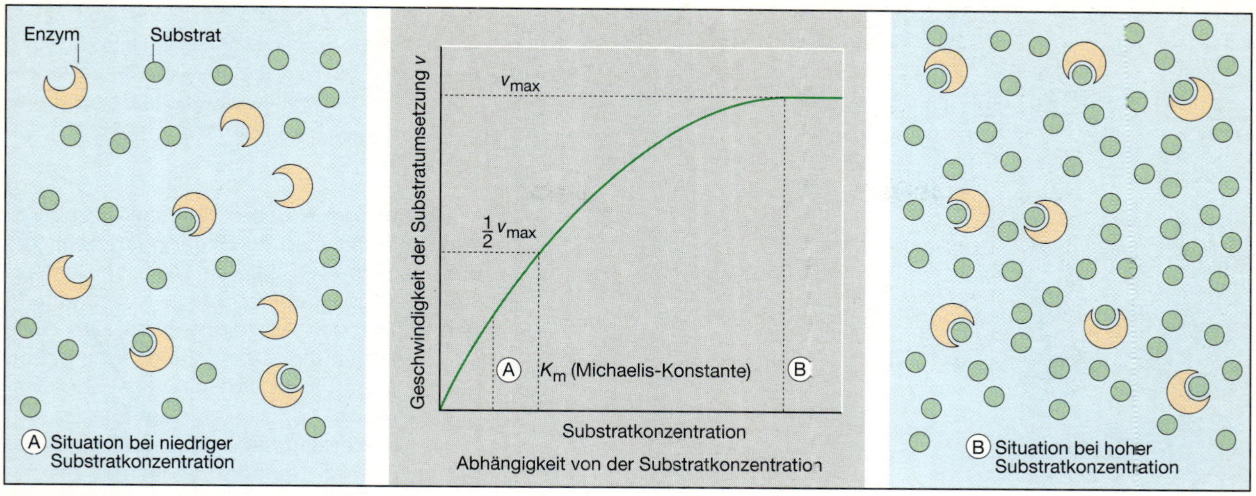

1 Enzymaktivität bei unterschiedlicher Substratkonzentration

Geschwindigkeit enzymatischer Reaktionen

Die von dem Enzym Amylase katalysierte Zerlegung von Stärke läuft im Experiment unterschiedlich rasch ab. Bei genauerer Untersuchung zeigt sich, daß die Enzymaktivität von verschiedenen Faktoren abhängt. Die Enzymaktivität ist dabei die Geschwindigkeit (v) der Substratumsetzung, d. h. die Substratmenge, die pro Zeiteinheit von einer Enzymmenge katalysiert wird.

Von großer Bedeutung ist die Abhängigkeit der Enzymaktivität von der Substratkonzentration. Zu ihrer Erklärung nimmt man den folgenden Ablauf an: Das Substrat (S) lagert sich am Enzym (E) zum Enzym-Substrat-Komplex (ES) an. Aus diesem entsteht dann das Produkt (P), und das Enzym wird wieder frei: $E + S \rightarrow ES \rightarrow E + P$

Bei niedrigen Konzentrationen kann die Geschwindigkeit durch Erhöhung der Konzentration gesteigert werden. In diesem Bereich sind nicht alle Enzymmoleküle mit Substrat besetzt, und die ES-Bildungsrate bestimmt die Geschwindigkeit. Höhere Konzentrationen bewirken eine höhere Ausnutzung der vorhandenen Enzymmoleküle, und dies steigert den gesamten Umsatz.

Bei hohen Konzentrationen sind alle Enzymmoleküle stets mit Substratmolekülen besetzt (Sättigungsbereich), und die ES-Zerfallsrate begrenzt die Geschwindigkeit. Dies kann daher durch weitere Erhöhung der Konzentration nicht mehr gesteigert werden, sie hat einen Maximalwert (v_{max}) erreicht. Höhere Geschwindigkeiten werden aber durch weitere Enzymzugabe erzielt. Unter physiologischen Bedingungen wird die Maximalgeschwindigkeit praktisch nie erreicht. Von größerer Bedeutung sind also geringere Substratkonzentrationen. Als Kenngröße der Enzyme wird daher diejenige Konzentration gewählt, die die halbe Maximalgeschwindigkeit erzielt. Diese Konzentration ist für ein Enzym und das jeweilige Substrat eine spezifische Größe und wird *Michaelis-Konstante* bzw. *K_M-Wert* genannt. Enzyme mit kleinem K_M-Wert binden ihre Substrate meistens fester bzw. besitzen zu ihm eine höhere Affinität als Enzyme mit großem K_M-Wert.

Kennzahlen von Enzymen

Die K_M-Werte von Enzymen sind sehr unterschiedlich. Sie liegen im allgemeinen im Bereich von 10^{-7} bis 10^{-1} mol/l. Es ist inzwischen gelungen, die maximale *Wechselzahl* eines Enzymmoleküls, die Anzahl der pro Sekunde umgesetzten Substratmoleküle, zu bestimmen. Die meisten Enzyme besitzen Wechselzahlen zwischen 1 und 10 000.

Enzym	**Substrat**	**K_M-Wert (mol/l)**
Hexokinase	Glukose	$1,5 \times 10^{-2}$
Katalase	H_2O_2	$2,5 \times 10^{-2}$
Kohlensäureanhydratase	CO_2	$1,2 \times 10^{-3}$
Glutamat-Dehydrogenase	Glutamat	$1,2 \times 10^{-4}$
Lysozym	Acetylglukosamin	$6,0 \times 10^{-6}$

Enzym	**max. Wechselzahl (Anzahl/s)**
Kohlensäureanhydratase	600 000
Acetylcholinesterase	25 000
Laktatdehydrogenase	1 000
Chymotrypsin	100
DNA-Polymerase I	15

Heiße Quelle

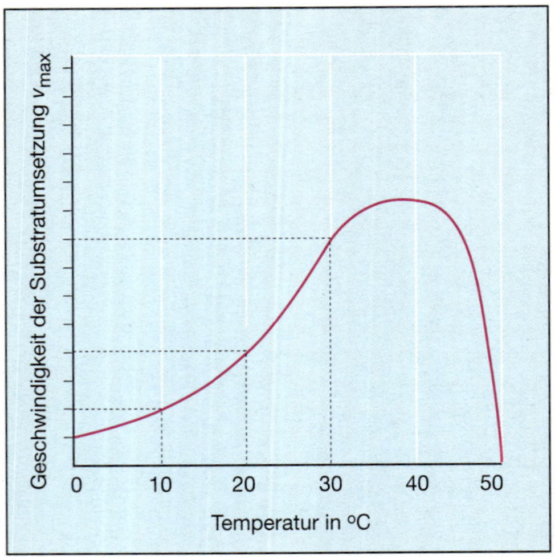

1 Temperaturabhängigkeit der Enzymreaktion

Enzymatische Reaktionen

Abhängigkeit von der Temperatur

Wechselwarme Tiere bewegen sich bei tiefen Temperaturen in der Regel träge, beispielsweise fallen Insekten in eine Starre und werden erst bei höheren Temperaturen wieder aktiv. Dies erklärt sich dadurch, daß der Körperstoffwechsel temperaturabhängig ist. Die biochemischen Reaktionen eines Organismus verhalten sich hierbei wie alle chemischen Reaktionen.

Bei chemischen Reaktionen zeigt sich, daß sich die Reaktionsgeschwindigkeit verdoppelt, wenn die Temperatur um etwa 10 °C erhöht wird. Diese Abhängigkeit ist aus der physikalischen Chemie als *Reaktionsgeschwindigkeit-Temperatur-Regel* (RGT-Regel) bekannt. Ursache hierfür ist die bei höherer Temperatur beschleunigte Bewegung der Moleküle *(Brownsche Molekularbewegung)*, die sowohl häufigere als auch heftigere Kontakte zwischen den Reaktionspartnern bewirkt.

Diese Abhängigkeit der Reaktionsgeschwindigkeit erhält man im Experiment auch bei enzymatischen Reaktionen (Abb. 1). Der Kurvenverlauf zeigt ein Verhalten entsprechend der RGT-Regel. Allerdings zeigt sich auch ein bedeutender Unterschied: Bei hohen Temperaturen sinkt die Reaktionsgeschwindigkeit wieder ab. Dies liegt daran, daß Enzyme als Proteine nicht hitzestabil sind und mit steigender Temperatur deshalb ein zunehmender Anteil der Enzyme inaktiv wird: Die Enzyme *denaturieren*.

Die Denaturierung ist wieder mit der Molekularbewegung erklärbar: Bei hohen Temperaturen geraten Teile der Enzymmoleküle in größer werdende Schwingungen. Dadurch können Bindungen im Molekül aufgebrochen werden. Auch können Kettenabschnitte aus ihrer ursprünglichen Position herausschwingen. Beides führt jeweils dazu, daß das aktive Zentrum verändert wird und das Enzym seine katalytische Eigenschaft verliert. Bei welchen Temperaturen dies geschieht, ist dabei von Enzym zu Enzym verschieden.

Für Organismen bedeutet dies, daß es eine obere Grenze der Temperatur gibt, die nicht überschritten werden darf. Dies erklärt auch die Gefahr zu hohen Fiebers (beim Menschen bei einer Temperatur von über 42 °C), da dann wichtige Enzyme ausfallen können. Allerdings hat man auch Organismen in heißen Quellen gefunden, die Temperaturen am Siedepunkt ertragen können (s. Randspalte). Diese besitzen also besonders hitzestabile Enzyme.

Abhängigkeit vom pH-Wert

Ein Organismus reagiert sehr empfindlich auf Veränderungen des pH-Wertes in seinem inneren Milieu. Dies liegt vor allem daran, daß die katalytische Funktion der Enzyme nur innerhalb eines schmalen pH-Bereiches gegeben ist. Geht man vom katalytisch aktiven Zustand aus, so verliert das Enzym durch Säure- oder Basenzugabe seine Aktivität, es wird denaturiert. Diese Denaturierung kann meistens wieder rückgängig gemacht werden, sie ist *reversibel,* in Extremfällen kann sie aber irreversibel sein.

Modellexperiment zur Temperaturabhängigkeit

Der Verlauf der Temperaturabhängigkeit einer enzymatischen Reaktion wird mit Hilfe eines Modells erklärt, das die theoretische Abhängigkeit nach der RGT-Regel mit dem Verlauf der Denaturierung kombiniert. Als (fiktive) Werte sind denkbar:

Temperatur (°C)	10	20	30	40	45	50	54	58	60
v_{RGT} (µm/ml · s)	5	10	4	4	56	80	10	139	160
intakter Enzymanteil (%)	100	100	99	97	93	82	65	29	0

Aufgabe

① Leiten Sie die in Abbildung 1 grafisch dargestellte Temperaturabhängigkeit mit Hilfe der Werte ab.

Der pH-Wert

Der pH-Wert gibt die Konzentration der H^+-Ionen in einer Lösung an.

Beispiele: $c(H^+) = 0{,}01 = 10^{-2}$
führt zu:
pH = 2
$c(H^+) = 0{,}00001 = 10^{-5}$
führt zu:
pH = 5

Den pH-Wert ermittelt man also aus der H^+-Konzentration, indem man den Exponenten der 10er-Potenz nimmt und das Vorzeichen umkehrt:
Der pH-Wert ist der negative Logarithmus der H^+-Ionenkonzentration.

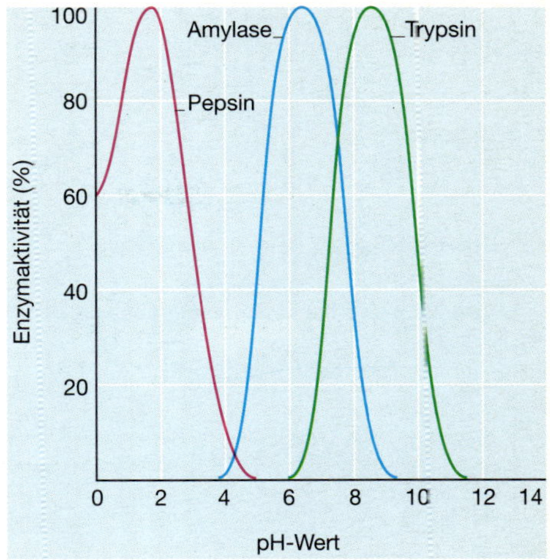

Die Ursache hierfür ist in Ladungsänderungen am Enzym zu sehen, die sich durch Aufnahme von H^+-Ionen bzw. Protonen oder durch deren Abgabe ergeben. Bei niedrigem pH-Wert (hoher H^+-Konzentration) verschwinden die negativen Ladungen an den Restgruppen von Asparaginsäure oder Glutaminsäure:

$$-COO^- \xrightarrow{H^+} -COOH$$

Bei hohem pH-Wert verschwinden dagegen die positiven Ladungen (Restgruppen von Arginin, Lysin oder Histidin):

$$-NH_3^+ \xrightarrow[H^+]{} -NH_2$$

Wenn sich dabei Ladungen im aktiven Zentrum ändern, sind die Substratanlagerungen oder die katalytischen Reaktionsschritte nicht mehr möglich. Daneben ändern sich im Enzymmolekül auch die Anziehungskräfte zwischen seinen einzelnen Abschnitten und auch zu seiner (meist wäßrigen) Umgebung. Das Enzymmolekül nimmt dadurch jeweils andere Strukturen ein, von denen aber meistens nur eine die passende Konformation besitzt.

Aufgabe

① Lebensmittel werden unter normalen Bedingungen sehr schnell durch Mikroorganismen angegriffen und zersetzt. Um Lebensmittel haltbar zu machen, müssen sie also konserviert werden. Eine klassische Methode ist dabei das Einlegen in Säure (saure Gurken, etc.). Erklären Sie, warum dadurch die Zersetzung verhindert wird.

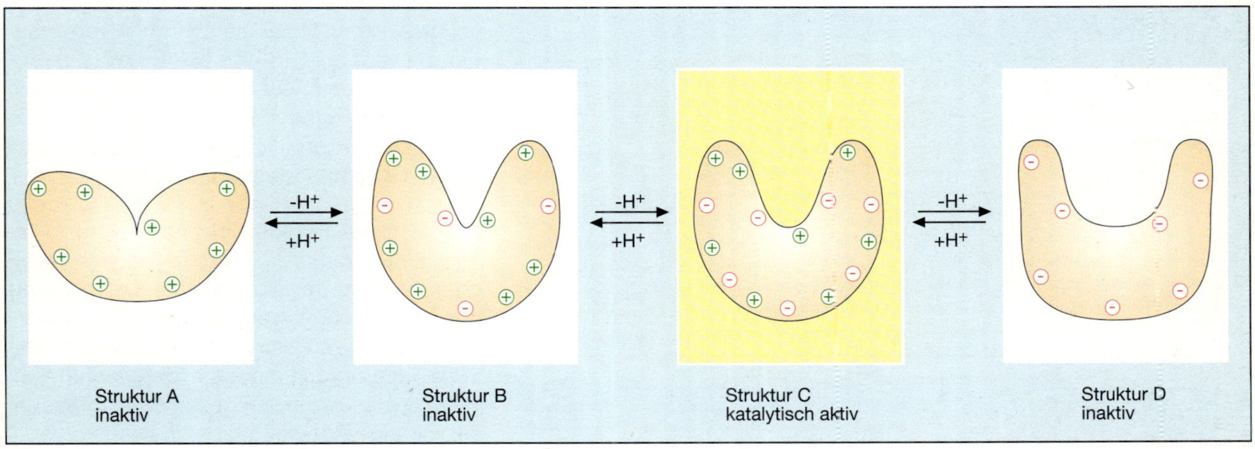

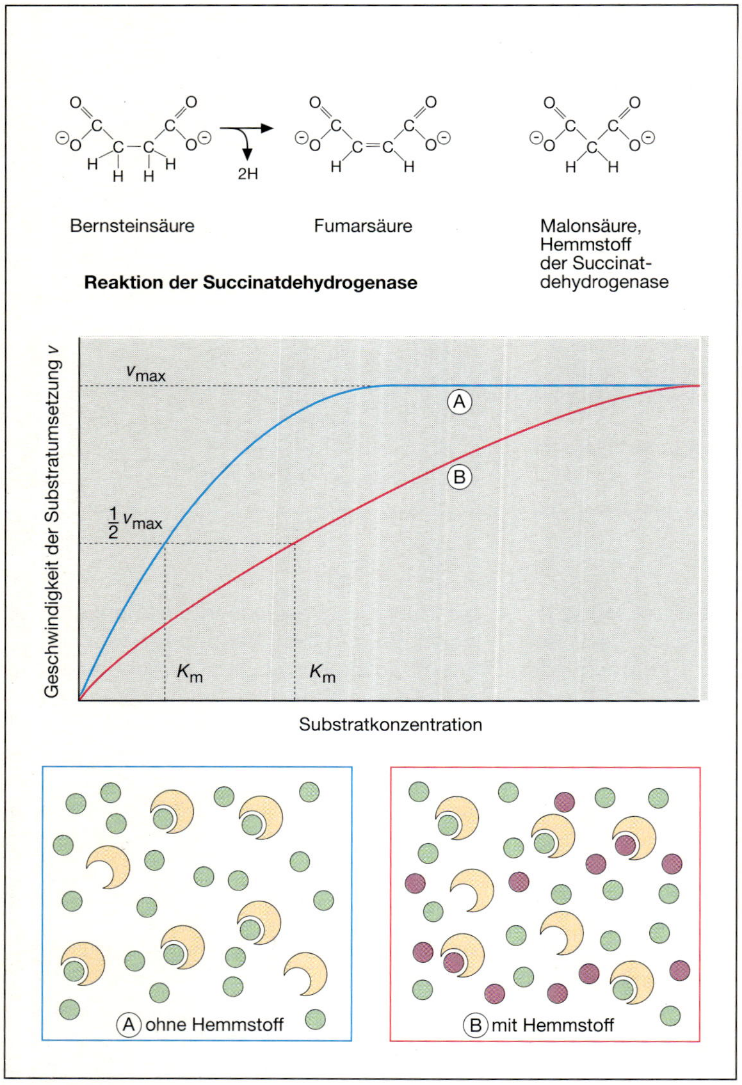

1 Reaktion der Succinatdehydrogenase

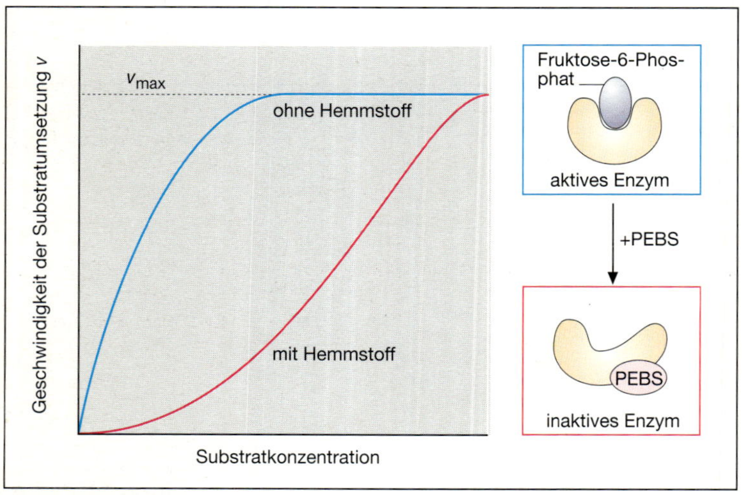

2 PEBS als Hemmstoff der Phosphofruktokinase

Hemmung und Förderung der Enzymaktivität

Kompetitive Hemmung

Das Enzym *Succinatdehydrogenase* (*Succinat* = Anion der Bernsteinsäure) katalysiert die Redoxreaktion von Bernsteinsäure zu Fumarsäure, einem wichtigen Schritt in der Zellatmung. Im Experiment erhält man eine deutlich verringerte Umsatzgeschwindigkeit, wenn Malonsäure ebenfalls vorhanden ist. Dies erklärt sich aus dem räumlichen Bau von Bernsteinsäure und Malonsäure: Die Moleküle besitzen eine ähnliche Gestalt, so daß ein Malonsäuremolekül ebenfalls in das aktive Zentrum der Succinatdehydrogenase paßt. Da es aber ein C-Atom weniger besitzt als das Bernsteinsäuremolekül, kann es nicht umgesetzt werden. Einige Enzymmoleküle sind dann blockiert, und die Umsatzgeschwindigkeit sinkt (Abb. 1). Diese Form der Hemmung wird *kompetitive Hemmung* genannt. Sie zeigt sich im Bereich niedriger Bernsteinsäurekonzentrationen in einer Verschiebung des K_M-Wertes. Bei hohen Konzentrationen sind aber praktisch alle Enzymmoleküle mit Substratmolekülen besetzt, so daß der Hemmeffekt nicht mehr in Erscheinung tritt. Viele Enzyme sind auf diese Weise durch substratähnliche Stoffe hemmbar.

Allosterische Effekte

Die Umsatzgeschwindigkeit des Enzyms Phosphofruktokinase, das die Umwandlung von Fruktose-6-Phosphat zu Fruktose-1,6-Diphosphat katalysiert, ist z. B. bei Bakterien durch *Phosphoenolbrenztraubensäure* (PEBS) deutlich hemmbar. Das Substrat des Enzyms *(Fruktosephosphat)* und PEBS besitzen in diesem Fall jedoch einen sehr unterschiedlichen Bau (Abb. 2).

Dieser Effekt ist folgendermaßen erklärbar: Die Enzymmoleküle besitzen abseits vom aktiven Zentrum eine weitere Bindungsstelle für bestimmte Moleküle. Durch deren Anlagerung wird die Struktur des Enzyms verändert. Dies beeinflußt aber bekanntlich seine katalytische Eigenschaft: Das Enzym wird inaktiv. Diese Form der Hemmung wird *allosterische Hemmung* genannt.

Allosterische Effekte sind aber nicht in jedem Fall hemmend. Manche Enzyme erreichen erst durch allosterische Veränderungen ihre volle katalytische Wirkung, sie werden *allosterisch aktiviert*. Sowohl allosterische Hemmung als auch allosterische Aktivierung stellen für den gesamten Stoffwechsel wichtige Regulationsmechanismen dar.

Nichtproteinanteile von Enzymen

Zu Beginn des Jahrhunderts wurden Stoffwechselvorgänge u. a. am Beispiel der Hefe untersucht. Im Jahre 1905 arbeiteten A. HARDEN und W. YOUNG mit Cytoplasma, das sie aus Hefezellen isoliert hatten (Abb. 1). Sie stellten fest, daß diese zellfreie Lösung Stoffwechselaktivität zeigte. Diese erlosch jedoch, wenn man den Hefesaft erhitzte. Ebenso zeigte der Inhalt des Dialyseschlauches nach einer 24stündigen Dialyse keine Aktivität mehr. Sie erhielten die Aktivität jedoch zurück, wenn sie den erhitzten Saft mit dem Inhalt des Dialyseschlauches mischten. Demnach enthielten die für den Stoffwechsel notwendigen Komponenten mindestens zwei Bestandteile: Einen hitzeempfindlichen (der aber auch den Dialyseschlauch nicht passieren konnte und entsprechend groß sein mußte) sowie einen gegen Hitze unempfindlichen, kleinen Bauteil.

Heute weiß man, daß Enzyme den hitzeempfindlichen Bestandteil bilden. Der andere wird *Cofaktor* genannt. Er kann aus bestimmten Metallionen (z. B. Fe^{2+}, Zn^{2+}, Mn^{2+}) oder größeren Molekülen bestehen, wie z. B. die Häm-Gruppe im Hämoglobin. Cofaktoren verleihen ihren Enzymen besondere katalytische Fähigkeiten und können leicht von ihnen gelöst werden.

Viele Cofaktoren können vom Körper nicht selbst synthetisiert werden. Sie müssen ganz oder als halbfertige Vorstufe mit der Nahrung aufgenommen werden und sind als *Vitamine* von großer Bedeutung.

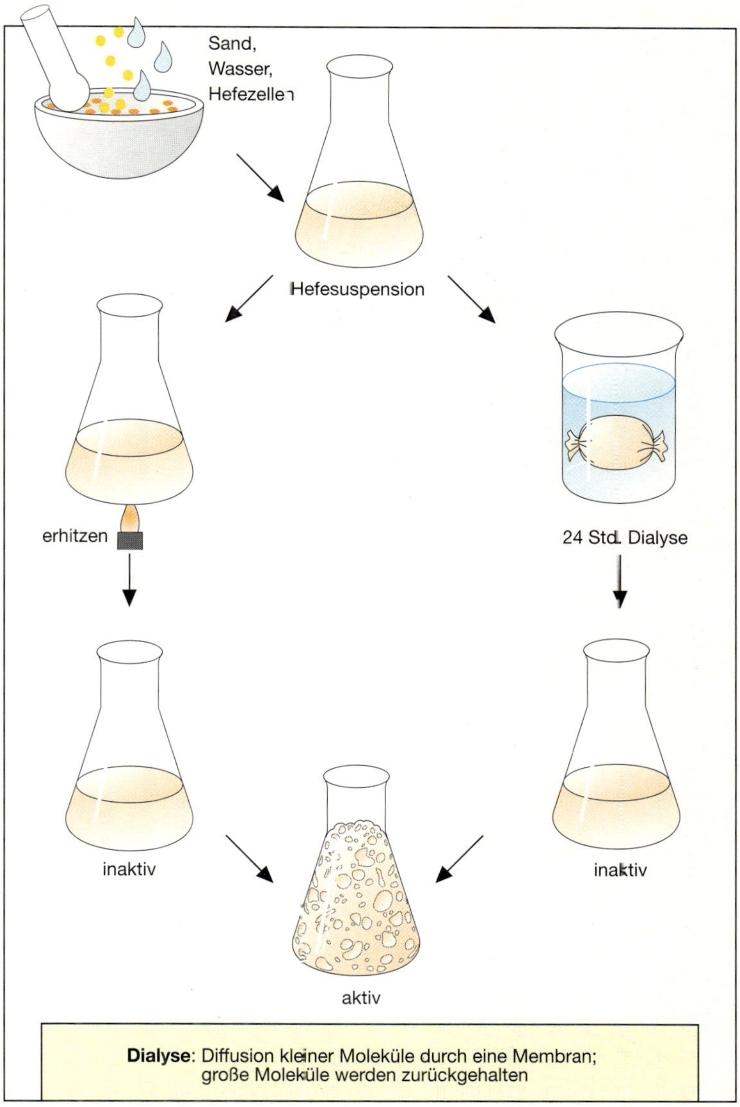

1 Harden-Young-Experiment

Vitamine als Cofaktoren von Enzymen

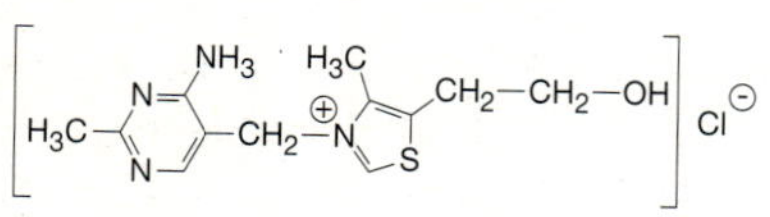

Thiamin (Vitamin B_1)
Thiamin ist eine Vorstufe von Thiaminpyrophosphat, das für den Körper als Cofaktor wichtig ist. Es bindet und aktiviert kleine Molekülbausteine, so daß diese von Enzymen übertragen oder verändert werden können.

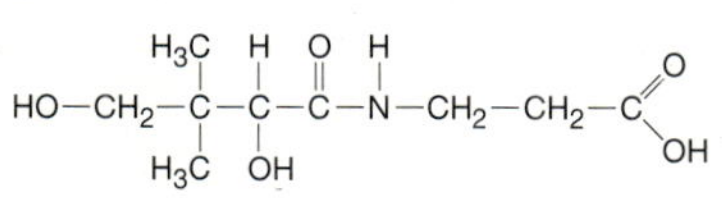

Pantothensäure
Pantothensäure ist Bestandteil und damit gleichzeitig Vorstufe von Coenzym A. Dieses wiederum besitzt eine wichtige Funktion bei der Zellatmung und den Reaktionen des Fettstoffwechsels.

Pyridoxin (Vitamin B_6)

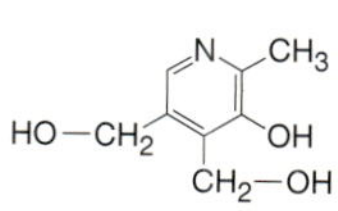

Pyridoxin bindet und aktiviert Aminosäuren. Es ist ein wichtiger Cofaktor von Enzymen des Aminosäurestoffwechsels und an vielen biochemischen Reaktionen beteiligt.

Biotin (Vitamin H)
Biotin dient in vielen Enzymen als Überträger von Carboxylgruppen. Es ist über eine Atombindung fest mit seinem Enzym verbunden.

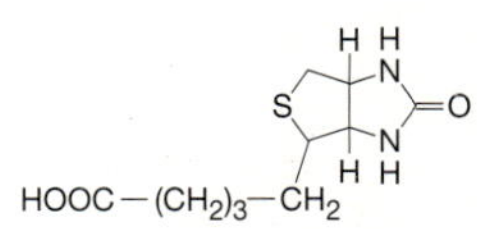

Lexikon
Lexikon
exikon
xikon
ikon
kon
on

Oxidation und Reduktion

Bei einigen chemischen Reaktionen gibt ein Molekül Elektronen ab. Eine solche *Elektronenabgabe* wird *Oxidation* genannt. Oxidationen sind demnach auch ohne Sauerstoffaufnahme möglich. Die hier verwendete Definition erweitert daher die ältere Fassung, nach der die Oxidation lediglich als Sauerstoffaufnahme definiert war. Der Vorgang der *Elektronenaufnahme* wird *Reduktion* genannt. Auch die Reduktion ist demnach ohne Bezug zum Sauerstoff definiert.

Die von einem Molekül abgegebenen Elektronen werden bei einer chemischen Reaktion von einem anderen aufgenommen. Die Oxidation eines Moleküls ist daher stets an die Reduktion eines anderen Moleküls gekoppelt: Die Elektronen werden übertragen. Auch wenn eine Teilreaktion (Oxidation oder Reduktion) einzeln dargestellt wird, muß ein entsprechender Partner vorhanden sein. Man spricht daher von *Redoxreaktionen.*

Bei der Oxidation organischer Moleküle werden meist 2 *Elektronen* zusammen mit 2 *Protonen* abgegeben.

Beispiel:

$2Mg \longrightarrow 2Mg^{2+} + 4e^-$	Oxidation
$O_2 + 4e^- \longrightarrow 2O^{2-}$	Reduktion
$2Mg + O_2 \longrightarrow 2MgO$	Redoxreaktion

andere Darstellungsmöglichkeit:

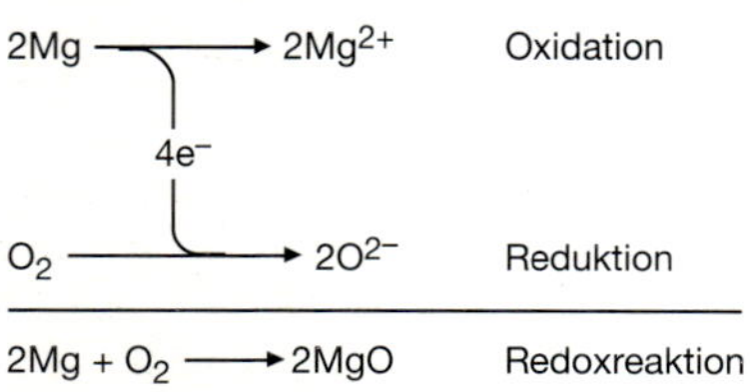

Rein formal ergeben diese zusammen 2 Wasserstoffatome. Aus diesem Grund ist die *Wasserstoffabgabe* eine *Oxidation.* Entsprechend bezeichnet man die *Wasserstoffaufnahme* als *Reduktion.*

Oxidation:

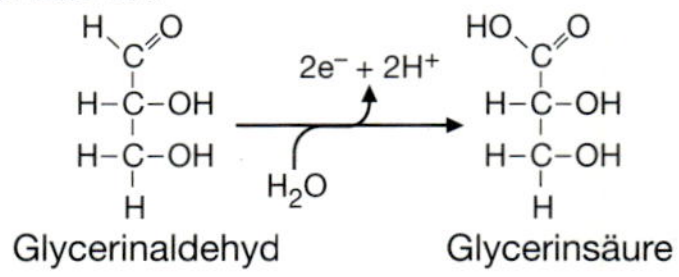

Reduktion:

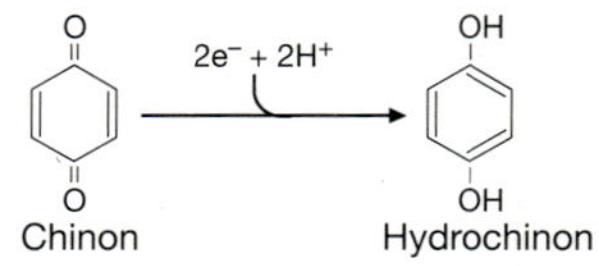

Oxidation:

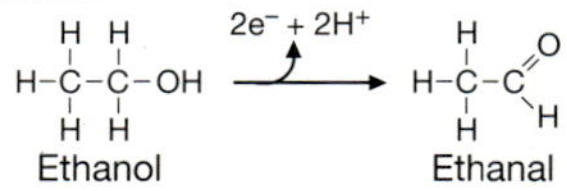

(In den Beispielen wurde der Redoxpartner weggelassen)

Das Redoxpotential

Die Moleküle können ihre Elektronen unterschiedlich leicht abgeben; andererseits nehmen sie fremde Elektronen von anderen Molekülen auch unterschiedlich leicht auf. Abgabemöglichkeit und Bereitschaft zur Aufnahme sind dabei entgegengesetzt: Moleküle, die ihre Elektronen leicht abgeben können, nehmen nur schwer Elektronen auf (und umgekehrt). Als Maß für die Leichtigkeit der Abgabe bzw. Aufnahme dient das Redoxpotential (gemessen in Volt). Je negativer ein Redoxpotential ist, desto leichter werden Elektronen abgegeben und desto schwerer wieder aufgenommen. Bei einer Redoxreaktion erfolgt die Elektronenübertragung daher stets vom Partner mit dem negativeren Redoxpotential zum Partner mit dem positiveren Redoxpotential, nie umgekehrt.

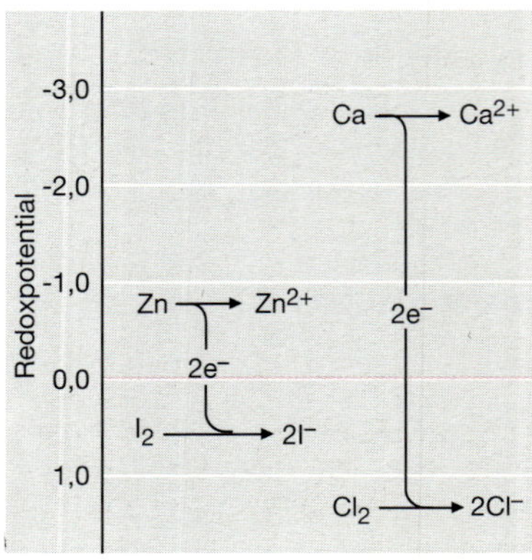

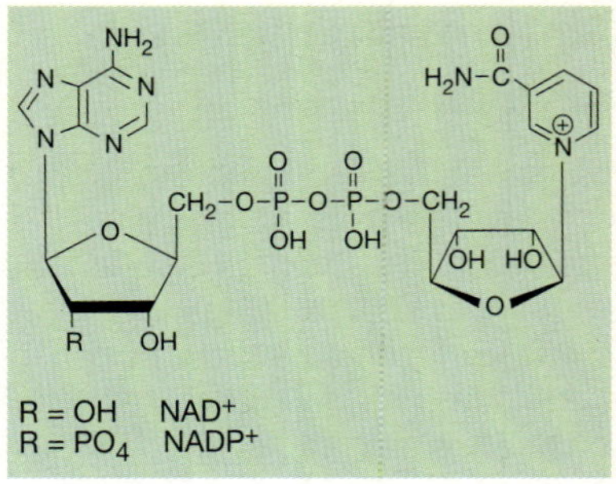

NAD^+ und $NADP^+$: Elektronenspeichermoleküle

An biochemischen Redoxreaktionen ist als Partner meist NAD^+ bzw. $NADP^+$ beteiligt. Dieses Molekül übernimmt bei der Oxidation die beiden Elektronen und die beiden Protonen und wird dabei reduziert:

$NAD^+ + 2e^- + 2H^+ \rightarrow NADH + H^+$
$NADP^+ + 2e^- + 2H^+ \rightarrow NADPH + H^+$

An anderer Stelle können die Elektronen und Protonen wieder abgegeben werden. $NADH + H^+$ (bzw. $NADPH + H^+$) wird dabei oxidiert:

$NADH + H^+ \rightarrow NAD^+ + 2e^- + 2H^+$
$NADPH + H^+ \rightarrow NADP^+ + 2e^- + 2H^+$

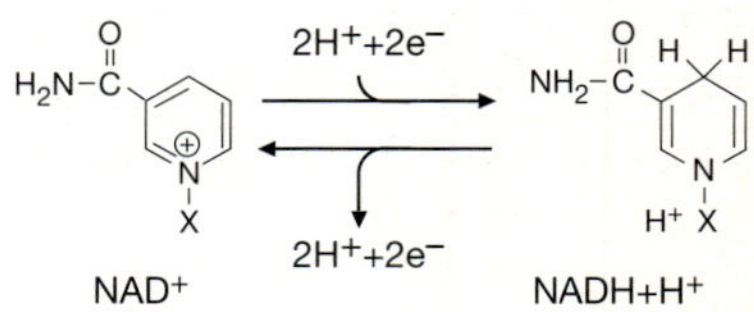

Da NAD^+ und $NADH^+$ (bzw. $NADH + H^+$ und $NADPH + H^+$) nur in einem Komplex mit einem Enzym wirksam sind, werden sie häufig als *Coenzyme* bezeichnet. Um deutlich zu machen, daß sie — anders als Enzyme — in den Reaktionen verändert werden, nennt man sie heute besser *Cosubstrate.*

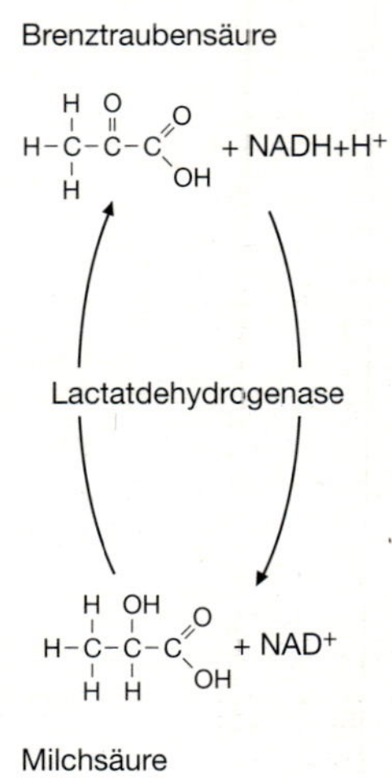

Leben braucht Energie

Nach dem Tod eines Lebewesens zerfällt sein Körper mit allen komplexen Strukturen und vielen der körpereigenen Stoffe. Dabei wird Energie frei. Die instabilen Substanzen des Körpers enthielten demnach Energie in chemisch gebundener Form.

Solche freiwillig ablaufenden Prozesse, bei denen Energie freigesetzt wird, nennt man *exergonisch.* Sie führen zu einem Zustand mit geringerer Energie. Lebewesen müssen deswegen dem spontanen Zerfall der körpereigenen Substanzen und Strukturen während ihres gesamten Lebens ständig entgegenarbeiten, indem sie diese immer wieder neu aufbauen.

Der Aufbau besteht meist aus Reaktionen, bei denen die beim Zerfall verlorengegangene Energie wieder zugeführt werden muß. Diese *endergonisch* genannten Prozesse laufen daher nicht freiwillig ab. Auch kann die zugeführte Energie nie verlustfrei verwertet werden, da ein Teil stets als Wärme abgegeben wird. Der exergonische Prozeß, der die Energie liefert, muß also mehr Energie bereitstellen, als vom endergonischen Prozeß gespeichert werden kann: *Die Kopplung beider Prozesse zu einem Gesamtprozeß ist immer exergonisch!*

Für die aufbauenden, Energie verbrauchenden Prozesse werden also diejenigen energiereichen Substanzen aufgenommen, die ein Organismus zur Wiederherstellung bzw. Aufrechterhaltung seiner Struktur benötigt. Auf diese Weise gleicht er einen ständigen Verlust wieder aus. Es herrscht daher ein dauerndes Fließgleichgewicht zwischen aufbauenden und abbauenden Prozessen.

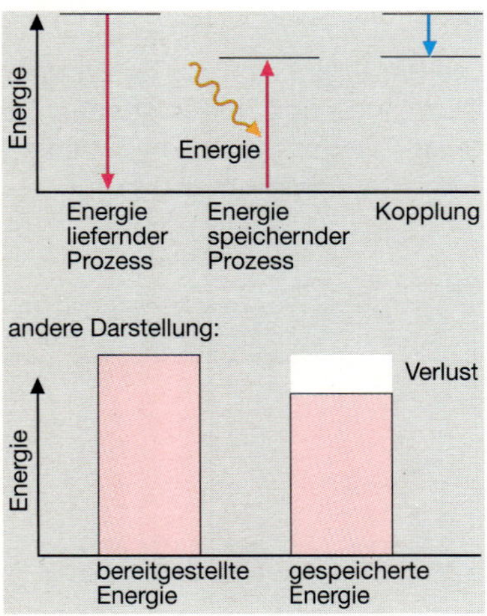

Tiere z. B. erhalten ihre Energie aus der Nahrung. Diese besteht aus anderen Lebewesen oder Teilen davon, und die darin enthaltene Energie kann vom Tier für sich nutzbar gemacht werden. Pflanzen dagegen nutzen vor allem die im Sonnenlicht enthaltene Energie.

Die Energie ist im Organismus zum einen in vielen chemischen Verbindungen, wie z. B. in Fetten und Kohlenhydraten, enthalten. Dies läßt sich leicht daran sehen, daß die Energie z. B. beim Abbau dieser Stoffe freigesetzt werden kann.

Ein weiterer Teil der Energie steckt in den verschiedensten Konzentrationsunterschieden, die von einer Seite einer Membran zur anderen gegeben sind. Daß darin tatsächlich Energie gespeichert ist, kann man sich folgendermaßen einsichtig machen: Könnte man die trennende Membran entfernen, so würden sich die Unterschiede durch Diffusion ausgleichen. Dieser Vorgang läuft spontan und freiwillig ab. Wollte man dagegen ein Konzentrationsgefälle neu schaffen, so ist dies nur unter Energieaufwand zu erreichen. Konzentrationsunterschiede enthalten daher Energie. Diese ist sichtbar in dem Ausmaß der Zerstreuung oder Unordnung der Teilchen *(Entropie)* und stellt eine zweite Energieform neben der Wärmeenergie *(Enthalpie)* dar. Sind die Teilchen stärker geordnet (z. B. sortiert oder auf einer Seite konzentriert), so ist dieser Zustand energiereicher als bei gleichmäßiger Verteilung.

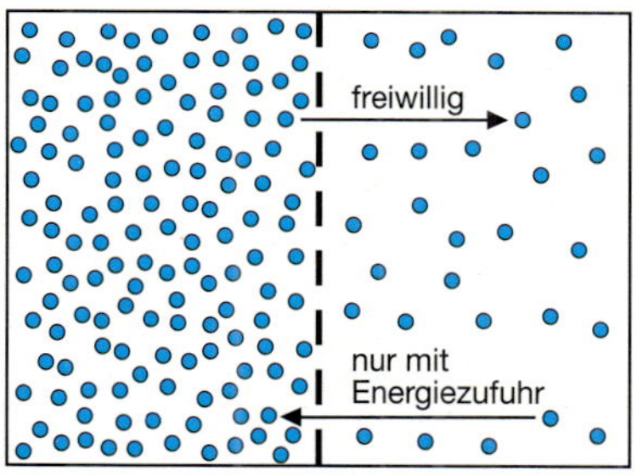

Lebewesen sind daher in der Lage, Stoffe mit dem Konzentrationsgefälle passiv durch Diffusion aufzunehmen, entgegen dem Konzentrationsgefälle kann dies aber nur mit Hilfe des aktiven Transports erfolgen, der Energie benötigt.

ATP — ein Energiespeicher

An den meisten biochemischen Reaktionen, die Zufuhr von Energie benötigen, ist *Adenosintriphosphat (ATP)* beteiligt:

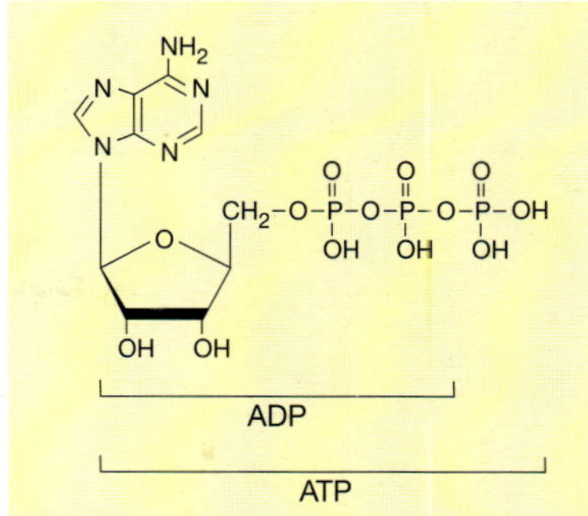

Bei der Abspaltung einer Phosphatgruppe Ⓟ entsteht *Adenosindiphosphat (ADP),* und es wird Energie (30,5 kJ/mol) frei; diese Reaktion ist also exergonisch:

ATP ⟶ ADP + Ⓟ

Zum Aufbau von ATP aus ADP und Phosphat ist die Zufuhr eines entsprechenden Energiebetrages erforderlich.

ATP ist im Körper universell einsetzbar, und seine Energie steht sofort zur Verfügung. Es wird daher im Körper andauernd in großen Mengen produziert und verbraucht: Bei einem erwachsenen Menschen sind dies täglich etwa 80 kg!

Die im ATP gespeicherte Energie wird meistens mit der Phosphatgruppe auf andere Moleküle übertragen. Diese Moleküle werden also phosphoryliert und dadurch energetisch aufgeladen. Man sagt, sie werden *aktiviert.* Die exergonische Energieabgabe durch ATP ist wegen des erwähnten Energieverlustes stets größer als die endergonische Aktivierung; die Gesamtreaktion ist also wieder exergonisch.

Andererseits können energieliefernde Prozesse zur Gewinnung von ATP genutzt werden. Auch hier ist aber der Gesamtprozeß wieder exergonisch.

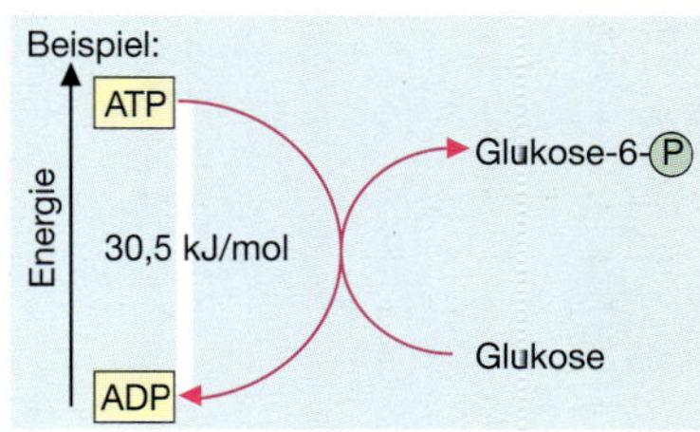

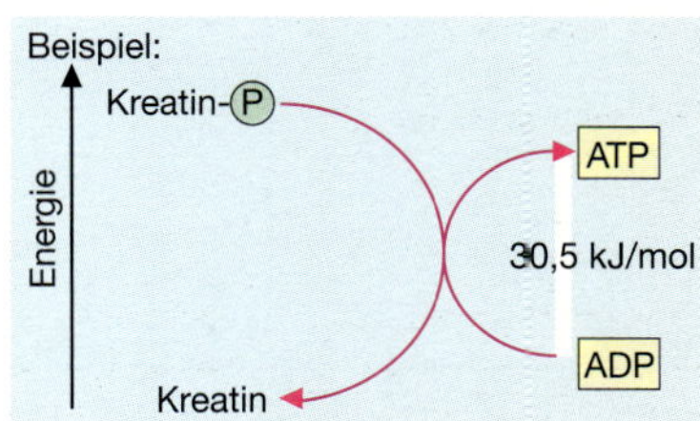

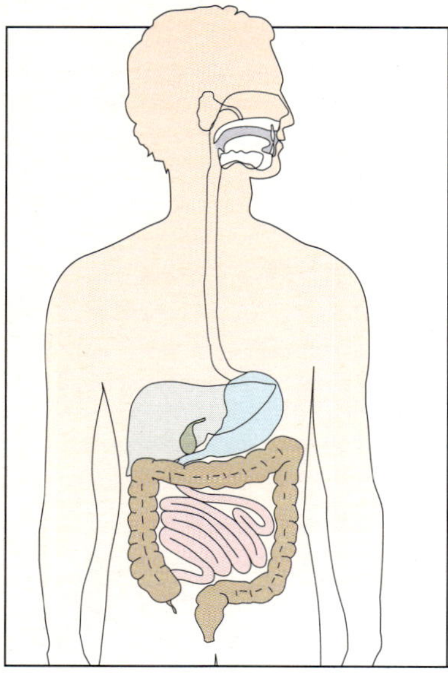

pH-Wert	Ort	Drüse	Enzym (Sekretmenge)	enzymatischer Prozeß
6,8	Mund	Speicheldrüse	Ptyalin (1,5 l/Tag)	Stärke → Maltose
2	Magen	Haupt-, Belegzellen	Pepsin Kathepsin (1,5-2 l/Tag)	Proteine → Polypeptide
8,5	Zwölffingerdarm	Bauchspeicheldrüse	Trypsin Erepsin Amylase Maltase (1 l/Tag)	Proteine → Polypeptide Polypeptide → Aminosäuren Stärke → Maltose Maltose → Glukose
		Gallenblase	Lipase	Fett → Glycerin + Fettsäuren
8,3	Dünndarm	Dünndarmsekret	Erepsin Maltase Laktase (3 l/Tag)	Polypeptide → Aminosäuren Maltose → Glukose Laktose → Glukose + Galaktose
	Dickdarm Mastdarm			Wasserrückresorption (ca. 5-6 l/Tag)

1 Verdauung beim Menschen

Verdauung in der Übersicht

Mit unserer Nahrung nehmen wir eine große Zahl verschiedener Stoffe auf. Aber nur drei Stoffgruppen sind für Energiegewinnung und Baustoffwechsel quantitativ von Bedeutung: Kohlenhydrate, Fette und Proteine. Diese drei Nährstoffgruppen werden im Magen-Darm-Trakt der Wirbeltiere zu kleinen Grundbausteinen abgebaut und aus dem Dünndarm in das Blut oder die Lymphe resorbiert. Ein großer Teil der Kohlenhydrate wird mit Hilfe von Enzymen in Monosaccharide (vorwiegend Glukose), Fette in Glycerin sowie Fettsäuren und Proteine in Aminosäuren gespalten. In verschiedenen Zellen außerhalb des Verdauungstraktes können sie weiter verarbeitet oder sie können unverändert über die Niere *(Exkrete)* ausgeschieden werden. Die nicht resorbierten Stoffe werden als Kot *(Exkremente)* aus dem Mastdarm ausgeschieden.

Eine besondere Rolle im Verdauungstrakt spielt der Dickdarm. Er ist für die Resorption des Wassers verantwortlich. Ist diese Funktion durch Infektionen oder durch zu hohen Gehalt an nicht resorbierten wasserlöslichen Substanzen gestört, so kann es zu lebensbedrohlichen Austrocknungserscheinungen der Zellen kommen (z. B. bei Cholera und anderen Durchfallserkrankungen). Die Länge des Darms unterscheidet sich bei verschiedenen Wirbeltieren auffällig. Sie steht in engem Zusammenhang mit der Ernährung (Abb. 2).

Aufgabe

① Welche Regel läßt sich aus den Angaben zur Darmlänge der verschiedenen Tiere aufstellen? Geben Sie eine hypothetische Erklärung für die Unterschiede.

Art	Nahrung	Darmlänge (m)	Körpermasse	relative Darmlänge (Darm-/Körperlänge)
Fledermaus	Insekten	0,25	30 g	1,9
Katze	Säugetiere, Vögel	2,1	8 kg	4
Maus	Pflanzen	0,5	30 g	8
Mensch	Tiere, Pflanzen	7	75 kg	4
Pferd	Gräser	30	500 kg	12
Rind	Gräser	51	800 kg	26

2 Nahrung und Darmlänge bei Wirbeltieren

Vorgänge im Magen

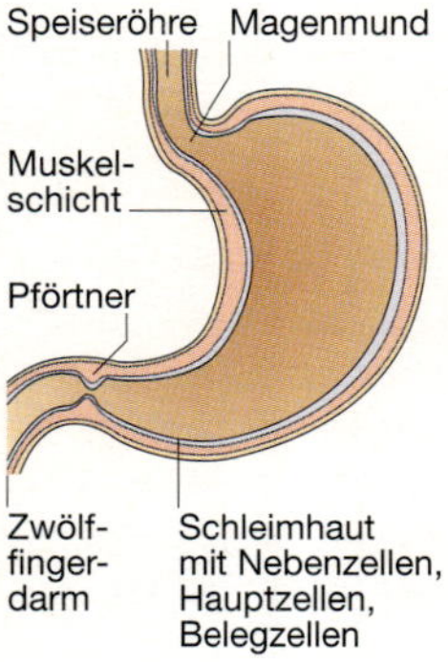

Der kundige Krimileser weiß, daß ein Arzt den Todeszeitpunkt aus dem Grad der Totenstarre (siehe Seite 71) ablesen kann. Die Aussagefähigkeit dieser Methode ist jedoch begrenzt. Deshalb untersucht ein Gerichtsmediziner bisweilen auch den Magen genauer: Liegt der Todeszeitpunkt länger zurück, so zeigen sich starke Auflösungserscheinungen der Mageninnenwand. Dieses Phänomen ist einleuchtend: Das im Magen befindliche Pepsin ist eine Protease, die Proteine in kürzerkettige Polypeptide spaltet. Da auch die Magenwand zu einem wesentlichen Teil aus Protein besteht, ist die Selbstverdauung des Magens verständlich. Im lebenden Organismus dagegen findet dieser Prozeß nicht statt.

Verschiedene Mechanismen sind hier bedeutsam:

1. In den *Hauptzellen der Magendrüsen* wird eine Vorstufe des Pepsins, das *Pepsinogen,* produziert (Abb. 1). Andere Zellen der Magendrüsen, die sogenannten *Belegzellen,* produzieren *Salzsäure,* die im Magensaft einen pH-Wert von ca. 1 – 2 einstellt. In diesem Säuremilieu wandelt sich Pepsinogen autokatalytisch in Pepsin um (siehe Seite 19).
2. Die von Schleimdrüsen der Magendrüse produzierten *Mucine* (bestimmte Polysaccharide) begrenzen durch starke Pufferung der Magensäure die Aktivität des Pepsins. Darüber hinaus stellen diese Stoffe als *Magenschleimhaut* eine Schutzschicht zwischen Magensaft und gefährdeter Magenwand dar. Deshalb wird bei einem gesunden Menschen die Magenwand von Pepsin nicht angegriffen. Der tote Organismus produziert keinen Schleim mehr, so daß der noch vorhandene Magensaft allmählich die Magenwand angreifen kann.

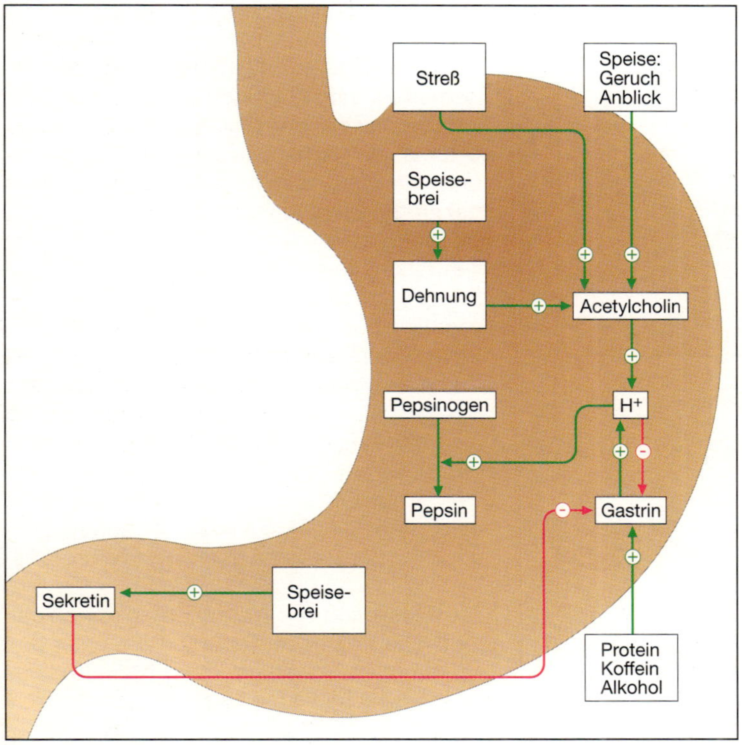

1 Magensekretion

Regulation der Magensekretion

Der Anblick und der Geruch verlockender Speisen läßt uns nicht nur das Wasser im Munde zusammenlaufen. Auch unser Magen zeigt eine deutliche Reaktion: Durch eine Protonenausschüttung sinkt der pH-Wert der Magenflüssigkeit, die Produktion von aktivem Pepsin wird gefördert. Verantwortlich für diesen Effekt sind Nervenendigungen in der Magenwand, die als Folge der durch Sinnesorgane aufgenommenen Eindrücke sowie bei mechanischer Dehnung der Magenwand *Acetylcholin* abgeben können. Dieser Stoff fördert vor allem die Säureabgabe.

Die nervöse Beeinflussung der Magensekretion erklärt, weshalb neben anderen Ursachen auch Streß zu einer Übersäuerung des Magens und damit zu Magenschleimhautentzündungen *(Gastritis)* und Magengeschwüren führen kann. Auch Stoffe wie Alkohol oder Koffein haben denselben Effekt. Diese Stoffe fördern die Produktion des in der Magenschleimhaut produzierten Hormons *Gastrin* (Abb. 1). Protonen wiederum hemmen die Gastrinproduktion. Auf diese Weise regulieren sich die Gastrin- und die Protonenkonzentration gegenseitig.

Sobald der Speisebrei durch den Pförtner in den Dünndarm übertritt, produzieren dort bestimmte Zellen *Sekretin.* Dieses Hormon gelangt über die Blutbahn in die Magenwand und hemmt dort die Gastrinproduktion. Auf diese Weise wird kein neues Pepsinogen mehr produziert. Der Verdauungsvorgang im Magen verlangsamt sich so lange, bis der Dünndarm für die Aufnahme einer weiteren Speisebreiportion bereit ist. Durch diese Regulationsmechanismen wird nur die Menge an Enzym produziert, die tatsächlich benötigt wird.

Resorption: Vom Darm in das Blut

Die zerlegten Nahrungsstoffe müssen auf ihrem Weg in das Blut die Dünndarmwand passieren. Dieser Prozeß ist die *Resorption.* Durch ca. 8 mm hohe *Faltungen,* lichtmikroskopisch kleine *Zotten* sowie den noch erheblich kleineren *Mikrovilli* (Abb. 1 c, d) ist die Oberfläche des ca. 3 m langen menschlichen Dünndarms auf ca. 2000 m² vergrößert *(Prinzip der Oberflächenvergrößerung).* Die Dünndarmwand ist stark durchblutet, und die Kapillaren sammeln sich zur Pfortader, die die meisten resorbierten Nährstoffe zur Leber transportiert.

Mucosa
innerste Zellschicht der Darmwand

Bei der Resorption der Nährstoffe spielt die einfache Diffusion entlang des Konzentrationsgefälles keine wesentliche Rolle. Da z. B. auch das Blut immer eine bestimmte Glukosekonzentration aufweist, würde dieser für den Organismus wertvolle Stoff zum Teil durch Ausscheidung verlorengehen. Eine vollständige Resorption der Glukose erfordert also einen Transport gegen das Konzentrationsgefälle (Abb. 1 d).

Glukose muß auf dem Weg aus dem Darm durch die *Mucosa* in die Blutbahn zwei Membranen passieren. Der erste Schritt, der Transport durch die darmseitige Membran der Mucosa, erfolgt als sogenannter *Co-Transport:* Im Darmlumen ist die Na^+-Konzentration deutlich höher als im Cytoplasma der Mucosazellen. Es besteht also ein hoher Diffusionsdruck dieser Ionen aus dem Darm in die Mucosazellen. Die Membran enthält spezifische Trägermoleküle *(Carrier).* Diese haben spezifische Bindungsstellen für Na^+-Ionen und Glukose. Nur wenn beide Teilchen an den Carrier gebunden sind, ermöglicht er den Übergang beider vom Darmlumen in das Cytoplasma der Mucosazellen (Abb. 1 a). Antriebskraft ist dabei der Konzentrationsgradient der Na^+-Ionen vom Darmlumen zu den Mucosazellen. Der Ionenübergang ist daher ohne weitere Energiezufuhr möglich, die Glukosemoleküle werden damit „huckepack“ gegen ihr Konzentrationsgefälle aus dem Darm heraustransportiert.

Voraussetzung für diesen Transportmechanismus ist eine niedrige Na^+-Konzentration im Cytoplasma der Mucosazellen. Ursache dafür ist ein Carrier in der blutseitigen Membran der Mucosa, der Na^+-Ionen in umgekehrter Richtung transportiert. Da diese „Ionen-Pumpe“ die Ionen gegen den Konzentrationsgradienten transportiert, ist dafür Energie erforderlich. Diese wird von dem universellen Energieträger ATP bereitgestellt (s. Seite 27). Einen solchen Teilchentransport durch eine Membran gegen das Konzentrationsgefälle unter Energieverbrauch nennt man *aktiven Transport* (Abb. 1 b). Die K-Na-Pumpe ist ein Transportsystem, das an vielen Stellen im Organismus eine zentrale Rolle spielt. Ähnliche Mechanismen finden sich auch bei der Resorption anderer Nährstoffe.

Die Resorption von Wasser erfolgt durch osmotische Prozesse. Da durch die oben beschriebenen Vorgänge kaum irgendwelche wasserlöslichen Moleküle im Darminneren verbleiben, strömt Wasser aus dem Dickdarm durch die Darmwand in das Blut.

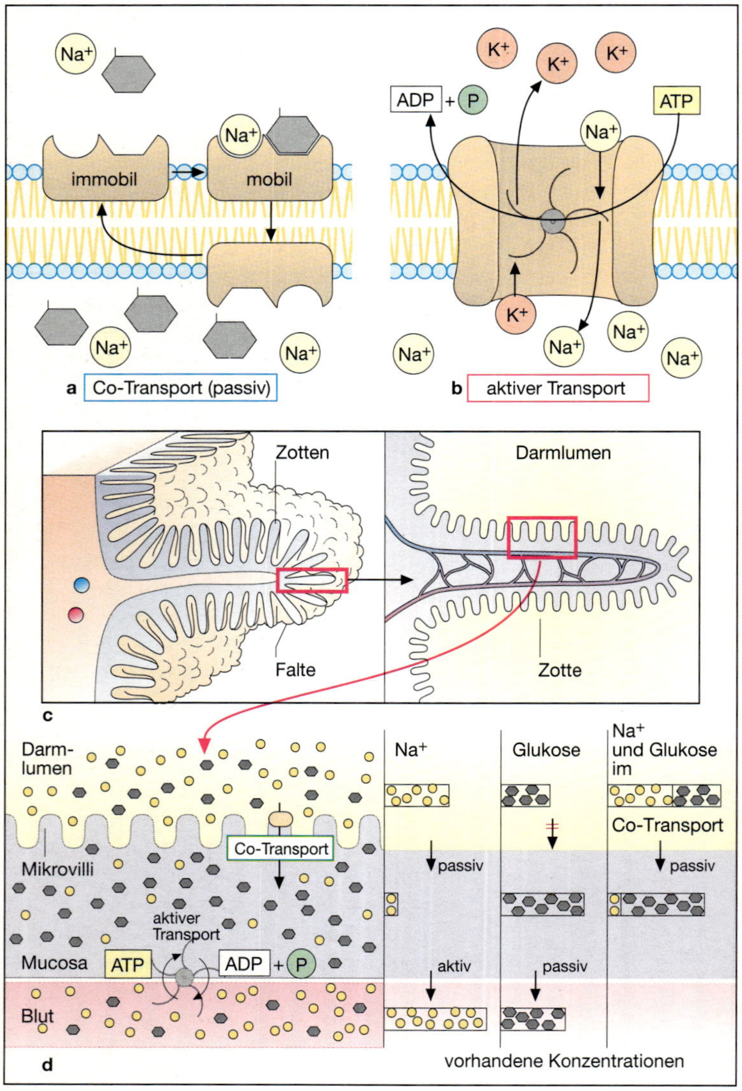

1 Transportmechanismen in der Dünndarmwand

Pflanzenfresser lassen verdauen

Wer sich vegetarisch ernähren möchte, kann dies nicht ausschließlich mittels Gräsern tun. Er muß auf eine genügende Zufuhr an Protein und an Vitaminen achten. Diese finden sich aber in vielen Pflanzen nicht in ausreichenden Mengen. Auch der verwertbare Energiegehalt der Gräser ist für uns Menschen sehr gering, da wir das Hauptkohlenhydrat, die Zellulose, nicht verwerten können. Rinder und Pferde dagegen bestreiten mit solchen Pflanzen ihren gesamten Energie- und Baustoffwechsel, obwohl ihre Enzymausstattung der unseren sehr ähnlich ist.

Verdauungssystem des Rindes

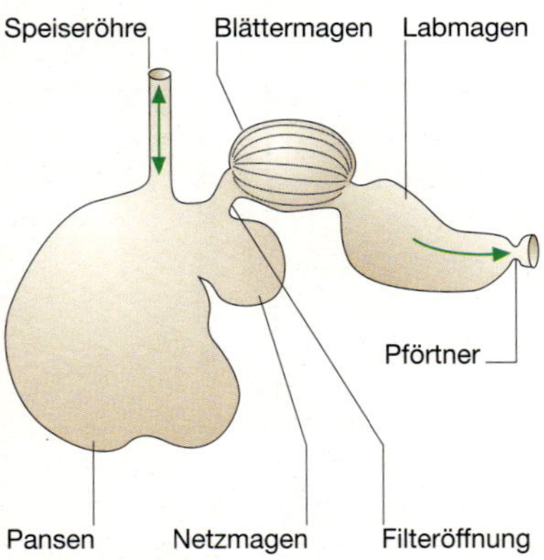

Rinder gehören zu den Wiederkäuern. Ein Teil ihrer Speiseröhre ist zu einem riesigen „Gärbottich" aufgebläht (*Pansen, Netzmagen* und *Blättermagen*), in dem Bakterien und Wimpertierchen leben. Vor allem die Bakterien können mit Hilfe ihrer *Zellulase* Zellulose in Glukose abbauen. Dieses Enzym kann nicht von Wirbeltieren synthetisiert werden. Bakterien und Säugetier bilden eine Lebensgemeinschaft zum gegenseitigen Nutzen, eine *Symbiose:* Das Rind versorgt die Bakterien mit Nahrung und verschafft ihnen das lebensnotwendige anaerobe Milieu mit optimalen Temperaturbedingungen, die Bakterien scheiden u. a. *Lipide* aus, die vom Rinderdarm resorbiert werden und als Energiequelle dienen können.

Die Bakterien können auch aus *Harnstoff* einige Aminosäuren aufbauen; ebenso produzieren sie *Vitamine.* Aminosäuren und Vitamine bleiben überwiegend in den Bakterien. Diese werden zum Teil von den Wimpertierchen gefressen, zum Teil werden sie wie die Wimpertierchen im eigentlichen Magen, dem Labmagen, verdaut.

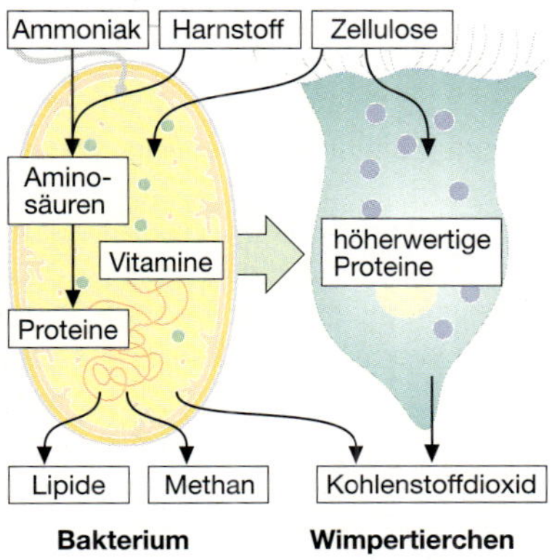

Rinder als Wiederkäuer befördern die Nahrung zuerst in den Pansen und Netzmagen. In kleinen Portionen wird die Nahrung immer wieder hochgewürgt und erneut zerkaut. Der Speichel (70 Liter pro Tag!) enthält große Mengen Harnstoff, der bei der Speichelproduktion aus dem Blut entnommen wird. Ist die Nahrung nach mehrmaligem Wiederkauen fein zersetzt, kann sie die wie ein Filter wirkende Öffnung in den Blättermagen passieren (s. Abb.).

Verdauungssystem des Pferdes

Pferde besitzen keinen Wiederkäuermagen, jedoch einen voluminösen Blinddarm mit einem Volumen von 30 Litern. In diesem leben Zellulose abbauende Bakterien, die auch Vitamine und Aminosäuren produzieren, welche das Pferd aber nicht verwerten kann, da die Bakterien nicht verdaut werden können (Lage des Blinddarms!). Die von den Bakterien ausgeschiedenen Lipide werden dagegen resorbiert und zur Energieversorgung des Pferdes verwertet (siehe Abb. unten).

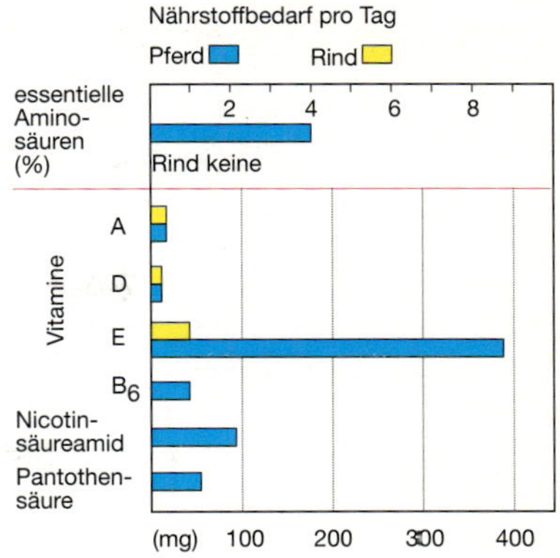

Aufgaben

① Stellen Sie in einem Schema dar, wie Rinder durch ihre Symbionten die aufgenommene Nahrung verwerten.

② Rinder ernähren sich im Freiland von relativ protein- und vitaminarmer, aber zellulosereicher Nahrung. Tötet man die Einzeller im Magen der Rinder ab, so ist das Rind weiterhin lebensfähig, hat allerdings Bedarf an bestimmten essentiellen Aminosäuren. Werden die Bakterien abgetötet, zeigen sich schwere Mangelerscheinungen. Erklären Sie diese Unterschiede.

③ Erklären Sie die Unterschiede im Nährstoffbedarf von Pferd und Rind (s. Abb. oben).

④ Rinder scheiden deutlich weniger Harnstoff aus als Pferde. Begründen Sie.

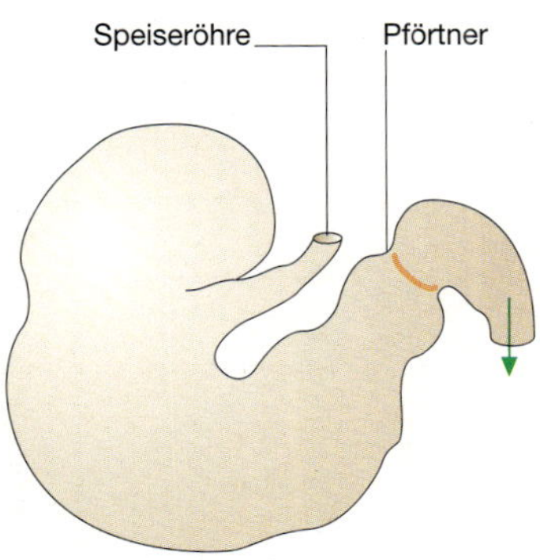

Magen (pH-Wert=1)

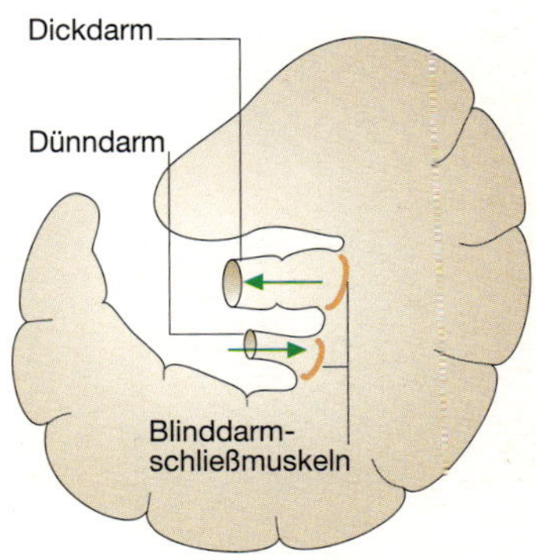

Blinddarm (pH-Wert=7,5)

Transportsystem Körperkreislauf

Mit den 6 Litern Blut, die das menschliche Herz jede Minute in die Aorta pumpt, werden ca. 1,4 Liter Sauerstoff und 4 g Glukose im Körper verteilt. Diese Leistung garantiert, daß die einzelnen Gewebe und Organe ausreichend versorgt werden (Abb. 1a). Bei allen größeren Organismen würde eine Verteilung der Stoffe allein durch Diffusion zu langsam vonstatten gehen. Deshalb besitzen diese Lebewesen ein mit dem Blutkreislauf der Wirbeltiere vergleichbares Transportsystem.

Vergleicht man die Kreislaufsysteme der Wirbeltiere untereinander (Abb. 1b), so erkennt man, daß die Fische einen ungeteilten Kreislauf besitzen. Ihr Herz besteht lediglich aus einem Vorhof und einer Kammer. Hier sammelt sich das sauerstoffarme und kohlenstoffdioxidreiche Blut aus dem Körper. Es wird zu den Kiemenarterien gepumpt. In den feinen Kiemenkapillaren erfolgt der Gasaustausch. Das sauerstoffreiche Blut gelangt von dort zu den Muskeln und Organen. Danach wird es zum Herzen zurücktransportiert. Bei den übrigen Wirbeltierklassen ist der Kreislauf in zwei Teilkreisläufe für die Lunge und den Körper aufgeteilt.

Die Herzen besitzen zwei Vorhöfe. Der linke nimmt das sauerstoffreiche Blut aus den Lungenvenen, der rechte das sauerstoffarme Blut aus den Körpervenen auf. Bei den Amphibien ist die Herzkammer noch ungeteilt. Trotzdem wird durch eine zeitlich unterschiedliche Kontraktion der Vorhöfe und durch Muskelleisten in der Kammer eine völlige Durchmischung verhindert. So wird überwiegend sauerstoffreiches Blut in die Aorta gepumpt. Bei den Reptilienherzen wird dieser Effekt durch eine noch unvollständige Scheidewand in der Kammer verstärkt. Vögel und Säuger haben zwei getrennte Pumpsysteme, da die Scheidewand völlig ausgebildet ist. Dies verbessert die Sauerstoffversorgung der Organe und damit den Energieumsatz, welcher eine Voraussetzung für den homoiothermen Wärmehaushalt ist.

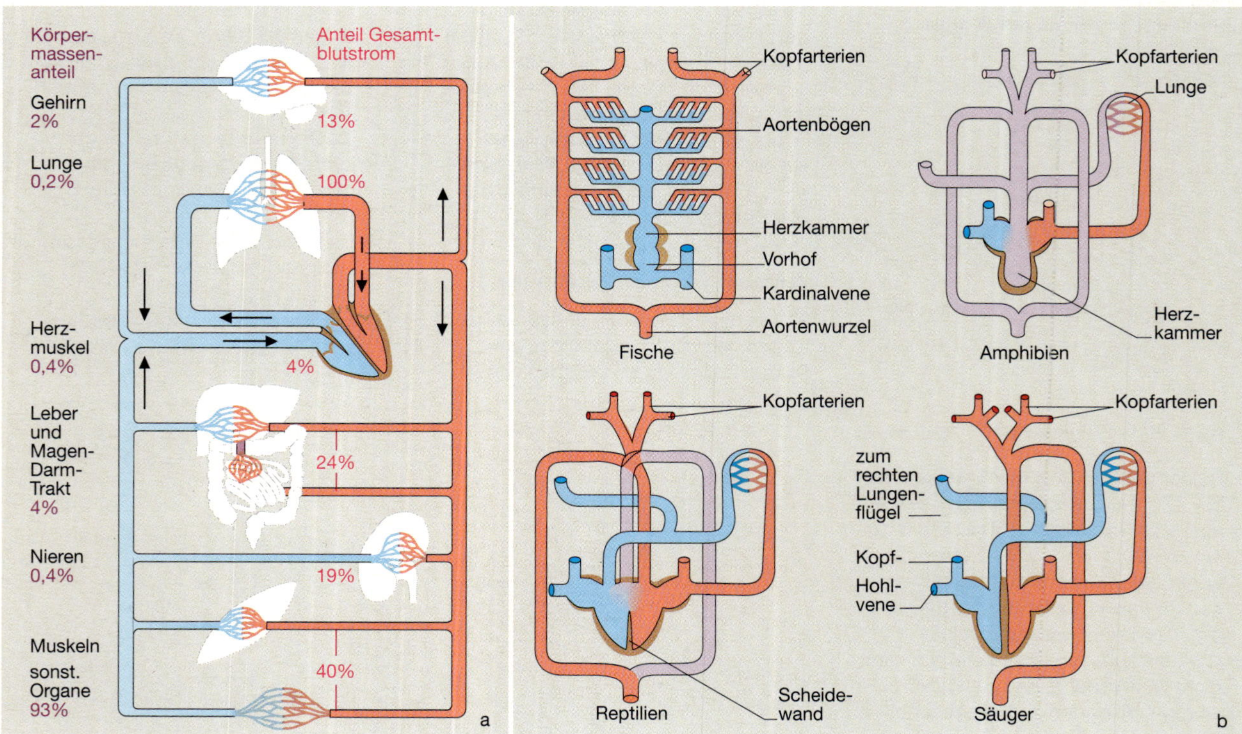

1 a Verteilung des Blutstroms auf die Organsysteme des Menschen
b Schematische Darstellung des Blutkreislaufs und des Herzens verschiedener Wirbeltiere

Lexikon

Atmungsorgane

Unter äußerer Atmung versteht man die Sauerstoffaufnahme und Kohlenstoffdioxidabgabe des Organismus. Der Gasaustausch erfolgt über eine dünnwandige Oberfläche. Eine Verbesserung des Gasaustausches wird durch eine Oberflächenvergrößerung, durch eine geringe Dicke der Austauschschicht und die Bewegung der Transportflüssigkeiten im Körperinneren erreicht.

Lungen bei Wirbeltieren

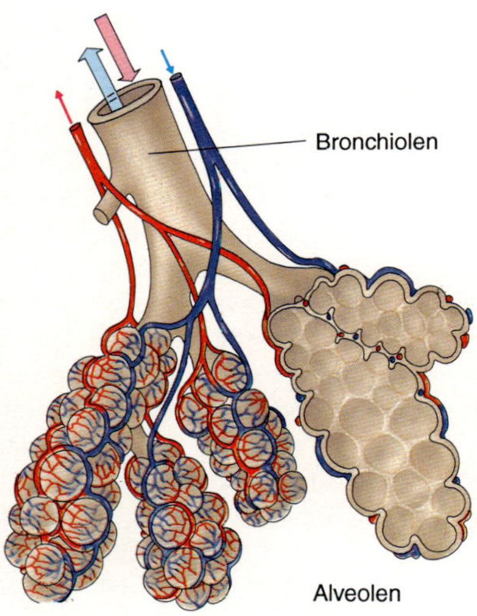

Die Bronchien teilen sich in die Bronchiolen auf, die in dünnhäutigen Endbläschen, den *Alveolen*, enden. Die Alveolen sind fein umsponnen von Kapillaren, in denen der Gasaustausch stattfindet. Ein erwachsener Mensch hat etwa 300 Millionen Alveolen. Die in die Lunge einströmende Luft wurde vorher in der Nase und in der Mundhöhle angefeuchtet. Das Lungengewebe besitzt keine Muskeln und ist weich wie ein Schwamm. Durch das Heben der Rippen und das Senken des Zwerchfells erweitert sich der Brustkorb und zieht das Lungengewebe auseinander; hierbei strömt die Atemluft in die erweiterten Lungenflügel. Säugetiere sind die einzigen Tiere, die ein Zwerchfell besitzen. Das Zwerchfell ist ein kuppelförmiger Muskel. Er erhöht das Austauschvolumen für die Atemgase.

Bei den Vögeln ist das Lungengewebe von einem fein verästelten Röhrensystem, den *Lungenpfeifen*, durchzogen, in denen der Gasaustausch stattfindet. Sie enden nicht blind wie die Alveolen, sondern münden in *Luftsäcken*, die im ganzen Körper des Vogels, sogar in manchen Knochen, vorhanden sind. Die Luftsäcke dienen nicht dem Gasaustausch, sondern wirken wie Blasebälge, welche die Luft durch die Lunge pressen. So nutzt der Vogel die Atemluft zweimal, beim Einatmen und beim Ausatmen durch die Lungenpfeifen.

Kiemen bei Fischen

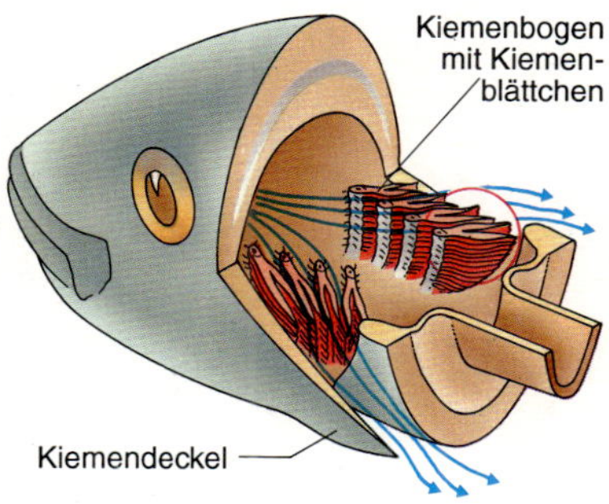

Die Atmungsorgane der Fische sind die Kiemen. Es sind dünnwandige Ausstülpungen der Körperoberfläche, die stark durchblutet werden. Durch Verästelungen und Verzweigungen ist die Oberfläche der Kiemen vergrößert. Ihre zarte Struktur macht die Kiemen leicht verletzbar. Sie werden von Kiemendeckeln geschützt. Das Wasser wird durch das Maul aufgenommen, an den Kiemen vorbeigeführt und fließt unter den Kiemendeckeln wieder ab. Hierbei wird der im Wasser gelöste Sauerstoff ins Blut aufgenommen und Kohlenstoffdioxid ins Wasser abgegeben. Im Wasser ist der Sauerstoffgehalt 20mal geringer als in der Luft. Um trotzdem eine ausreichende Sauerstoffversorgung zu gewährleisten, wird durch kontinuierliche Atembewegungen das Wasser zwischen den Kiemen ständig ausgetauscht. Der Wasserstrom ist hierbei dem Blutstrom entgegengerichtet; dies ermöglicht eine effektivere Nutzung des Sauerstoffes. Daß Fische an der Luft ersticken, liegt daran, daß die Kiemenblättchen verkleben und ihre Haut austrocknet. Ein Gasaustausch wird so unmöglich.

Tracheen bei Insekten

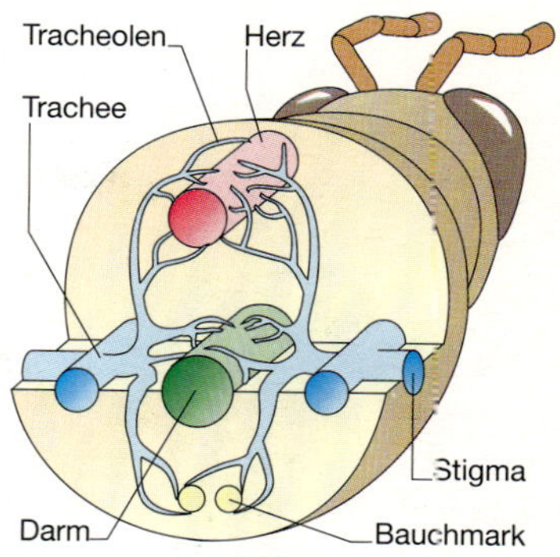

Bei Insekten gelangt der Sauerstoff über kleine Öffnungen im Chitinpanzer *(Stigmen)* in als *Tracheen* bezeichnete Röhren. Die Tracheen sind Einstülpungen der Körperoberfläche, die sich im ganzen Körper zu einem Geflecht feiner Kanälchen, den *Tracheolen* verzweigen. Diese umspannen alle Organe und Muskeln, so daß die Diffusionswege für die Gase nur noch kurz sind. Durch ein Zusammenpressen der Hinterleibssegmente werden die Tracheen verengt und anschließend wieder erweitert. Dies führt zu einer stärkeren Durchlüftung.

Hautatmung

Manche Wirbellose besitzen keine Atmungsorgane. Bei ihnen dringt der Sauerstoff ausschließlich über die Körperoberfläche ein. Tiere mit reiner *Hautatmung* sind mit wenigen Ausnahmen Wasserbewohner, weil feuchte Haut eine kleinere Diffusionsbarriere ist als trockene. Bei kleinen Tieren kann der Sauerstoff sogar direkt zu den Orten des Verbrauchs diffundieren. Mit zunehmender Körpergröße werden die Diffusionswege jedoch länger, und der Sauerstoffbedarf kann nicht mehr auf diese Weise gedeckt werden. Bei den Schwämmen beispielsweise wird das Atemwasser durch ein stark verzweigtes Kanalsystem zu den Zellen transportiert.

Darüber hinaus ist die Hautatmung auch bei Wirbeltieren mit Kiemen oder Lungen zu finden. Ihr Anteil kann bei wasserlebenden Tieren zwischen 20 und 60 % variieren. Beim Frosch reicht während der Winterstarre die Hautatmung aus. Im Sommer wird der gesteigerte Sauerstoffbedarf zusätzlich über die Lunge gedeckt. Bei Säugetieren spielt die Hautatmung nur eine untergeordnete Rolle.

1 Bergsteiger mit Atemgerät in extremer Höhe

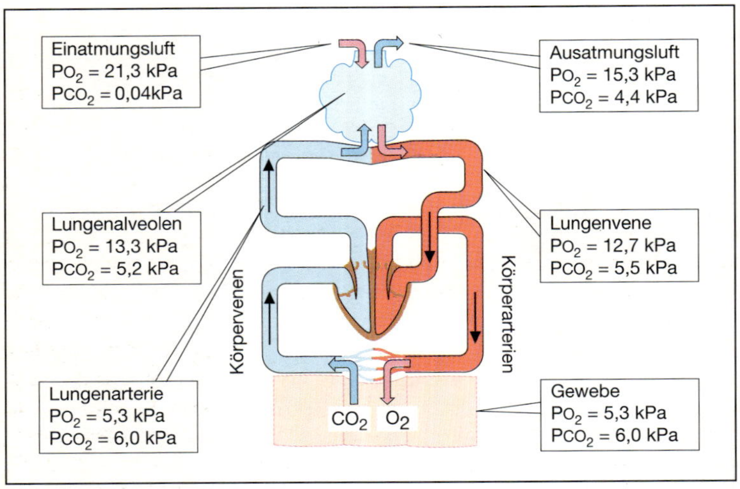

2 Partialdruckwerte von O_2 und CO_2 im menschlichen Körper

Taucherkrankheit

Auf den Körper eines Tauchers, der nur mit einer Preßluftflasche, aber ohne druckfesten Anzug ausgerüstet ist, lastet bei 30 m Tauchtiefe ein Druck von 400 kPa. Dieser Druck bewirkt, daß im Blut mehr Gas gelöst ist als bei normalem Luftdruck. Ein wesentlicher Effekt bei einem schnellen Auftauchvorgang ist, daß sich Gasblasen im Blut bilden, wie beim schnellen Öffnen einer Sprudelflasche. Diese Bläschen führen zu einer Verstopfung der Kapillargefäße, auch im Gehirn, was zu einer Ohnmacht führen kann. Taucher, die aus größeren Tiefen auftauchen, dürfen daher nur mit einer geringen Aufstiegsgeschwindigkeit oder mit Pausen zur Wasseroberfläche aufsteigen.

In der Höhe geht die Puste aus

Bergsteiger brauchen normalerweise ein Atemgerät mit Druckluft, wenn sie hohe Berge, wie beispielsweise den Mount Everest, erklimmen wollen, sonst geht ihnen in der „dünnen" Luft die Puste aus.

An der prozentualen Zusammensetzung der Luft kann es nicht liegen, denn diese ist in Meereshöhe wie auf dem Mount Everest gleich: Stickstoff 78 %, Sauerstoff 21 %, Kohlenstoffdioxid 0,04 % und Edelgase. Mit der Höhe ändert sich aber die Dichte der Gase und damit der Luftdruck. Alle Gasbestandteile der Luft ergeben in 50 m Höhe einen Gesamtluftdruck von 101 kPa. Jeder Gasbestandteil der Luft trägt entsprechend seinem prozentualen Anteil zum Gesamtluftdruck bei. So beträgt beispielsweise der Teildruck *(Partialdruck)* des Sauerstoffes am Gesamtluftdruck 21,3 kPa.

Vergleicht man die in Abb. 2 dargestellten *Sauerstoffpartialdruckwerte* im menschlichen Körper, so erkennt man, daß ein Druckgefälle von der Lunge bis zur Muskelzelle vorliegt. Die treibende Kraft der *Diffusion* ist die Bewegung der Sauerstoffmoleküle. Dem Gefälle entsprechend diffundiert der Sauerstoff durch die Membran der Lungenbläschen, den *Alveolen*, in das Blut, von dem er im Blutkreislauf zum Gewebe transportiert wird. Hier diffundiert er auf die gleiche Weise durch die Kapillar- und Zellmembran in die einzelnen Gewebezellen. Als Gesetzmäßigkeit der Diffusion ist bekannt: Je größer die Konzentrationsdifferenz ist, desto höher ist die Diffusionsgeschwindigkeit. Die Diffusionsvorgänge in der Lunge und im Gewebe werden daher besonders effektiv, wenn eine möglichst große Partialdruckdifferenz aufrechterhalten wird. Dieses ermöglicht die ständige Zirkulation des Blutes, durch die kontinuierlich sauerstoffarmes Blut zu den Alveolen und sauerstoffreiches Blut in das Gewebe transportiert wird, wo der Sauerstoff durch die Dissimilationsprozesse verbraucht wird.

Am Mount Everest beträgt der Luftdruck 30,5 kPa. Dementsprechend vermindert sich der Sauerstoffpartialdruck auf nur 6,4 kPa. Dies führt in den *Alveolen* zu einer langsameren Diffusion. Aus diesem Grunde steht für den Zellstoffwechsel nicht mehr in ausreichendem Maße Sauerstoff zur Verfügung. Höhenbewohner sind durch eine erhöhte Erythrocytenzahl an den geringeren Sauerstoffpartialdruck akklimatisiert.

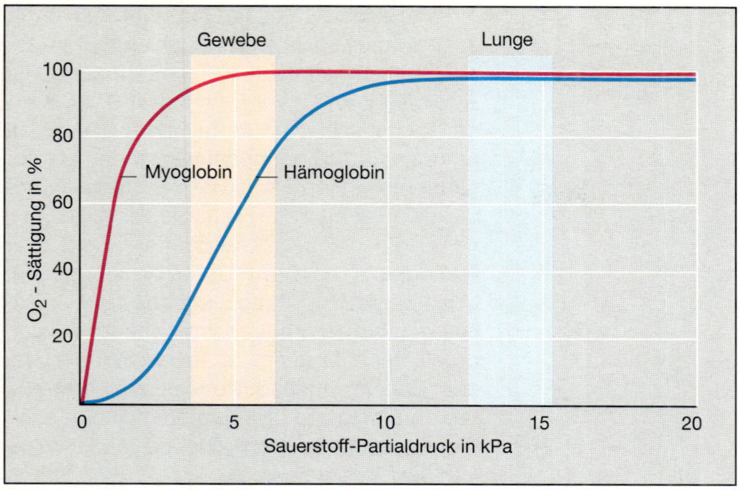

1 Sauerstoffbindungskurven des Hämoglobins und des Myoglobins

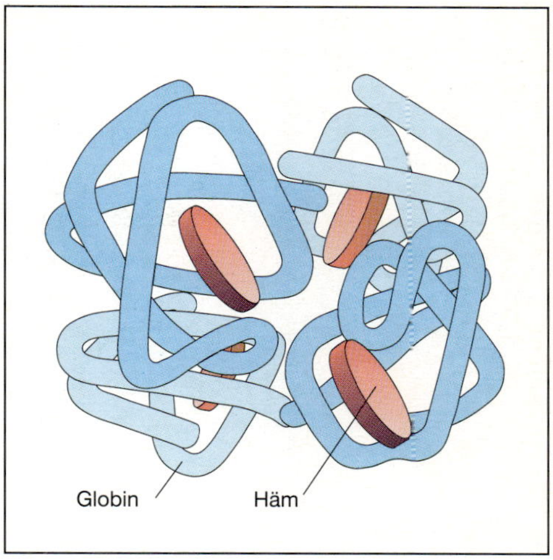

2 Hämoglobinmolekül

Erythrocyten transportieren den Sauerstoff

Die Erythrocyten enthalten den roten Blutfarbstoff *(Hämoglobin)*. Sie sind kreisrunde, kernlose Zellen mit einem charakteristischen Querschnitt von 7,5 µm Durchmesser (s. Randspalte). Obwohl sie keinen Kern haben, leben sie drei bis vier Monate. Danach werden sie in der Leber und der Milz abgebaut. Die Neubildung der Erythrocyten erfolgt aus kernhaltigen Zellen im roten Knochenmark. Pro Sekunde werden von den ca. 25 Billionen Erythrocyten in unserem Körper 2,4 Millionen erneuert.

In einem Liter Blut können etwa 300 ml Sauerstoff transportiert werden. Entfernt man die Erythrocyten aus dem Blut, können von dem gleichen Volumen nur noch 3 ml Sauerstoff aufgenommen werden. Dieser Befund veranschaulicht die Bedeutung der Erythrocyten und des Hämoglobins. Das Hämoglobin ist das Trägermolekül beim Sauerstofftransport. Hämoglobin besteht aus Eiweiß *(Globin)* und Farbstoffkomponenten *(Häm)*. Das Häm enthält ein Eisen(II)-Ion, welches von 4 Porphyrinringsystemen eingeschlossen wird (Abb. 2). Vier Sauerstoffmoleküle können nacheinander an die vier Eisenionen des Hämoglobins locker gebunden werden; die Eisenionen werden dabei nicht oxidiert. Hierbei wird aus dem dunkelroten Hämoglobin das hellrote Oxihämoglobin.

Rasterelektronenmikroskopische Aufnahme von Erythrocyten

In der Lunge wird Sauerstoff bei einem hohen Sauerstoffpartialdruck von den Erythrocyten aufgenommen und an das Hämoglobin angelagert. In den Kapillaren wird er bei einem niedrigen Sauerstoffpartialdruck des Gewebes abgegeben und diffundiert in die Zellen. Dieser reversible Vorgang am Hämoglobin läßt sich mit Hilfe der Sauerstoffbindungskurve in Abbildung 1 erklären. Die Kurve gibt für jeden Sauerstoffpartialdruck den Sättigungsgrad des Hämoglobins mit Sauerstoff an. Dieser besagt, wieviel Prozent des Hämoglobins mit Sauerstoff beladen vorliegen. Im sauerstoffreichen Blut ist bei einem Partialdruck von 12,6 kPa etwa 97 % des Hämoglobins mit Sauerstoff beladen. Im Muskelgewebe beträgt der Partialdruck dagegen nur 5,3 kPa. Dies bedeutet, nur 59 % des Hämoglobins sind noch oxigeniert, 38 % des ehemals gebundenen Sauerstoffs sind frei geworden und diffundieren in das Gewebe.

Im Muskelgewebe ist der Sauerstoff nicht an Hämoglobin, sondern an Myoglobin gebunden. Dieser Farbstoff ähnelt in seiner Struktur dem Hämoglobin, besteht jedoch nur aus einem Porphyrinring. Ein Vergleich der Sauerstoffbindungskurven von Myoglobin und Hämoglobin in Abbildung 1 zeigt eine größere Bindungsfähigkeit des Sauerstoffs zum Myoglobin als zum Hämoglobin. Beim Partialdruck von 5,3 kPa im Muskelgewebe liegt eine fast 100 %ige Sättigung vor. Erst wenn durch den Sauerstoffverbrauch in den Muskeln der Sauerstoffpartialdruck unter diesen Wert sinkt, wird Sauerstoff abgegeben. Infolgedessen ist das Myoglobin eine Sauerstoffreserve. Muskeln, die lang andauernde Leistungen vollbringen oder viel Sauerstoff speichern können, besitzen dementsprechend viel Myoglobin.

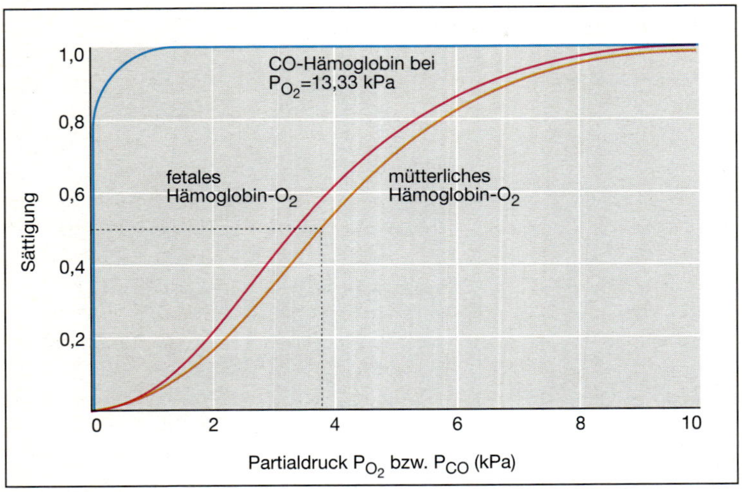

1 O_2 und CO-Bindungskurven

Rauchen schädigt das werdende Kind

Rauchen fördert Lungenkrebs. Dies ist eine allseits bekannte und wissenschaftlich eindeutig belegte Tatsache. Weniger bekannt ist, daß schwangere Frauen, die rauchen, nicht nur sich, sondern vor allem die Entwicklung ihres Kindes schädigen. Die durchschnittliche Herzschlagfrequenz dieser Feten ist erhöht, das Geburtsgewicht liegt erheblich unter dem der Kinder, deren Mütter in der Schwangerschaft nicht geraucht haben. Darüber hinaus ist die Anzahl der Früh- und Totgeburten erhöht.

Ursache dieser Schädigungen ist vor allem das *Kohlenstoffmonooxid* (CO). Es ist ein farb- und geruchloses Gas, welches unter anderem im Zigarettenrauch und in Autoabgasen enthalten ist. Kohlenstoffmonooxid ist ein sehr effektiver Hemmstoff des Sauerstofftransportes, da es mit dem Sauerstoff um die selbe Bindungsstelle an den Hämoglobinmolekülen konkurriert. Seine Bindungsfähigkeit zum Hämoglobin ist 300mal höher als die des Sauerstoffes. Statt Oxihämoglobin entsteht Carboxylhämoglobin. Um die gleiche Menge Carboxyl- wie Oxihämoglobin zu erhalten, braucht der Partialdruck des CO lediglich ein dreihundertstel des Sauerstoffpartialdruckes zu betragen. Die so blockierten Hämoglobinmoleküle fallen für den Sauerstofftransport ins Gewebe und die Plazenta aus.

Im Blut von Rauchern ist je nach Zigarettenkonsum bis zu 15 % des Hämoglobins durch CO blockiert. Bei Erwachsenen können solche Konzentrationen zu Vergiftungserscheinungen, wie z. B. Mattigkeit, Kopfschmerzen, Brechreiz und Schwindel, führen. Für das werdende Kind sind bereits niedrige Konzentrationen schädlich, da zwei Faktoren sich gegenseitig verstärken:

1. Fetales Hämoglobin ist im gleichen Umfang wie mütterliches durch CO blokkiert.
2. Das arterielle Blut einer Raucherin enthält weniger Sauerstoff als das einer nichtrauchenden Frau. Dementsprechend vermindert sich die Sauerstoffmenge, die in das fetale Blut diffundiert. Embryo bzw. Fetus leiden unter einem chronischen Sauerstoffmangel und bleiben in der Entwicklung gestört.

Der CO_2-Transport im Blut

In allen Körperzellen entsteht bei der Dissimilation Kohlenstoffdioxid (CO_2). Dieses diffundiert über die Gewebsflüssigkeit in die Kapillaren. Nur etwa 5 % des Kohlenstoffdioxids bleiben physikalisch gelöst im Blutplasma, der überwiegende Anteil wird chemisch gebunden.

Aus dem Wasser des Blutplasmas und dem Kohlenstoffdioxid entstehen in geringem Umfang Hydrogencarbonationen. In den Erythrocyten liegt ein Enzym vor, das diesen Prozeß um das 10 000fache steigert. Es bewirkt, daß ca. 90 % des gesamten Kohlenstoffdioxids umgewandelt wird. Die Hydrogencarbonationen gelangen zurück in das Plasma und werden hier transportiert.

Aufgrund des niedrigen Kohlenstoffdioxid-Partialdruckes in den Lungenbläschen laufen die oben beschriebenen Prozesse in umgekehrter Richtung ab. Kohlenstoffdioxid wird freigesetzt und kann somit ausgeatmet werden.

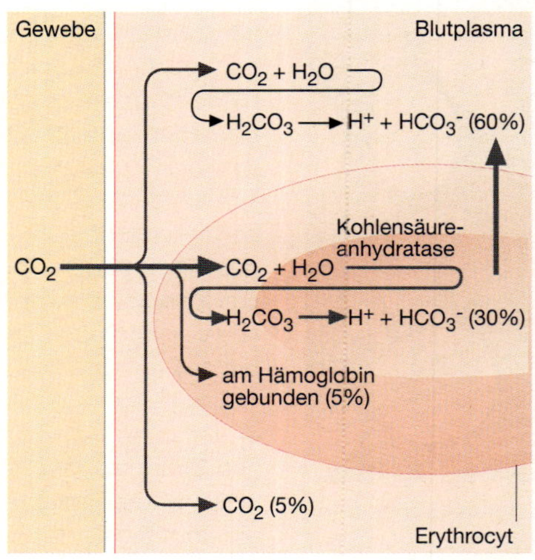

Regulation der Sauerstoffkonzentration im Blut

Experiment

1. Messen Sie den Puls und die Atemfrequenz.
2. Machen Sie 30 schnelle Kniebeugen.
3. Bestimmen Sie erneut Puls- und Atemfrequenz.

Körperliche Belastung führt zu einer Erhöhung der Atem- und Herzschlagfrequenz. Durch die verstärkte Muskeltätigkeit sinkt die Sauerstoffkonzentration bzw. steigt die Kohlenstoffdioxidkonzentration im Blut.

Der Mensch kann willentlich seine Atemfrequenz und Atemtiefe variieren. Normalerweise verändern sich jedoch Herzschlag- und Atemfrequenz sowie die Atemtiefe „automatisch", d. h. unbewußt. Auf diese Weise werden die Gaskonzentrationen im Blut der Arterien nahezu konstant gehalten. Werden Größen in einem System so gesteuert, daß sie ungefähr auf dem gleichen Wert bleiben, spricht man von *Regelung,* die geregelte Größe ist die *Regelgröße.* Vergleichbare Vorgänge sind aus der Technik bekannt, wie z. B. die Regelung der Kühlschrank- oder Raumtemperatur mittels eines Thermostaten. Deshalb benutzt man in der Biologie auch die Fachbegriffe aus der Regeltechnik.

$$H_2O + CO_2 \rightleftharpoons H^+ + HCO_3^- \rightleftharpoons 2\,H^+ + CO_3^{2-}$$

Wasser und Kohlenstoffdioxid bilden dissoziierte Kohlensäure

Bei der Atmung ist die Sauerstoffkonzentration im Blut die Regelgröße. Die Änderung der Kohlenstoffdioxidkonzentration durch die oben beschriebene verstärkte Muskeltätigkeit bezeichnet man als *Störgröße.* Im Körper befinden sich mehrere Meßstellen, die sog. *Fühler*, die zusammen eine exakte Kontrolle der Gaskonzentrationen im Blut ermöglichen. Die wichtigste *Meßgröße* ist die Kohlenstoffdioxidkonzentration und damit verbunden die Säurekonzentration im Blut. Aus Kohlenstoffdioxid und Wasser entsteht die dissoziierte Kohlensäure. Je nach Kohlenstoffdioxidkonzentration kommt es zu einer unterschiedlichen Säurekonzentration im Blut. Sinneszellen *(Chemorezeptoren)* in der Halsschlagader und im Hirnstamm registrieren diese Veränderungen. Von diesen Chemorezeptoren ausgehend wird die entsprechende Information über Nervenzellen zum *Atemzentrum* im verlängerten Rückenmark geleitet. Hier wird der aktuelle Meßwert *(Istwert)* mit dem Normalwert *(Sollwert)* verglichen. Der Sollwert ist genetisch festgelegt. Das Atemzentrum ist der *Regler*, der jede Differenz von Sollwert und Istwert in einen Befehl an die Atemmuskulatur umsetzt. Diese Muskeln — das Zwerchfell und die Rippenmuskulatur — sind demnach die *Stellglieder*, die eine Veränderung der Atemtätigkeit bewirken und so dafür sorgen, daß sich die Konzentrationen der beiden Blutgase trotz des verstärkten Sauerstoffverbrauchs wieder auf die Sollwerte einpendeln.

Die indirekte Regulation der Sauerstoffkonzentration über die Kohlenstoffdioxidkonzentration birgt jedoch auch Gefahren. Ein schnelles, intensives Atmen *(Hyperventilation)* vor dem Tauchen führt zu einer starken Verringerung der Kohlenstoffdioxidkonzentration im Blut. Dadurch wird erst nach einer längeren Tauchzeit das Atemzentrum durch das Kohlenstoffdioxid aktiviert, obwohl die Sauerstoffkonzentration im Blut bereits zu gering geworden ist. Als Folge kommt es bisweilen durch die Unterversorgung des Gehirns mit Sauerstoff zum „Schwimmbad-blackout". Der Tauchende kann dabei bewußtlos werden und schlimmstenfalls ertrinken.

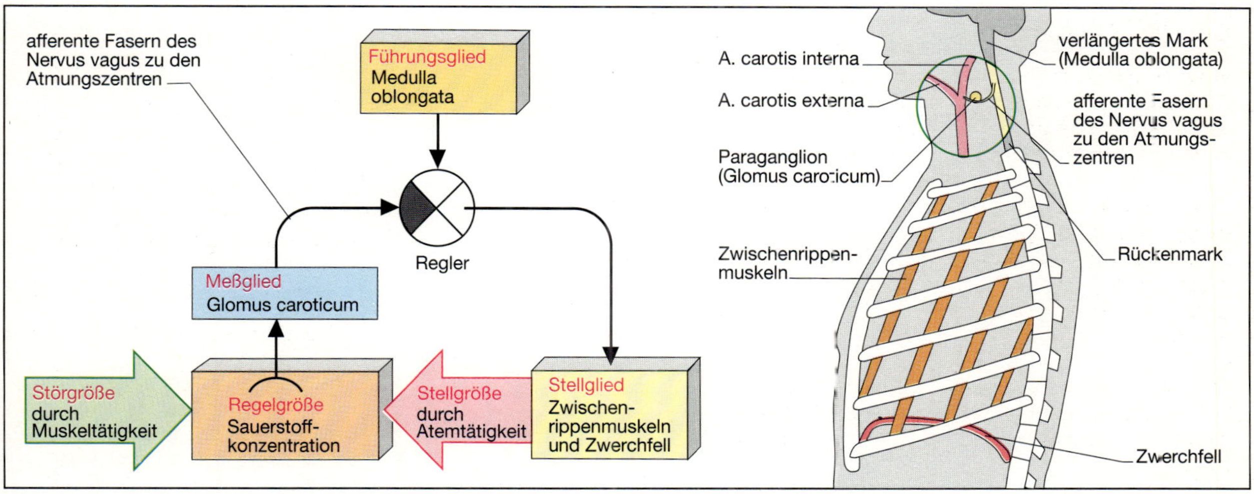

1 Allgemeines Regelkreisschema am Beispiel der Atmung

Sauerstoffbindung

CO_2 verändert das Blut

Das Sauerstoffdefizit nach einem anstrengenden Sporttraining wird durch eine erhöhte Atem- und Herzschlagfrequenz ausgeglichen. Auch auf der molekularen Ebene wird die Sauerstoffabgabe vom Hämoglobin in das Muskelgewebe verstärkt.

Die Sauerstoffabgabe vom Hämoglobin ins Gewebe ist erstens abhängig von der Partialdruckdifferenz des Sauerstoffes. Zweitens wird die Bindungsfähigkeit des Sauerstoffes an das Hämoglobin durch die Kohlenstoffdioxidkonzentration und damit die Säurekonzentration des Blutes beeinflußt *(Bohr-Effekt)*. Der unterschiedliche Säuregrad des Blutes kommt durch die Bildung der dissozierten Kohlensäure im Blut zustande (siehe Randspalte S. 37). Die Ansäuerung ist daher von der Kohlenstoffdioxidkonzentration abhängig. Der Sättigungsgrad des Hämoglobins mit Sauerstoff kann deswegen trotz gleichem Partialdruck unterschiedlich hoch sein.

Die normale Kohlenstoffdioxidkonzentration im Blut (Abb. 1) entspricht der eines ruhenden Menschen, die erhöhte Konzentration der eines Menschen nach körperlicher Arbeit. Durch Hyperventilation kommt die erniedrigte Kohlenstoffdioxidkonzentration zustande.

Aufgabe

① Bei einem erhöhten Kohlenstoffdioxidgehalt im Muskelgewebe wird mehr Sauerstoff in den Muskel abgegeben. Erklären Sie dies anhand der Abb. 1.

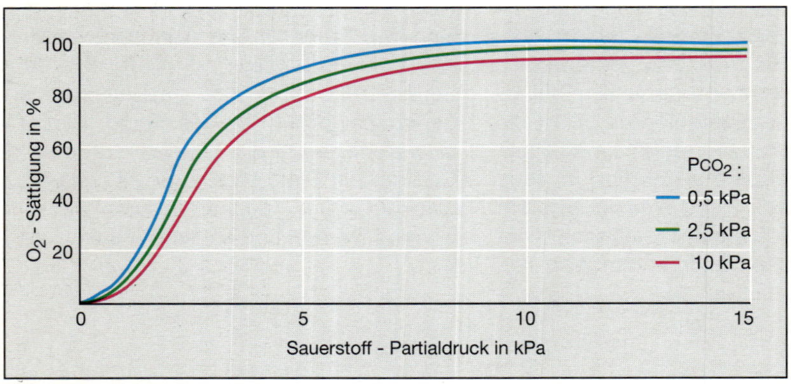

1 Hämoglobin-Sauerstoff Bindungskurve

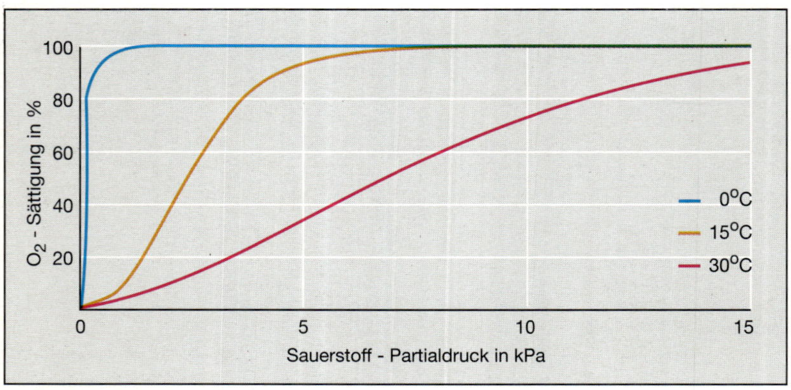

2 Temperaturabhängigkeit der Sauerstoffbindung am Hämocyanin

3 Octopus

Kälte verändert das Blut

Tintenfische sind wechselwarme, marine *Mollusken* (Weichtiere). Sie leben teils frei schwimmend im offenen Meer, teils in der Uferzone am Boden. Tintenfische atmen über Kiemen, die in einer Mantelhöhle liegen. In diese mündet auch die Öffnung des Tintenbeutels. Die Mantelhöhle kann zur Flucht schnell zusammengepreßt werden, so daß sich das Tier durch den Wasserausstoß ruckartig nach vorne bewegt. Hierbei kann auch der tintenartige Farbstoff abgegeben werden. Tintenfische besitzen ein Herz, das Blutgefäßsystem ist größtenteils geschlossen, lediglich das Gehirn und bei manchen Arten auch der Magen werden vom Blut frei umspült.

Tintenfische haben keine Erythrocyten, sondern einen im Blut gelösten Farbstoff *(Hämocyanin)*, der dem Sauerstofftransport dient. Das Hämocyanin unterscheidet sich vom Hämoglobin hauptsächlich dadurch, daß anstelle von Eisenionen Kupferionen vorliegen. Im Vergleich zum Hämoglobin hat das Hämocyanin eine wesentlich geringere Sauerstoffbindungskapazität.

Bei niedrigen Wassertemperaturen findet man viele tote Tintenfische im Wasser, obwohl Untersuchungen ergaben, daß die inneren Organe nicht verändert waren. Die Untersuchungen am Blut der Tiere zeigten, daß die Tiere erstickt waren.

Aufgabe

① Tintenfische tropischer Regionen werden in kalten Gewässern oftmals tot aufgefunden. Beschreiben Sie die Grafik in Abb. 2 und erklären Sie dies anhand der gegebenen Daten.

Lexikon
Lexikon
exikon
xikon
ikon
kon
on

Blut — unser flüssiges Organ

Das Blut versorgt alle Körperzellen mit Sauerstoff und Nährstoffen. Ebenfalls entsorgt es Abfallstoffe aus dem Gewebe. Es dient der Aufrechterhaltung eines konstanten inneren Milieus (pH, Temperatur) und ist an der Abwehr eingedrungener Fremdstoffe und Krankheitserreger beteiligt. Zu 56 % besteht es aus dem Blutplasma und zu 44 % aus den Blutzellen (rote und weiße Blutzellen, Blutplättchen), die im Knochenmark gebildet werden.

Weiße Blutzellen (Leukocyten)

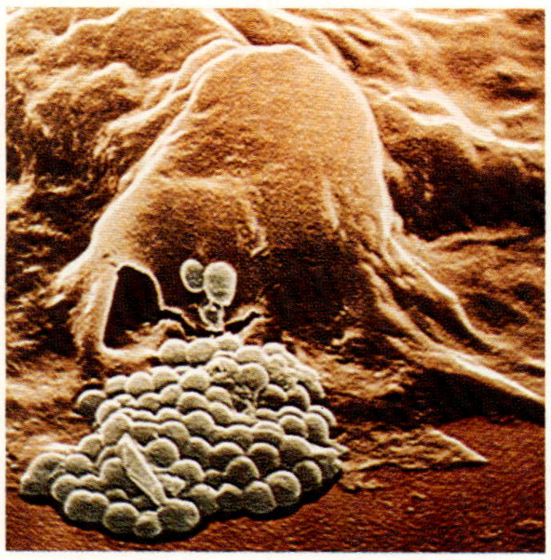

Ständig dringen Bakterien und Viren über kleine Wunden oder die Schleimhäute in unseren Körper ein. Meist beeinträchtigen sie uns jedoch kaum. Zur Abwehr dieser Krankheitserreger dienen die weißen Blutzellen. Sie bilden in bezug auf Bau und Funktion keine einheitliche Zellgruppe. In der „vordersten Front" der Körperabwehr stehen die Freßzellen: *Granulocyten* und *Monocyten*. Sie bewegen sich amöboid fort und können die Wände der Blutgefäße durchdringen und ins Gewebe gelangen. Bakterien und Gewebetrümmer werden von ihnen erkannt, umflossen und durch Verdauungsenzyme aufgelöst. Besonders die *Makrophagen* (ausgereifte Monocyten) fressen Fremdkörper in großen Mengen. Anschließend präsentieren sie einer dritten Gruppe, den *Lymphocyten*, Teile von Fremdkörpern auf der eigenen Oberfläche.

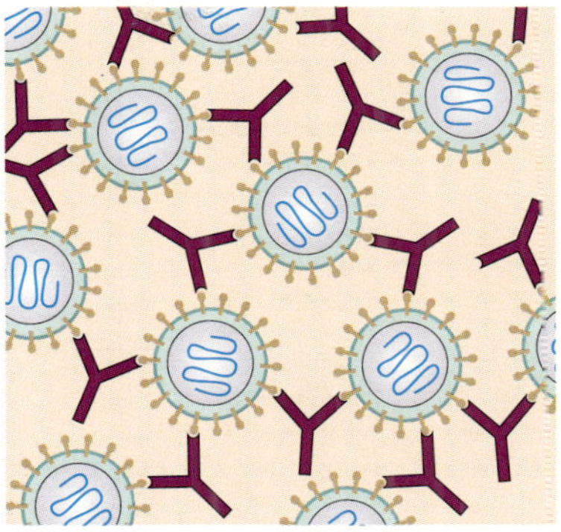

Durch Antikörper verklumpte Grippeviren

Lymphocyten sind kleiner als die Freßzellen. Ein Teil von ihnen schließt die Entwicklung im Knochenmark ab, die B-Lymphocyten. Der andere Teil reift in der Thymusdrüse zu den T-Lymphocyten heran. Beide Zelltypen wandern hauptsächlich in die Lymphflüssigkeit sowie in Leber und Milz. Dort reagieren sie als zweite Abwehrfront auf körperfremde Stoffe, zum Beispiel mit der Bildung von Antikörpermolekülen. Diese Vorgänge werden als *spezifische Immunreaktion* des Körpers bezeichnet.

Blutplättchen

Die Blutplättchen entstehen aus Riesenzellen des Knochenmarks, indem deren Plasma in mehrere hundert kleiner Plättchen zerfällt. Folglich sind sie kleiner als die beiden anderen Zelltypen und besitzen keinen Zellkern. Ihre Funktion ist es, Blutungen zum Stillstand zu bringen. Wird ein Blutgefäß verletzt, so gelangt Blut in das benachbarte Gewebe. Die Blutplättchen kommen mit dem Kollagen der Gefäßwände in Kontakt. Dies ist ein faserartiges Protein und Hauptbestandteil aller Bindegewebe. Durch den Kontakt wird in den Blutplättchen eine Reaktion in Gang gesetzt, deren Endprodukt die Abgabe von ATP an die Umgebung induziert. ADP bewirkt, daß die benachbarten Plättchen zu einer unregelmäßigen, kugelähnlichen Form mit langen Fortsätzen anschwellen. In der Zwischenzeit haben Substanzen aus dem verletzten Gewebe, aus dem Plasma und aus den Plättchen dafür gesorgt, daß aus dem inaktiven Gerinnungsenzym *Prothrombin* die aktive Form *Thrombin* geworden ist.

Thrombin bewirkt dreierlei:
1. Weiteres ADP wird ausgeschüttet.
2. Die Plättchen verändern ihre Oberfläche. Sie wird klebrig, und weitere Plättchen lagern sich an das bereits anhaftende an, wobei ein Pfropf entsteht.
3. Im Blutplasma gelöste Fibrinogenmoleküle verbinden sich zu langkettigen, fadenförmigen Molekülen, dem *Fibrin*. Die Fibrinfäden bilden ein dichtes Netzwerk, in das auch Erythrocyten eingebunden werden. Das sonst flüssige Blutplasma erstarrt in diesem Bereich, es gerinnt.

Blutplasma

Das Blutplasma ist eine klare gelbliche Flüssigkeit, die aus Serum und Fibrinogen besteht. Das Serum ist eiweißhaltig, weitere Bestandteile sind Salze, Aminosäuren, Fette, Zucker, Hormone und Exkretstoffe.

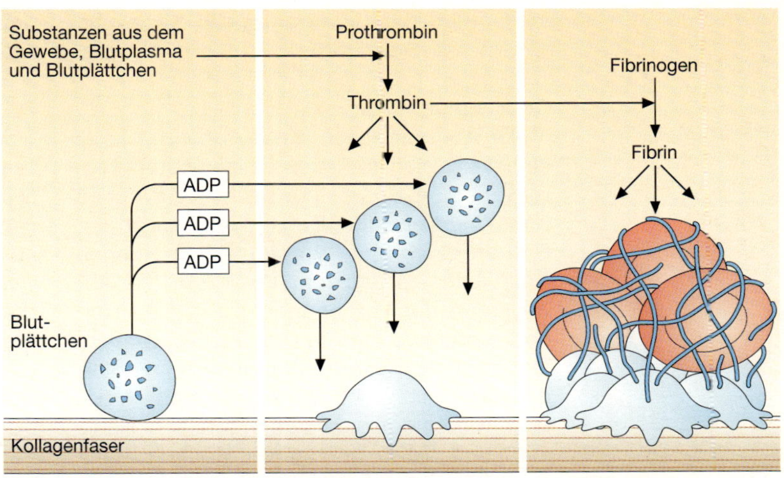

Kontakt eines Blutplättchens, ADP-Abgabe — Veränderung, Beeinflussung benachbarter Blutplättchen — Pfropfbildung

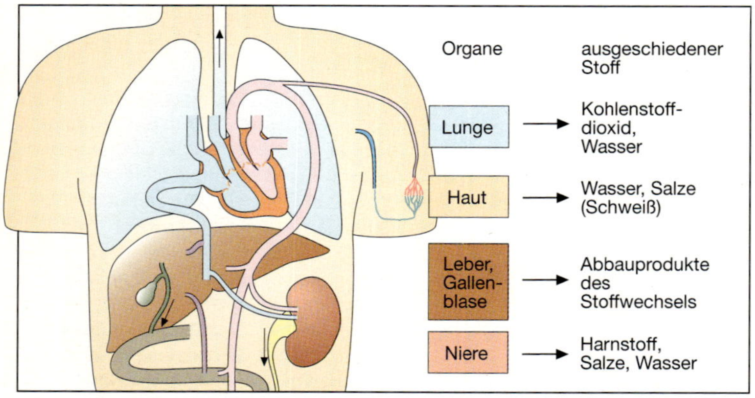

1 Schema der an der Exkretion beteiligten Organe

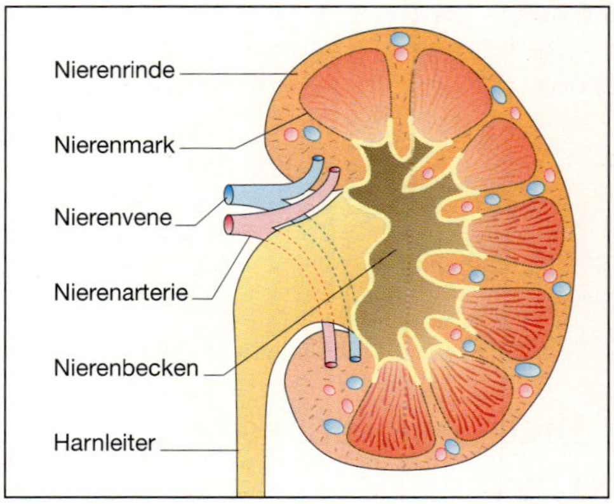

2 Schema eines Längsschnittes durch die Niere

Entsorgung tut Not: Die Niere als Exkretionsorgan

Exkretion von Abfallstoffen

Die zahlreichen Stoffwechselprozesse führen zum Abbau lebenswichtiger Stoffe und zur Anreicherung nicht weiter verwertbarer Produkte. Für das Leben eines Organismus ist es bedeutsam, daß die Ausgangssubstanzen in konstanter Konzentration zur Verfügung stehen und Abbauprodukte bestimmte Konzentrationen nicht überschreiten: Ein Fließgleichgewicht muß aufrecht erhalten werden. Die Exkretion ist der Vorgang der Ausschleusung solcher Stoffe aus dem Körper. Dabei sind verschiedene Organe beteiligt (Abb. 1): Über die *Lunge* verläßt vor allem gasförmiges Kohlenstoffdioxid den Körper. Die *Leber* (s. Seite 43) wandelt vor allem die Abbauprodukte des Hämoglobins in eine transportierbare Form um, die mit der *Gallenflüssigkeit* über den Darm ausgeschieden wird. Auch der *Schweiß* enthält Salze und Exkrete wie Harnstoff.

Die Hauptarbeit der Exkretion leistet aber die *Niere.* Wie bedrohlich giftige Abbauprodukte sind, zeigt sich an Patienten mit akutem Nierenversagen: Spätestens nach zwei Wochen ohne medizinische Behandlung stirbt der Betroffene an einer Vergiftung mit eigenen Stoffwechselprodukten. Vor allem die Abbaustoffe der körpereigenen Proteine sind dafür verantwortlich. Im Gegensatz zu einem Teil der Wirbellosen entsteht zwar bei Säugetieren kein hochgiftiges Ammoniak, jedoch wirken der in der Leber gebildete Harnstoff und die in geringeren Mengen anfallende Harnsäure in hohen Konzentrationen ebenfalls toxisch. Diese und andere lösliche Giftstoffe müssen also aus dem Körper entfernt werden, ohne daß es zu bedrohlichen Wasserverlusten des Körpers kommt.

Bedeutung der Osmoregulation

Bei einem starken Blutverlust nach einem Unfall muß rasch eine Ersatzflüssigkeit in den Körper gegeben werden. Normales Wasser ist dafür ungeeignet. Unser Organismus reagiert sehr empfindlich auf einen Wechsel der Salzkonzentrationen in den Körperflüssigkeiten. Durch osmotische Effekte platzen z. B. rote Blutzellen. Deshalb muß eine 0,9 %ige („physiologische") Kochsalzlösung zugeführt werden. Unsere tägliche Nahrung enthält in der Regel recht unterschiedliche Salzmengen, ohne daß Zellschädigungen zu beobachten sind. Mit Hilfe der Niere ist unser Organismus in der Lage, den dauernden Wechsel an Salz- und Wasseraufnahme auszugleichen.

Funktionsweise der Niere

Ein Längsschnitt durch eine Niere (Abb. 2) zeigt eine recht klare Gliederung: Die äußere *Nierenrinde* ist im Gegensatz zum inneren *Nierenmark* sehr stark durchblutet. Das Innerste der Niere bildet das *Nierenbecken,* welches im Harnleiter mündet. Pro Tag durchströmen ca. 1500 Liter Blut die beiden Nieren. Über 90 % dieses Blutes entfallen davon auf die Nierenrinde.

Die Funktionseinheiten der Niere sind die ca. 1,2 Millionen *Nephronen.* In diesen ca. 2 cm langen verschlungenen Röhren bildet sich der Harn. Jedes Nephron beginnt in der

Nierenrinde mit einem *Nierenkörperchen (Bowmannsche Kapsel,* Abb. 1). In diesem kapillarisieren die Nierenarterien stark auf. Einem Blutdruck von ca. 8 kPa in den Kapillaren der Bowmannschen Kapsel steht ein Druck von ca. 2 kPa im Primärharn gegenüber. So wird das Blutplasma durch die Schlitzmembran in den Kapselraum gepreßt *(Druckfiltration).* Auf diese Weise entstehen pro Tag als Blutfiltrat ca. 170 Liter *Primärharn.* Die Porengröße der Schlitzmembran entscheidet über die maximale Molekülgröße der im Primärharn enthaltenen Teilchen. Proteine können diese Poren kaum passieren, Glukose und kleinere Teilchen sind dagegen im Primärharn in derselben Konzentration wie im Blutplasma zu finden.

Als *Grundprinzip der Endharnbildung* aus dem Primärharn ist zu beobachten:

1. eine Konzentrierung des Harns (d. h. Resorption großer Wassermengen) und damit der im Harn befindlichen Exkretstoffe.
2. die Rückresorption lebenswichtiger Stoffe wie Glukose und vieler Salzionen in das Blut.

Diese Prozesse finden in den übrigen Teilen des Nephrons statt (Abb. 1): Der *vordere Tubulus* schließt sich der Bowmannschen Kapsel an. Er läuft stark gewunden durch die Nierenrinde. Hier findet die Rückresorption von Glukose, Salzionen und anderer lebenswichtiger Stoffe durch aktiven Transport in das Blut statt. Dadurch wird die Konzentration gelöster Teilchen im Harn niedriger als in der Nierenrinde. Als Folge diffundiert Wasser aus dem vorderen Tubulus in das umliegende Gewebe und schließlich in die Blutbahn: Das Volumen des Primärharns reduziert sich drastisch (Abb. 2). Die *Henlesche Schleife* führt tief in das Nierenmark hinein und wieder zurück bis in die Rinde. Aktiver Transport von Salzionen und osmotische Vorgänge (Wasserresorption) sind hier die entscheidenden Prozesse. Das gilt ebenso für den *hinteren Tubulus* und das *Sammelrohr.* Das Nierenmark weist eine hohe Salz- und Harnstoffkonzentration auf. Dadurch wird dem Harn Wasser entzogen. Dies führt im hinteren Tubulus und im Sammelrohr zu einer enormen Konzentrierung des Harns auf nur noch 1 bis 1,5 Liter Endharn (Abb. 2). Die Sammelröhrchen geben den Endharn in das *Nierenbecken* ab. Über den *Harnleiter* gelangt er schließlich zur *Harnblase.* Das Ausmaß des aktiven Salztransportes wird durch Hormone bestimmt. Auf diese Weise reguliert der Organismus über die Niere seinen Salzhaushalt.

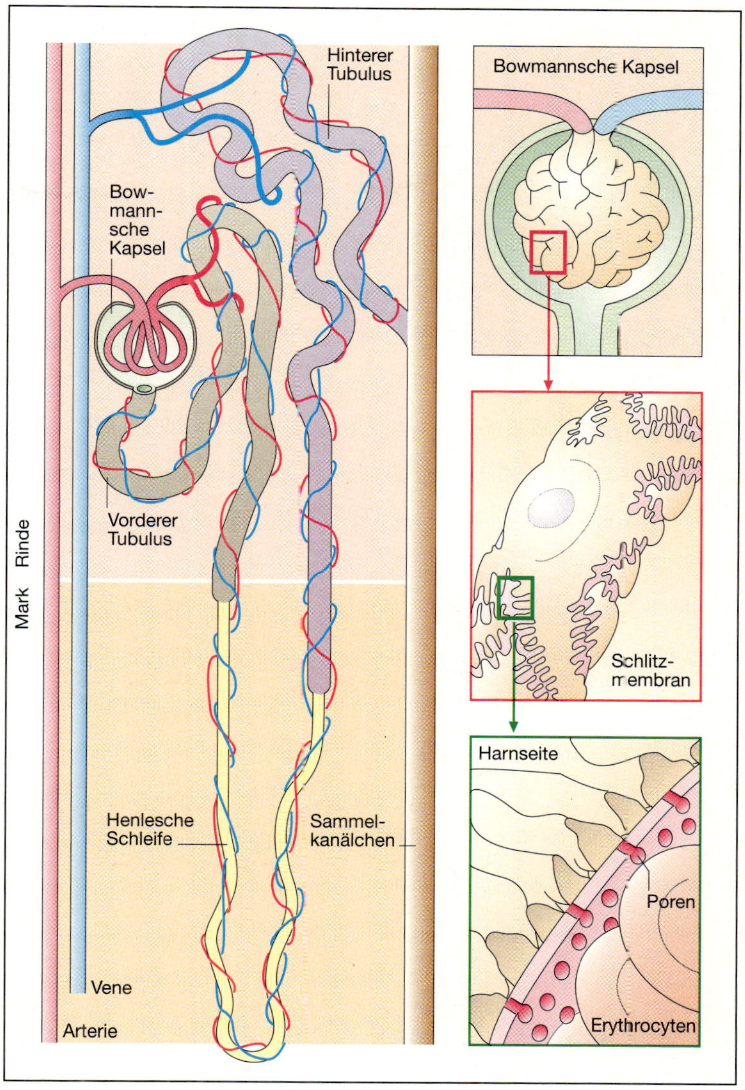

1 Schema eines Nephrons

Blutinhaltsstoffe (g/l)	durchschnittliche tägliche Durchflußmengen	**Primärharn** Vorderer Tubulus Beginn	Henlesche Schleife Beginn	Henlesche Schleife Ende	**Endharn** (Sammelrohr) Ende
	Wasser (l/Tag)	170	56	26	1,2
70	Proteine (g/Tag)	11	0	0	0
7	Natriumchlorid-Ionen (g/Tag)	1 190	392	81	8,4
1	Glukose (g/Tag)	170	0,5	0,5	0,5
0,3	Harnstoff (g/Tag)	51	45	45	30

2 Harnbildung

Die Funktionsweise der Henleschen Schleife

Die Henlesche Schleife ist ein gutes Beispiel dafür, wie die Struktur eines Organs und seine Funktion in engem Zusammenhang stehen.

Ein wichtiges Funktionselement der Niere ist die enorme Volumenreduzierung vom Primär- zum Endharn. Sie ist ganz wesentlich durch die hohen Teilchenkonzentration des Nierenmarks bestimmt (ca. 1,2 mol osmotisch aktive Teilchen/l). Vor allem die Natrium- und die Chloridionen sowie der Harnstoff sind osmotisch wirksam. Die Teilchenkonzentration der Nierenrinde ist dagegen deutlich geringer (ca. 0,3 mol bzw. 300 mmol/l). Dieser Konzentrationsgradient ist nur durch das Zusammenwirken vieler Faktoren erklärbar.

Die wichtigsten Elemente sind dabei:
- Der schleifenförmige Bau der Henleschen Schleife.
- Die Wasser- und Ionendurchlässigkeit des absteigenden Schenkels der Schleife sowie die Wasserundurchlässigkeit des aufsteigenden Schenkels.
- Der aktive Ionentransport aus dem aufsteigenden Schenkel heraus.
- Die geringe Durchblutung des Nierenmarks.

Modellvorstellung zum Gegenstromprinzip

Der schleifenförmige Bau der Henleschen Schleife ermöglicht den Aufbau eines Konzentrationsgradienten von der Rinde zum Mark durch das *Gegenstromprinzip.* Zum Verständnis dieses Prinzips dient der folgende modellhafte Gedankengang:

1. Abb. a zeigt die tatsächliche Teilchenkonzentration in der Henleschen Schleife sowie dem angrenzenden Gewebe. Wenn wir vereinfachend davon ausgehen, daß die Membran des absteigenden Astes vollständig ionendurchlässig ist, können wir modellhaft die Henlesche Schleife so vereinfachen, wie sie in Abb. b dargestellt ist.
2. Stellen Sie sich modellhaft vor, diese vereinfachte Schleife wird von einer Flüssigkeit mit einer Teilchenkonzentration von 300 mmol/l durchströmt (≙ dem Wert beim Eintritt in die Henlesche Schleife). Die gesamte Schleife sei mit dieser Flüssigkeit gefüllt (Abb. c).
3. In der Realität fließt der Harn in der Schleife, während gleichzeitig der aktive Ionentransport im aufsteigenden Schenkel stattfindet. Trennen Sie im Gedankenmodell diese beiden Prozesse zeitlich in 2 Phasen (Abb. d, e).

4 a. In Phase 1 (Abb. d) stagniert die Flüssigkeit; es findet ein aktiver Transport statt. Die „Ionenpumpe" soll im Modell in der Lage sein, einen Konzentrationsgradienten von 200 mmol/l aufzubauen und aufrechtzuerhalten. Die Summe der Teilchen (hier: 600) jeweils rechts und links der Membran bleibt gleich: Die Konzentrationszunahme im linken Schenkel (hier + 100) muß also gleich sein der Abnahme im rechten Schenkel (hier − 100).

4 b. In Phase 2 findet kein aktiver Transport mehr statt, die Flüssigkeit fließt einen kurzen Augenblick weiter. Der Abschnitt ist in Abb. e gekennzeichnet. Beachten Sie, daß die entsprechende Menge aus dem aufsteigenden Schenkel herausgedrückt wurde.

5. Diese Folge von Phase 1 und 2 wiederholt sich immer wieder (Abb. f).

Aufgaben

① Führen Sie dieses Gedankenmodell mit dem Wechsel der beiden Phasen weiter bis zur Phase f.

② Erklären Sie mit Hilfe des Modellexperiments den Konzentrationsgradienten zwischen Nierenrinde und -mark. Machen Sie auch die Grenzen des Modells deutlich.

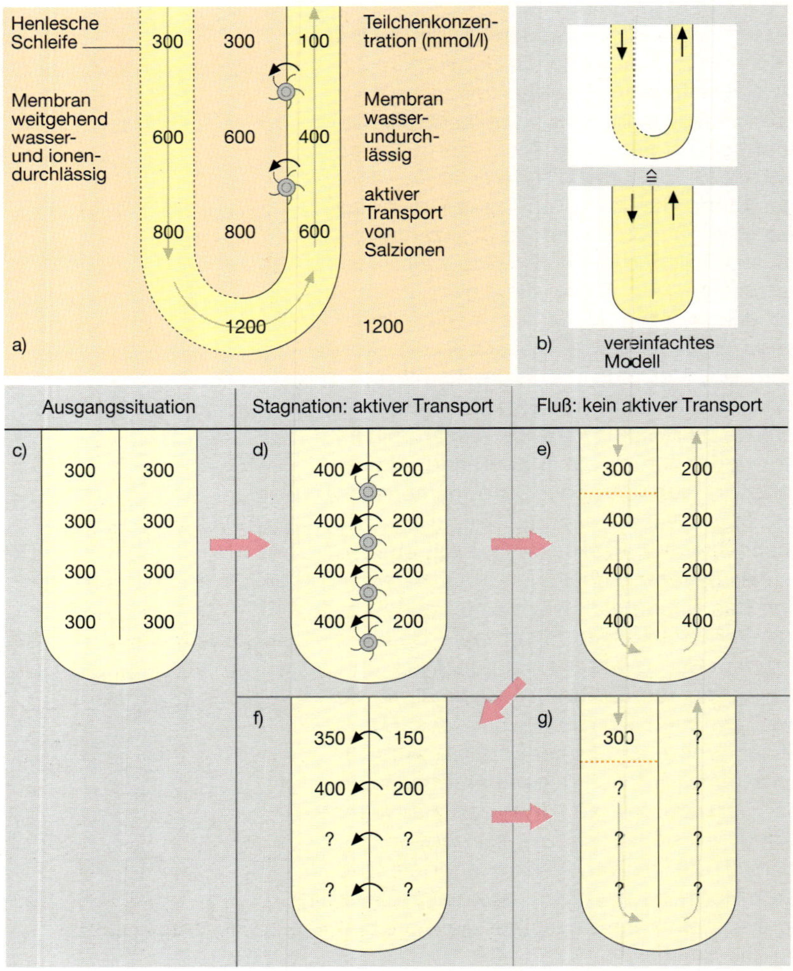

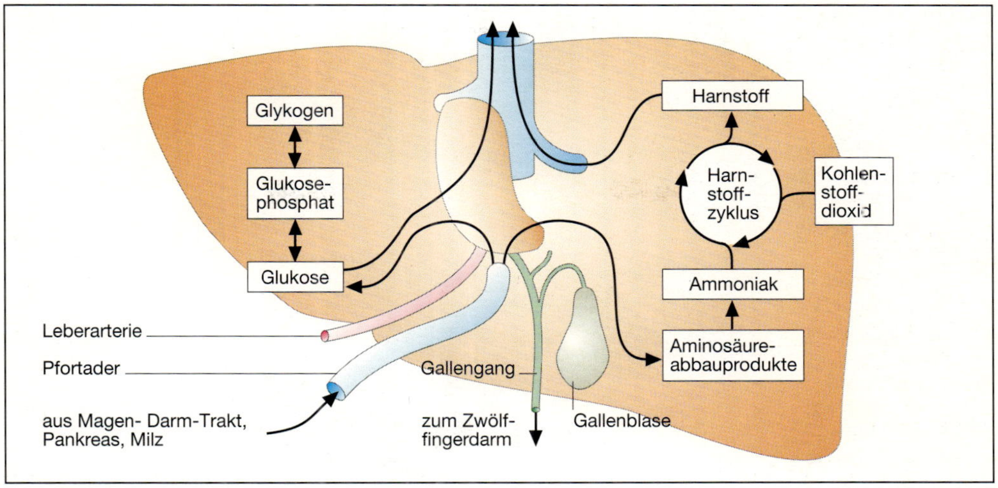

1 Schema der Stoffwechselprozesse in der Leber

Die Leber

Unter Normalbedingungen, d. h. ohne Fieber, zeigt die Leber eine Temperatur von 41,3 °C. Ursache dafür ist neben der zentralen Lage im Körper ihre enorm hohe Stoffwechselaktivität. Mit 1700 g Gewicht ist sie unser schwerstes Organ. Ihre Aufgaben sind ausgesprochen vielfältig: Allgemein ist sie für *Stoffumbau, Entgiftung* und *Speicherung* von entscheidender Bedeutung.

Die lebensnotwendigen Nährstoffe werden in der Leber zu einem großen Teil umgebaut: Glukose wird in das Polysaccharid *Glykogen* (tierische Stärke) überführt und gespeichert (bis zu 18 % der Lebermasse). Aminosäuren und Fettbestandteile werden hier für den Baustoffwechsel umgebaut. Im stark lipophilen Milieu der Leber werden auch fettlösliche Vitamine (z. B. Vitamin A, D) gespeichert. Alle diese aus der Nahrung stammenden Stoffe werden im Dünndarm in das Blut resorbiert und über eine *Pfortader* direkt zur Leber geleitet.

Pfortader
Vene, die nicht direkt zum Herzen führt, sondern in einem Organ aufkapillarisiert (Leber, Niere)

Auch der *Abbau körpereigener Stoffe* und deren Entgiftung erfolgt in der Leber. Hämoglobin wird in der Leber in *Bilirubin* umgebaut. Über die Gallengänge gelangt dieser Stoff in den Dünndarm und wird ausgeschieden. Manchmal ist dieser Prozeß gestört: Vor allem bei einer infektiösen Leberentzündung *(Hepatitis)* oder bei einem Verschluß der Gallenwege *(Gallensteine)* tritt Bilinsäure ins Blut und lagert sich in der Haut und im Augenbindegewebe ab. Eine typische Gelbfärbung dieser Bereiche ist die Folge *(Gelbsucht)*.

Die Abbauprodukte der Leber werden in den Gallengängen gesammelt und täglich in einer Menge von ca. 0,5 Liter als *Gallenflüssigkeit* über die Gallenblase in den Dünndarm abgegeben. Vor allem die darin enthaltenen *Gallensäuren* sind für die Emulgierung des Nahrungsfettes unerläßlich: Das Fett wird ähnlich wie durch moderne Waschmittel in mikroskopisch kleine Fetttröpfchen verteilt. Die enorme Oberflächenvergrößerung ermöglicht den *fettabbauenden Enzymen (Lipasen)* erst eine effektive Tätigkeit. Darüber hinaus aktiviert die Gallenflüssigkeit die Lipase. Kristallisieren durch Stoffwechselstörungen Stoffe (z. B. Cholesterin oder Salze des Bilirubin) in der Gallenblase aus, entstehen *Gallensteine,* die in den Gallengängen steckenbleiben können und dann zu äußerst schmerzhaften Krämpfen *(Gallenkolik)* führen.

Die über die Nahrung aufgenommenen *Giftstoffe* (z. B. Alkohol) werden hier, soweit das physiologisch möglich ist, abgebaut. *Schwermetalle* sind nicht abbaubar, werden aber hier gespeichert. Eine Überbelastung mit solchen Stoffen kann zur lebensbedrohlichen Zerstörung der Leberzellen führen *(Leberzirrhose).* Chronischer Alkoholmißbrauch ist die häufigste Ursache dieser gefährlichen Degeneration.

Beim Abbau körpereigenen Proteins entsteht Ammoniak. Dieses Gift wird in den Leberzellen zu ungiftigem *Harnstoff* umgebaut, der über die Nieren aus dem Körper geschleust wird.

Blutzuckergehalt
900 mg/l Blut

Überschlagsrechnung:
- In den ca. 7 Litern Blut eines Erwachsenen sind 7 × 900 mg = 6,3 g Glukose enthalten.
  180 g Glukose = 1 mol ⟶ 2836 kJ
  6,3 g Glukose ≈ 100 kJ
- Energiebedarf beim Radfahren: 40 kJ/min. Der Energiegehalt des Blutzuckers reicht für ca. 2,5 min.

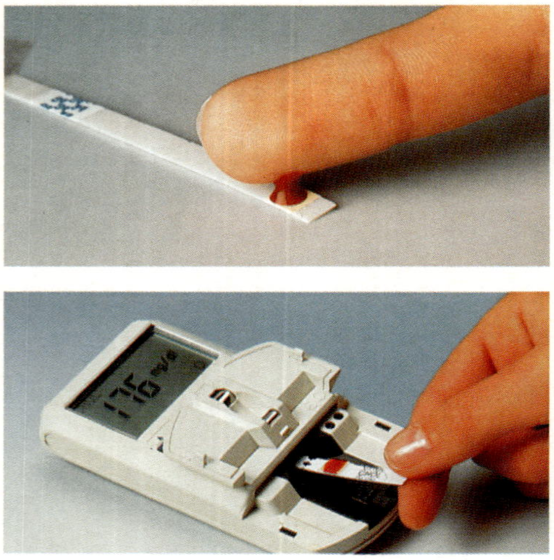

1 Blutzuckertest

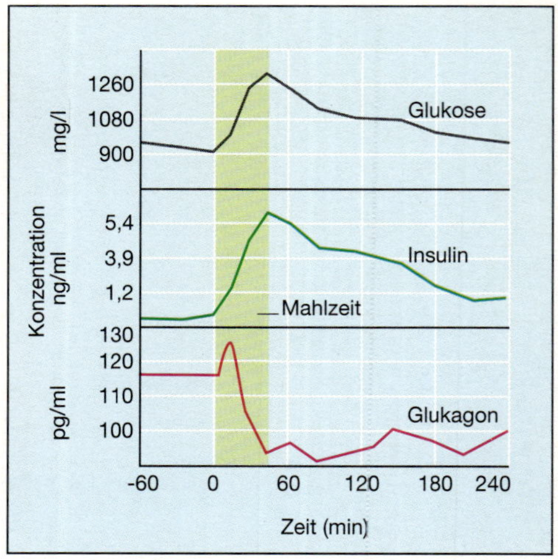

2 Konzentrationsverläufe nach einer Mahlzeit

Die Blutzuckerregulation

Nervenzellen decken ihren Energiebedarf fast ausschließlich durch Glukose. Eine Unterversorgung kann eine Verminderung der Konzentrationsfähigkeit, in extremen Fällen einen Verlust des Bewußtseins zur Folge haben. Nervenzellen können selbst nur wenig Glukose speichern. Das Blut liefert ständig Glukose nach. Die Zuckermenge im Blut eines Erwachsenen beträgt ca. 6 g. Überschlagsrechnungen zeigen, daß diese Menge lediglich reicht, um 14 min ruhig zu sitzen oder 2,5 min Fahrrad zu fahren. Danach müßte erneut Nahrung aufgenommen werden.

Es muß also einen intensiven Kohlenhydratstoffwechsel geben. Der Mensch nimmt normalerweise nur zu bestimmten Zeiten am Tag Nahrung auf. Er benötigt jedoch kontinuierlich Energie. Der Energiebedarf ist von der körperlichen Belastung abhängig. Trotzdem schwankt die Glukosekonzentration eines gesunden Menschen nur minimal. Daraus muß man folgern: Im menschlichen Körper gibt es ein Regulationssystem, das die Blutzuckerkonzentration konstant hält. Ein sogenannter *Blutzuckerbelastungstest,* bei dem man einer gesunden Person 75 g in Wasser gelöste Glukose verabreicht und in bestimmten Abständen die Zuckerkonzentration im Blut mißt, bestätigt dies. Der Blutzuckerspiegel steigt kurzfristig auf maximal 2000 mg pro Liter Blut, sinkt innerhalb von 2 Stunden jedoch wieder und pendelt sich auf die Ursprungskonzentration ein (Abb. 2). 75 000 mg Glukose hätten in ca. 7 Litern Blut Blutzuckerwerte von ca. 10 000 mg pro Liter erwarten lassen.

Hormone sind chemische Signalstoffe, die in speziellen Zellen (häufig Drüsen) gebildet und in geringen Stoffmengen über das Blut an die Wirkzellen transportiert werden.

Mit der Nahrungsaufnahme und damit parallel zum Ansteigen der Blutzuckerkonzentration wird ein Hormon in die Blutbahn freigesetzt, das ein Absinken des Zuckergehaltes bewirkt (Abb. 2). Es handelt sich um *Insulin.*

Da Insulin in inselartigen Zellgruppen der Bauchspeicheldrüse gebildet wird, die sich deutlich vom übrigen Gewebe abheben, bekam es diesen Namen. Die Zellgruppen werden nach ihrem Entdecker als *Langerhanssche Inseln* bezeichnet. Jede Erhöhung des Glukosespiegels über den Sollwert (ca. 90 mg/l Blut) wird in speziellen Zellen der Bauchspeicheldrüse, den β-Zellen, registriert. Diese setzen Insulin ins Blut frei.

Die Wirkungsweise des Insulins ist ausgesprochen vielfältig. Es fördert die Glukoseaufnahme durch Zellmembranen, insbesondere in die Muskel- und Fettzellen. In den Leber- und Muskelzellen stimuliert es die Glykogensynthese und die Energiegewinnung durch den Glukoseabbau. Gleichzeitig hemmt es den Abbau von Glykogen. Die Synthese von Fetten und Eiweißen aus Glukose wird ebenfalls angeregt. Insulin senkt damit den Blutzuckerspiegel auf zweierlei Weise: Einerseits bewirkt es die Bildung von Glykogen und dessen Speicherung (Speicherhormon) und andererseits fördert es den Verbrauch (Transport durch die Zellmembran und Steigerung des oxidativen Abbaus).

Körperliche Leistungen, selbst der Grundumsatz, werden vom Organismus überwie-

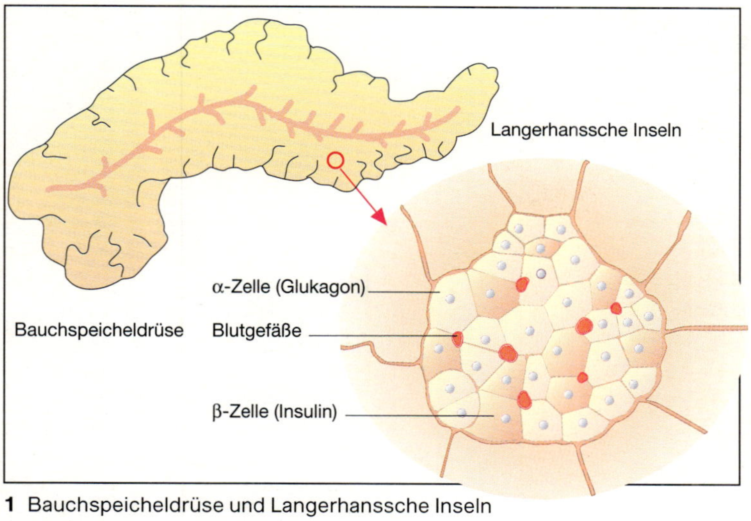

1 Bauchspeicheldrüse und Langerhanssche Inseln

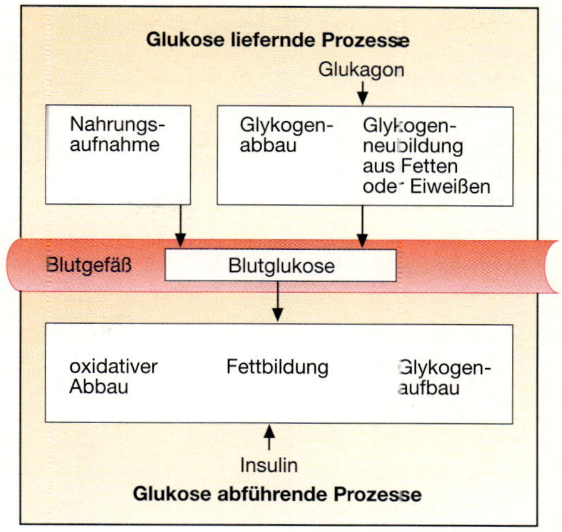

2 Glukoseabbauende und -aufbauende Prozesse

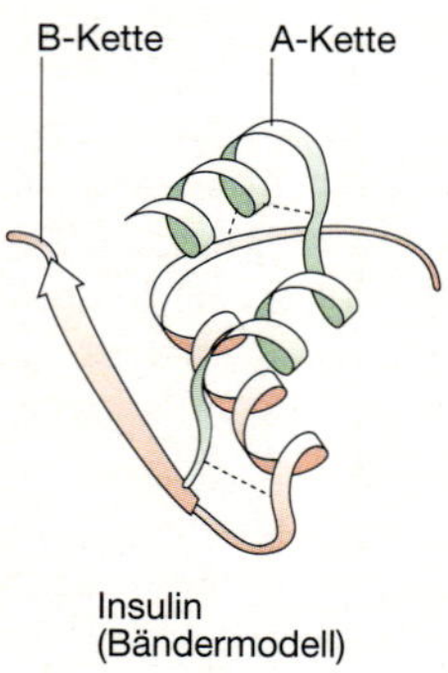

gend durch die freiwerdende Energie beim Glukoseabbau erbracht. In den Zellen tritt ein Glukosemangel auf, der über das Blut sofort ausgeglichen wird. Als Folge sinkt der Glukosespiegel im Blut. Die Insulinabgabe aus den β-Zellen wird reduziert, und da Insulin in kurzer Zeit im Körper abgebaut wird, sinkt die Insulinkonzentration. Dadurch verringert sich auch seine Hemmwirkung auf die Freisetzung eines zweiten Hormons, des *Glukagons,* das in den α-Zellen der Langerhansschen Inseln gebildet wird. Glukagon fördert in der Leber den Glykogenabbau und damit die Glukoseneubildung. Darüber hinaus werden Eiweiße und Fette für die Glukosesynthese abgebaut *(Mobilisierungshormon).* Diese Prozesse führen zu einem Ansteigen der Glukosekonzentration im Blut.

Oft werden Insulin und Glukagon als Gegenspieler bezeichnet, da sie sich wechselseitig hemmen und entgegengesetzte Prozesse stimulieren. Tatsächlich aber ergänzen sich diese beiden Hormone, da Glukagon seinerseits für die Freisetzung von Glukose, Insulin dagegen für die Senkung des Blutzuckerspiegels sorgt.

In außergewöhnlichen, lebensbedrohlichen Situationen, wie z. B. Kampf, Flucht aber auch Streß, greift ein drittes Hormon, das *Adrenalin,* in das Stoffwechselgeschehen ein. Es fördert im Gegensatz zum Glukagon nicht nur in der Leber, sondern auch im Muskel den Glykogenabbau. So wird eine schnelle Energiebereitstellung im Körper bewirkt.

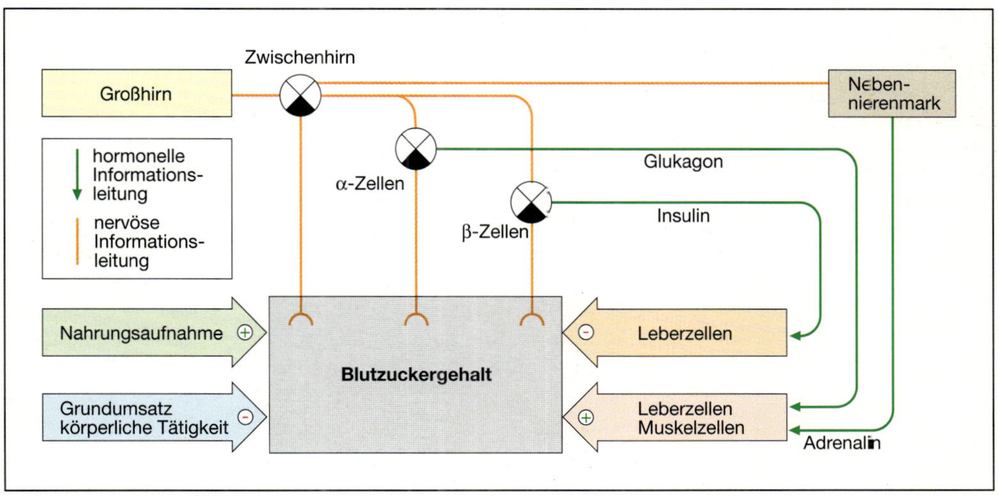

3 Vereinfachtes Regulationsschema

Merkmale	Jugenddiabetes	Altersdiabetes
Alter bei Beginn der Erkrankung	gewöhnlich unter 20	gewöhnlich über 40
Anteil an der Gesamtheit der Diabetiker	weniger als 10 Prozent	mehr als 90 Prozent
Auftreten von Symptomen	akut	langsam
Fettleibigkeit	selten	fast immer
Anzahl der β-Zellen	verringert	verschieden
Insulinmenge	verringert	verschieden
weiße Blutzellen in den Langerhansschen Inseln	anfangs vorhanden	keine
Diabetes in der Familie	selten	fast immer
Antikörper gegen Inselzellen	ja	keine

1 Jugend- und Altersdiabetes

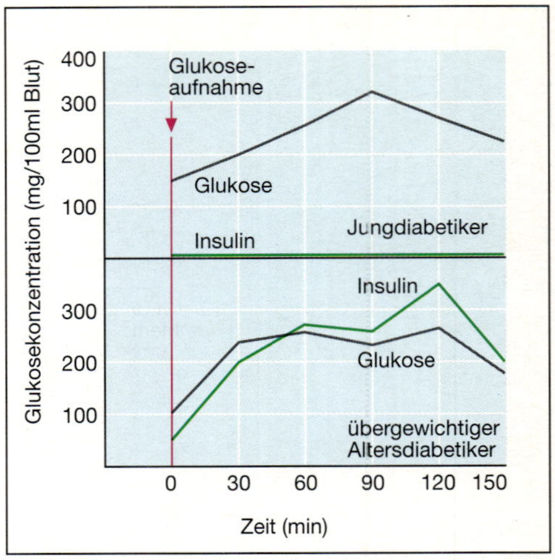

2 Insulinkonzentration nach Glukoseaufnahme

Diabetes mellitus — eine Stoffwechselstörung

Thomas war ein guter Schüler — auch sportlich aktiv. Er spielte Tennis und Basketball. Nach einer Grippeinfektion traten gleichsam über Nacht folgende Symptome auf: Ständig hatte er Durst und mußte häufig zur Toilette. Innerhalb weniger Wochen nahm er 10 Kilogramm ab, obwohl er immer Hunger hatte und mehr aß als früher. Trotz ausreichendem Schlaf fühlte er sich bereits morgens schlapp und hatte häufig Kopfschmerzen. Am Sport konnte er nicht mehr teilnehmen. Thomas konsultierte einen Arzt, der nach einer ersten Untersuchung einen Blutzuckertest durchführte. Seine Blutzuckerwerte lagen bei 3200 mg pro Liter Blut. *Diabetes mellitus* (Zuckerkrankheit) war die Diagnose. 2,4 Millionen Bundesbürger leiden an dieser Krankheit. Bei all diesen Personen ist die Blutzuckerkonzentration erhöht.

Bei Thomas waren die β-Zellen zerstört und nicht mehr in der Lage, Insulin zu produzieren (Abb. 2). Die Ursachen für diese Krankheit sind nur zum Teil bekannt und uneinheitlich. So gibt es Belege, daß während bestimmter Virusinfektionen Proteinanteile dieser Krankheitserreger in die Membranen der β-Zellen integriert werden. Das Immunsystem erkennt diese Zellen nicht mehr als körpereigen an, sie werden zerstört. Autoimmundeffekte oder eine genetische Veranlagung können ebenfalls am Ausbruch dieser Krankheit beteiligt sein.

Da dieser Diabetes-Typ fast immer im Jugendalter auftritt, wird er als *Jugenddiabetes* (Diabetes Typ I) bezeichnet.

Jugenddiabetiker, deren β-Zellen kein oder nur noch sehr wenig Insulin produzieren, müssen sich mehrmals täglich genau berechnete Mengen Insulin spritzen. Eine zu hohe Insulingabe bei gleichbleibender Nahrungsaufnahme führt zu einer Unterzuckerung, zum *hypoglykämischen Schock,* der tödlich sein kann. Nach einer längeren Überzuckerung, hervorgerufen durch eine zu geringe Insulingabe, tritt ebenfalls eine Notfallsituation ein, das *diabetische Koma.* Bevor das Insulin zur Verfügung stand, starben 60 % der Diabetiker am Koma. Die Mediziner weisen besonders auf die möglichen Spätfolgen hin, die bei dieser Krankheit auftreten können: Erblindung, Gefäßleiden und Herzinfarkte kommen häufiger als bei Gesunden vor. Auch Nierenversagen tritt auf, etwa 60 % der Dialysepatienten sind Diabetiker. Eine exakte Einstellung des Blutzuckerspiegels kann die Spätfolgen mindern.

Patienten des Typs I sollten streng eine Diät einhalten, bei der die folgenden drei Punkte zu beachten sind:
- Zuckerhaltige Süßigkeiten sollten vollständig vermieden werden.
- Die Nahrung soll auf mindestens 5 bis 6 Mahlzeiten verteilt werden.
- Die Nahrungsaufnahme soll möglichst gleichmäßig und regelmäßig erfolgen.

Auch wenn moderne Methoden Jugenddiabetikern mehr Freiheit geben, müssen sie doch im Vergleich zum gesunden Menschen ein regelmäßigeres und disziplinierteres Leben führen.

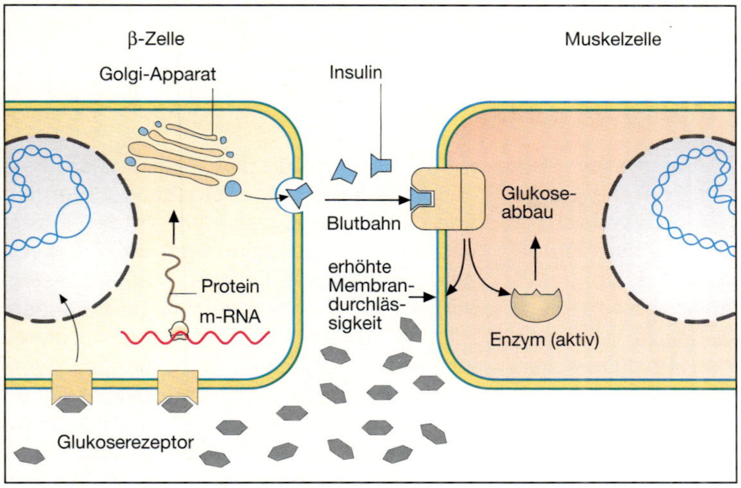

1 Insulinsynthese und -wirkung

Bei mehr als 90 % der Diabetiker tritt die Krankheit jedoch erst im fortgeschrittenen Alter auf. Dieser Typ wird *Altersdiabetes* (Diabetes Typ II) genannt. Für sein Krankheitsbild ist charakteristisch, daß die Personen meist übergewichtig sind.

Neben einer erblichen Veranlagung sehen die Mediziner deshalb die Hauptursache für diesen Krankheitstyp im zivilisationsbedingten Eßverhalten. Eine übermäßige, ballaststoffarme Nahrungsaufname kann zu einem ständig erhöhten Blutzuckerspiegel führen. Dadurch werden die β-Zellen fast immer angeregt, Insulin zu produzieren. Dies kann ihre Erschöpfung zur Folge haben und langfristig bedeuten, daß auch bei Altersdiabetes ein Insulinmangel auftritt. Zum selben Symptom kann es kommen, wenn die Glukoserezeptoren verändert sind. Trotz eines normalen oder sogar erhöhten Blutzuckerspiegels sind sie nicht mehr in der Lage, die Information ins Zellinnere weiterzuleiten. Es wird nicht genügend Insulin freigesetzt bzw. produziert.

Auch im Bereich der Zielzellen können Defekte auftreten. So kann in den Zellmembranen die Anzahl der Insulinrezeptoren verringert sein oder die besetzten Rezeptoren stimulieren die Enzyme des Glukosestoffwechsels nicht mehr genügend. Dieser Defekt ist in den meisten Fällen ebenfalls auf eine übermäßige und ballaststoffarme Nahrungsaufnahme zurückzuführen. Der ständig erhöhte Insulinspiegel bewirkt, daß das Gewebe gegenüber dem Hormon unempfindlich wird. Im Gegensatz zum Typ I gilt für Diabetiker des Typs II nicht generell, daß die Insulinfreisetzung vermindert ist. Wie die Defekte an den Zielzellen zeigen, kann ihr Insulinspiegel sogar über dem Normwert liegen.

Aus diesen Gründen ist für Altersdiabetiker die Reduktion des Gewichtes der Anfang jeder Therapie. Wird gleichzeitig eine Diät mit ballaststoffreicher Nahrung und einer auf das Körpergewicht und die körperliche Aktivität eingestellten Energiemenge eingehalten, sind häufig keine weiteren Maßnahmen nötig.

Diabetes Typ II — vererbt und Ernährungsfehler!

Die Bewohner der Südseeinsel Nauru haben sich jahrhundertelang durch Fischen und einfachen Ackerbau nur mühselig ernähren können. Häufig hatten sie Hungerphasen zu ertragen. War genug Nahrung vorhanden, aßen sie in kurzer Zeit so viel, daß die Besucher dieser Inseln Sorge um das Leben der Menschen bekamen. Seit jedoch auf dem Atoll riesige Phosphatmengen entdeckt worden waren, brach für die Nauruer der Wohlstand aus. „Ihre Nahrungsmittel sammelten sie nun in den Regalen und erlegten sie in den Tiefkühlfächern der Supermärkte." Doch dieser Sprung vom Sammler- und Jäger-Dasein in die moderne Zivilisation hatte auch einen Preis. Mangelnde Bewegung und reichlich Nahrung führte zu Fettleibigkeit bei dem größten Teil der Bevölkerung. Die Zahl der Zuckerkranken schnellte nach oben. Jeder dritte Nauruer leidet heute an Diabetes vom Typ II. Die typischen Spätfolgen haben auf Nauru, besonders bei den wohlhabenden Nauruern, ein erschreckendes Ausmaß angenommen.

Als Ursache vermuten die Wissenschaftler nicht nur die anderen Lebensbedingungen, da die Anfälligkeit für den Typ II erblich bedingt ist. Für die Vorfahren der heutigen Bewohner war es immer ein immenser Vorteil, wenn sie dank einer leistungsfähigen Bauchspeicheldrüse möglichst schnell und viel der Energie einer reichhaltigen Mahlzeit aufnehmen und für die Hungerphasen speichern konnten. Der Wohlstand führte jedoch zu einer Dauerstimulierung und demzufolge zu einer Überreizung der β-Zellen; Insulinresistenz und Zuckerkrankheit waren die Konsequenz. Es kommt also auf die Umwelt an, ob die diabetesfördernden Gene sich positiv oder negativ auswirken.

Von der äußeren Atmung zur Zellatmung

Resorption
Transport von Substanzen durch eine Zellschicht

1872 konnte erstmals nachgewiesen werden, daß der Sauerstoff nicht in der Lunge und im Blut, sondern im Gewebe verbraucht wird. Erst in diesem Jahrhundert wurde aufgeklärt, daß der eingeatmete Sauerstoff in den einzelnen Zellen mit Glukose reagiert. Diesen Stoffwechselprozeß bezeichnet man als *Zellatmung*. Bei der Reaktion zwischen Glukose und Sauerstoff werden in den Zellen Wasser und Kohlenstoffdioxid gebildet und pro mol Glukose 2872 kJ Energie frei. Diese tritt zu 60 % in Form von Wärme auf. Die zentrale Bedeutung dieses Stoffwechselprozesses kann man daran erkennen, daß er in den Zellen aller höheren Organismen, wie den Pilzen, grünen Pflanzen, Tieren und dem Menschen in gleicher Weise abläuft. Zur Energiegewinnung können neben der Glukose auch Fette und Eiweiße dienen.

Die Atmung kann man somit in zwei Teilprozesse unterteilen: *Äußere Atmung* und Zellatmung. Als äußere Atmung bezeichnet man den Gasaustausch in der Lunge sowie zwischen dem Blut und den Körperzellen. Zur Zellatmung wird neben Sauerstoff die Glukose benötigt. Diese stammt aus der Nahrung und wird über das Verdauungssystem aufgenommen. Eine Aufgabe der Verdauung ist es, die aufgenommenen Nährstoffe in eine Form zu überführen, welche durch die Dünndarmwand in das Blutgefäßsystem aufgenommen *(resorbiert)* werden können. Dies erfolgt durch chemische Vorgänge im Verdauungssystem. Verdauungsenzyme spalten die großen, komplexen Moleküle der Nährstoffe in kleine, wasserlösliche Moleküle: Stärke z. B. wird in Glukose zerlegt. In den zahlreichen Gefäßen der Dünndarmzotten werden die wasserlöslichen Moleküle durch Diffusion und *aktiven Transport* ins Blut resorbiert.

Der Blutdruck bewirkt, daß ein Teil der Blutflüssigkeit mit den darin gelösten, energiereichen Nährstoffen in den Kapillaren der Gewebe austritt. Sie vermischt sich mit der interzellulären Flüssigkeit, der *Lymphe*, welche die einzelnen Zellen umspült. Wasser und Gasmoleküle aus der Lymphe können über die Zellmembran ungehindert in die Zelle aufgenommen werden. Moleküle wie die Glukose werden in der Zellmembran an einen Träger gekoppelt und mit seiner Hilfe in das Zellinnere transportiert.

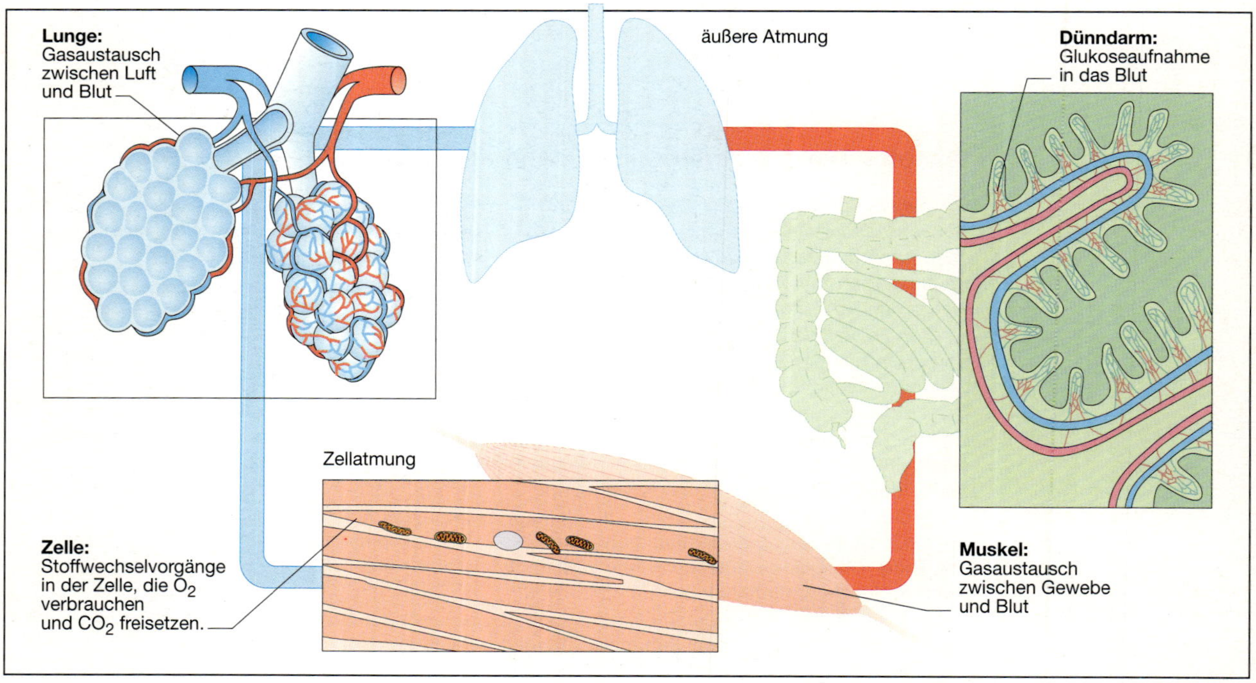

1 Der Weg der Atemgase

Atmung

Versuch 1:
Weizenkörner produzieren Wärme

Material: ungekeimte und zwei Tage vorgekeimte Weizenkörner
Geräte: 2 Thermosflaschen, 2 Thermometer mit $\frac{1}{10}$ Grad-Einteilung, Styroporstopfen, Wärmeschrank

a) Temperieren Sie die Thermosflaschen und 30 g gekeimte und ungekeimte Weizenkörner im Wärmeschrank auf ca. 35 °C vor.
b) Füllen Sie die gekeimten und ungekeimten Weizenkörner jeweils in eine der Thermosflaschen.
c) Führen Sie je ein Thermometer in die beiden Thermosflaschen ein, und verschließen Sie diese mit Styroporstopfen.

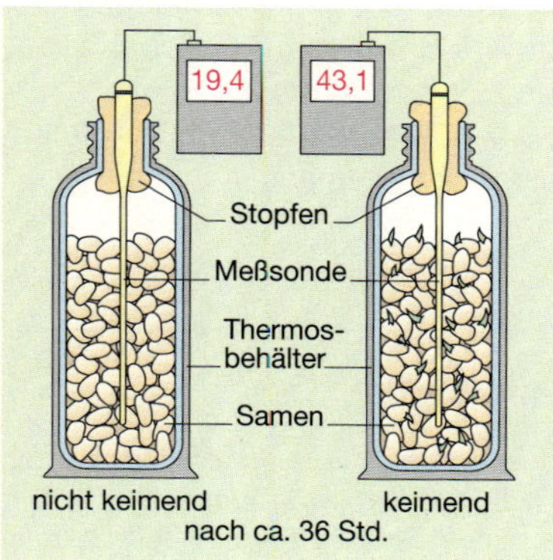

Aufgabe:

① Lesen Sie zunächst in kurzen (15 min), später in längeren Intervallen die Temperaturen ab (bis zu 2 Tagen).

Versuch 2:
Kohlenstoffdioxid

Material: zwei Tage vorgekeimte Weizenkörner, Kalkwasser, Kalilauge [C], Wasser
Geräte: 4 Waschflaschen, Wasserstrahlpumpe, 4 kurze Schläuche

a) Je zur Hälfte werden zwei Waschflaschen mit Kalkwasser und eine dritte mit Kalilauge gefüllt.
b) Die vierte Waschflasche wird mit ca. 50 g Weizenkörnern bestückt.
c) Entsprechend der Abb. werden die Waschflaschen untereinander und mit der Wasserstrahlpumpe verbunden.
d) Abschließend wird langsam Luft durchgesaugt.

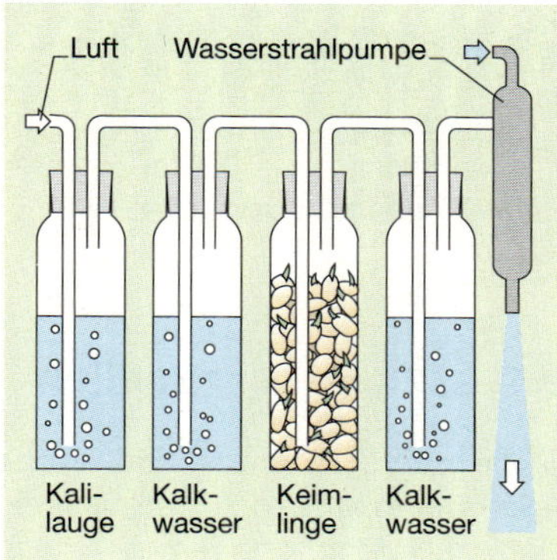

Aufgaben

① Beschreiben Sie das Versuchsergebnis.
② Formulieren Sie die Reaktionsgleichung für die in den Waschflaschen 1 und 4 ablaufende Reaktion und deuten Sie das Gesamtergebnis.

Versuch 3:
„Wechselspiel" der Atemgase

Material: zwei Tage vorgekeimte Weizenkörner, 20%-ige Kalilauge [C], Wasser

Geräte: 4 Erlenmeyerkolben 200 ml, in zwei der Erlenmeyerkolben wird ein kleines Gefäß, z. B. ein Porzellantiegel eingeklebt, 4 doppeltdurchbohrte Stopfen, 4 Manometer, 4 Sperrhähne, 2 Faltenfilter, 4 Stative mit Klemmen, Wasserbad, 1 Thermometer.

Die Erlenmeyerkolben werden entsprechend der folgenden Tabelle bestückt:

Erlenmeyerkolben	1	2	3	4
mit Einsatz	+	–	–	–
Weizenkörner	30 g	30 g	–	–
Kalilauge	10 ml	–	10 ml	–
Faltenfilter	+	–	+	–

a) Zuerst werden die Weizenkörner in die Kolben 1 und 2 gefüllt.
b) Die Kolben werden mit Hilfe der Klemmen an den Stativen befestigt und zum Vortemperieren in das Wasserbad gehängt.
c) Vorsichtig werden je 10 ml Kalilauge in die kleinen Gefäße pipettiert und die Faltenfilter so in die kleinen Gefäße gestellt, daß sie sich vollsaugen können und mit einer möglichst großen Oberfläche in den Raum ragen (Abb. unten).
d) Die Gefäße werden mit den Stopfen sorgfältig verschlossen. Die Absperrhähne bleiben jedoch noch ca. 10 Minuten geöffnet. In dieser Zeit wird Wasser in die Manometer pipettiert.
e) Die Absperrhähne werden verschlossen und die Veränderung der Wasserspiegel in den Manometern nach einer halben Stunde registriert.

Aufgaben

① Deuten Sie die Vorgänge in den einzelnen Versuchsansätzen.
② Bestimmen Sie den respiratorischen Quotienten und überlegen Sie, mit Hilfe der Daten von S. 9, welche Reservestoffe in den Weizenkörnern veratmet werden.

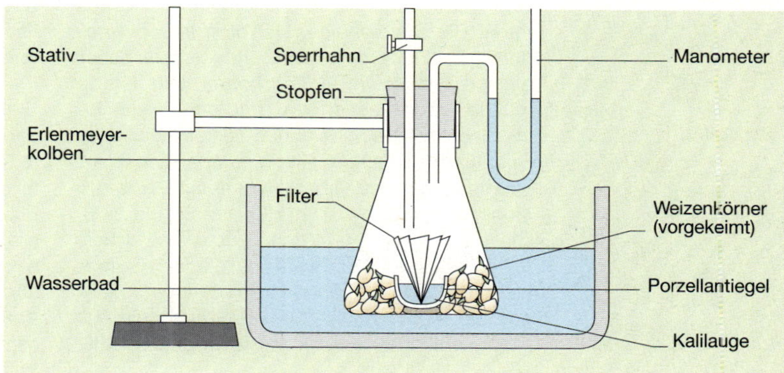

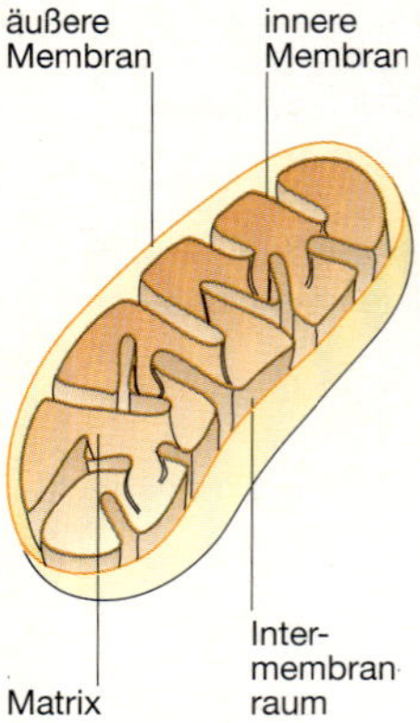

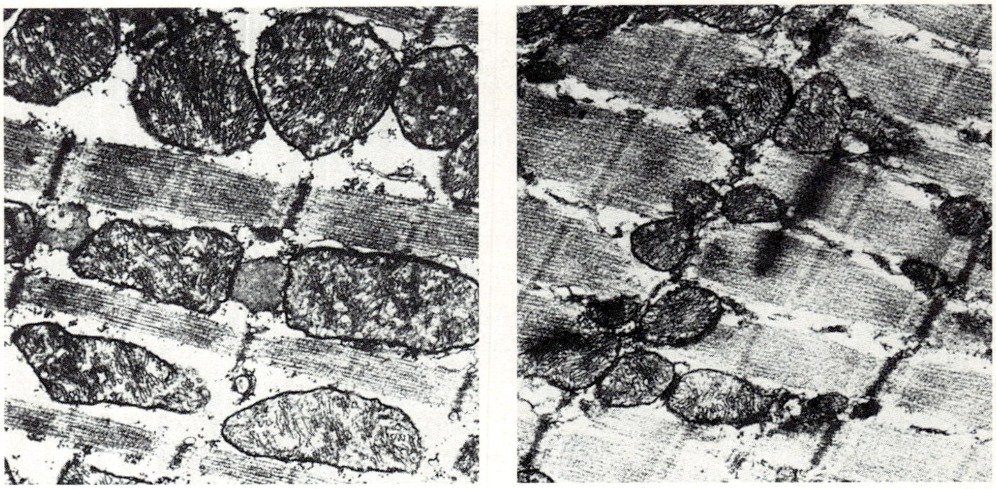

1 Gewebe von Zwerchfell- und Herzmuskel einer Ratte

Mitochondrien: Atmungsorganellen

Angegeben ist das Mitochondrien-Volumen in % am Zellvolumen bei verschiedenen Zellen einer Maus

Leber	16,9
Hypophyse	7,5
Herzmuskel (Kammer)	47,7
Herzmuskel (Vorhof)	34,9
Blutzellen (weiß)	3,6

Betrachtet man Zellen verschiedener Gewebe mit dem Elektronenmikroskop, findet man unterschiedlich viel *Mitochondrien* (s. Tabelle). Zum Beispiel enthalten die Herzmuskelzellen einer Ratte sehr viele Mitochondrien, während in den Muskelzellen des Zwerchfells wesentlich weniger zu finden sind (Abb. 1). Da der Energiebedarf dieser Muskeln sehr unterschiedlich ist, kann man vermuten, daß die Mitochondrienanzahl mit dem Energiehaushalt in Verbindung steht.

Die Untersuchung der Stoffwechselvorgänge in den Mitochondrien oder anderen Teilen der Zelle setzt Meßmethoden voraus, mit denen die Wissenschaftler die Glukose oder deren Abbauweg im Stoffwechsel verfolgen können. Die Schwierigkeit besteht darin, geringste Mengen dieser Substanzen in der Zelle oder ihren Organellen wiederzufinden. Die am häufigsten angewandte Methode ist die Markierung der zu untersuchenden Substanzen mit Hilfe *radioaktiver Atome.* Auf diese Weise fand man zwei wesentliche Ergebnisse:

1. Glukose wird nicht in einem Reaktionsschritt abgebaut, sondern in kleineren Zwischenreaktionen, welche man in die Abschnitte *Glykolyse, Tricarbonsäure-Zyklus* und *Endoxidation* unterteilt.
2. Nicht alle Zwischenreaktionen laufen in den Mitochondrien ab.

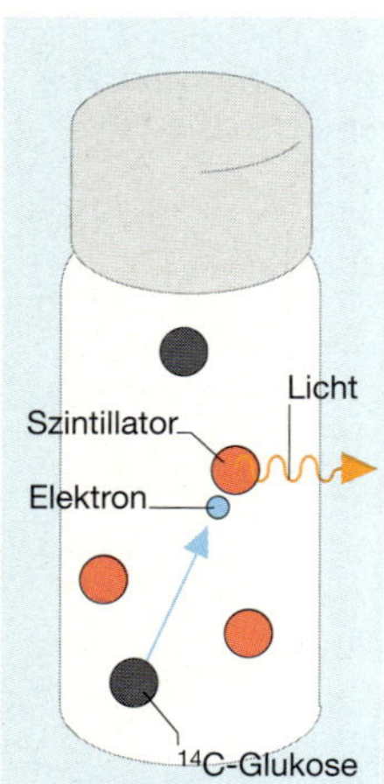

Forscher verfolgen die Glukose: Radioisotopenmethode

Beim Element Kohlenstoff kommen Atome mit einer unterschiedlichen Neutronenzahl im Atomkern vor, die man *Kohlenstoffisotope* nennt. Sie unterscheiden sich nicht in der Protonen- und Elektronenzahl und haben daher gleiche chemische Eigenschaften. Das Isotop mit der Atommasse 14 u (^{14}C) hat einen instabilen Atomkern, der beim Zerfall radioaktive Strahlung aussendet. Radioisotope dieser Art strahlen Elektronen ab. Sie können anstelle der stabilen ^{12}C-Atome in größere Moleküle, z. B. Glukose, eingebaut werden. Gibt man zu isolierten Zellen oder Zellorganellen diese ^{14}C markierte Glukose, so können auch geringste Mengen der Abbaustufen, die ja ebenfalls die ^{14}C Atome enthalten, nachgewiesen und quantitativ bestimmt werden. Auch von anderen Elementen gibt es Radioisotope (z. B. Wasserstoff). Der Nachweis dieser Stoffe erfolgt in den meisten Fällen mit Hilfe der *Flüssig-Szintillations-Messung.*

Die mit dem radioaktiven Kohlenstoff oder Wasserstoff markierten Substanzen werden hierzu mit einem flüssigen Leuchtstoff *(Szintillator)* vermischt, welcher aufleuchtet, wenn er von einem Elektron aus einem radioaktiven Zerfall getroffen wird. Das Leuchten wird von einer Fotozelle in einer völlig verdunkelten Meßkammer gemessen, und die Impulse werden elektronisch verstärkt. Aus der Anzahl der Impulse kann man die Konzentration der Stoffe errechnen.

Befunde zum Ort der Zellatmung

Mitochondrien spielen bei der Zellatmung eine wichtige Rolle. Sind aber allein diese Organellen an der Zellatmung beteiligt, oder spielen andere Zellbestandteile auch eine Rolle?

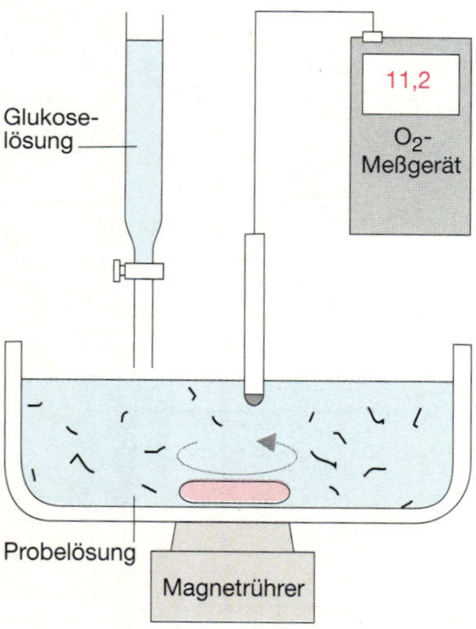

Experiment 1:

Zerkleinert man Leberzellen in der Art, daß die Organellen intakt bleiben, erhält man eine homogene Suspension. Aus dieser können die verschiedenen Zellbestandteile isoliert werden. Sie dienen als Grundlage für verschiedene Probelösungen.
Die Probelösungen werden in ein offenes Becherglas gegeben. Dazu wird Glukoselösung gegeben. Der Sauerstoffgehalt der Lösung wird gemessen.

Aufgabe

① Deuten Sie die Ergebnisse, und formulieren Sie möglichst verschiedene Hypothesen zum Ablauf der Zellatmung.

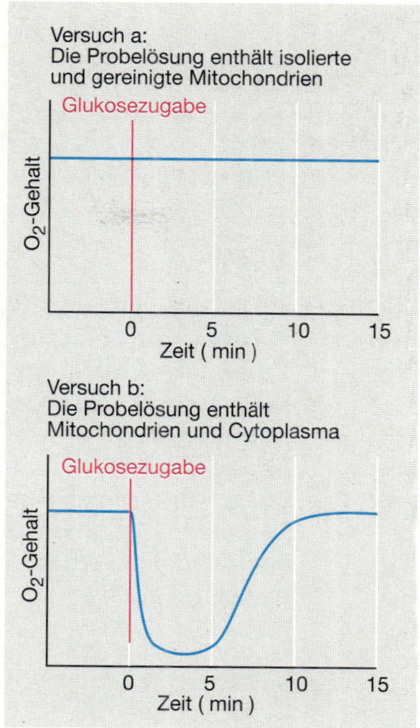

Experiment 2:
(BEEVERS und Mitarbeiter)

a) Eine wäßrige Probelösung enthält mit ^{14}C markierte Glukose sowie isolierte, gereinigte Mitochondrien. Nach 10 min Inkubationszeit wird diese Lösung in ein Zentrifugenröhrchen pipettiert, das eine konzentrierte Salzlösung und darüber in einer gesonderten Phase Siliconöl enthält (Siliconöl mischt sich nicht mit wäßrigen Lösungen und löst auch keine Glukose). Dieses Röhrchen mit den drei Phasen wird nun so lange zentrifugiert, bis sich die Mitochondrien in der unteren Salzlösung befinden. Anschließend wird die Radioaktivität der drei Phasen gemessen.

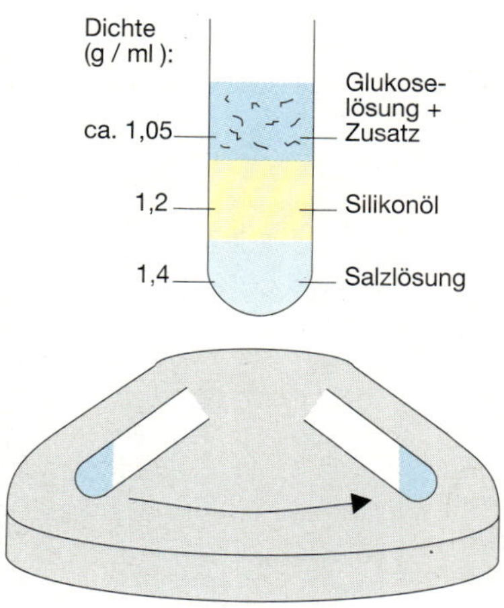

Zentrifuge

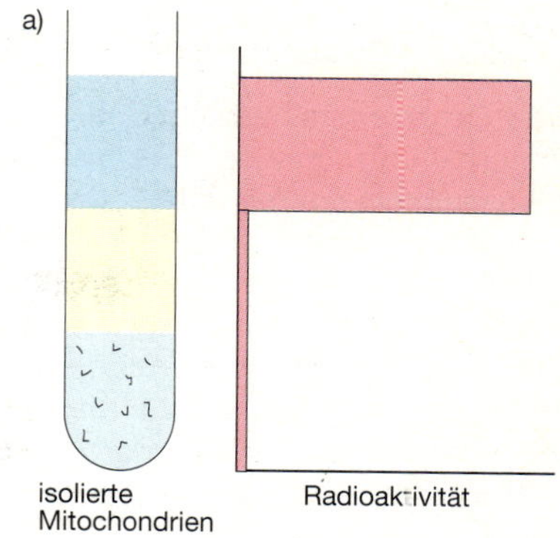

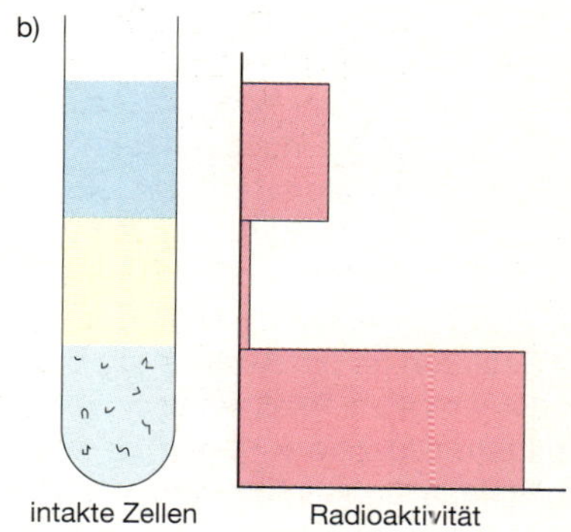

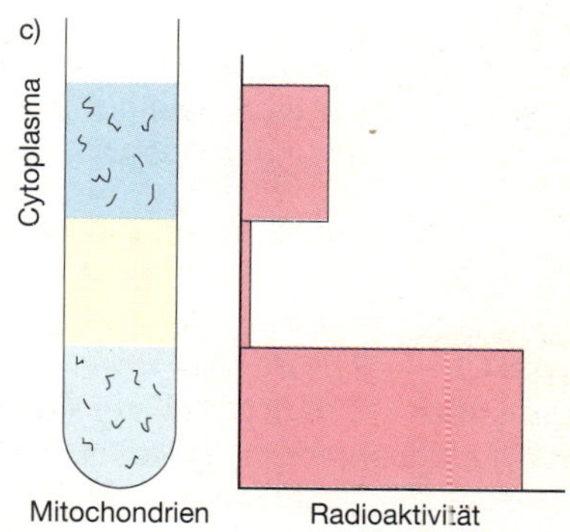

b) Statt der Mitochondrien werden nun ganze, intakte Zellen verwendet.

c) Der Versuchsaufbau entspricht dem von Experiment 2 a. Die Probelösung enthält hier jedoch Cytoplasma, Mitochondrien sowie mit ^{14}C markierte Glukose. Zwei Minuten nach Ansatz dieser Suspension (Inkubationszeit) wird sie auf das Siliconöl pipettiert und anschließend so zentrifugiert, daß nur die Mitochondrien in die untere Salzlösung gelangen.

Aufgaben

① Deuten Sie die Ergebnisse!
② Welche Hypothese zum Ablauf der Zellatmung scheidet durch diese Experimente aus?

Der Zucker wird zerlegt: Glykolyse

Jeder Organismus benötigt Energie zur Aufrechterhaltung seiner Lebensfunktionen. Glukose ist ein energiereicher Stoff. Die Zellen machen chemisch gebundene Energie für den Organismus verfügbar. Das geschieht durch den stufenweisen Abbau der Glukose zu energiearmen Stoffen wie Kohlenstoffdioxid und Wasser unter gleichzeitiger Bildung des energiereichen ATP. An diesen Vorgängen sind das Cytoplasma und die Mitochondrien beteiligt.

Die ersten Abbauvorgänge finden im Cytoplasma statt. EMBDEN und MEYERHOF gelang es 1940, diese Reaktionsfolge zu entschlüsseln: Im ersten Reaktionsschritt überträgt ATP eine Phosphatgruppe auf Glukose *(Phosphorylierung)*; im Gegenzug überträgt Glukose ein Wasserstoffatom auf das entstehende ADP. Die biologische Bedeutung dieser Reaktion ist die Aktivierung der Glukose für die weiteren Reaktionsschritte. Das neu gebildete Glukose-6-Phosphat wird nach einer Umlagerung ein zweites Mal phosphoryliert. Daraus entstehen zwei C_3-Moleküle des Stoffes Glycerinaldehyd-3-Phosphat (GAP), die beide phosphoryliert und damit aktiviert sind. Gehen wir von einem Glukosemolekül (C_6) aus, so läuft jeder weitere Reaktionsschritt der Zellatmung doppelt ab.

Jedes GAP-Molekül überträgt zwei Wasserstoffatome auf den Wasserstoffträger NAD^+. GAP wird also dabei oxidiert, während NAD^+ reduziert wird. Über einige Zwischenstufen entsteht bei dieser Redoxreaktion *Phosphoenolbrenztraubensäure* (in der internationalen Nomenklatur auch PEP genannt: Phosphoenolpyruvat). Diese Reaktionsschritte sind so stark exergonisch, daß die freiwerdende Energie zum Aufbau von energiereichem ATP aus energieärmerem ADP und Phosphat genutzt werden kann. PEP überträgt seine Phosphatgruppe über mehrere Zwischenstufen auf ADP; es entstehen ATP und *Brenztraubensäure* (BTS). Durch diese Dephosphorylierung wird bilanzmäßig die Energie zurückgewonnen, die in die ersten beiden Phosphorylierungen investiert wurde.

Betrachten wir diese Vorgänge im Cytoplasma als Ganzes: Glukose wird durch eine doppelte Phosphorylierung aktiviert und anschließend in mehreren Teilschritten in zwei C_3-Moleküle (BTS) gespalten. Dieser Vorgang hat diesem Teilprozeß der Zellatmung den Namen gegeben: *Glykolyse* kann man mit *Glukosezerlegung* übersetzen. Es entstehen weiterhin pro Glukosemolekül zwei Moleküle ATP sowie insgesamt 4 an NAD^+ gebundene Wasserstoffatome.

Aufgaben

① Führt man intakten Zellen Glukose-6-Phosphat zu, verbrauchen diese keinen Sauerstoff. Eine konzentrierte Suspension aufgebrochener Zellen dagegen zeigt Sauerstoffverbrauch. Deuten Sie diesen Befund.

② Stellen Sie eine Bilanz der Glykolyse in Form eines Reaktionsschemas auf. Geben Sie dabei verbrauchte und neu entstandene Stoffe an.

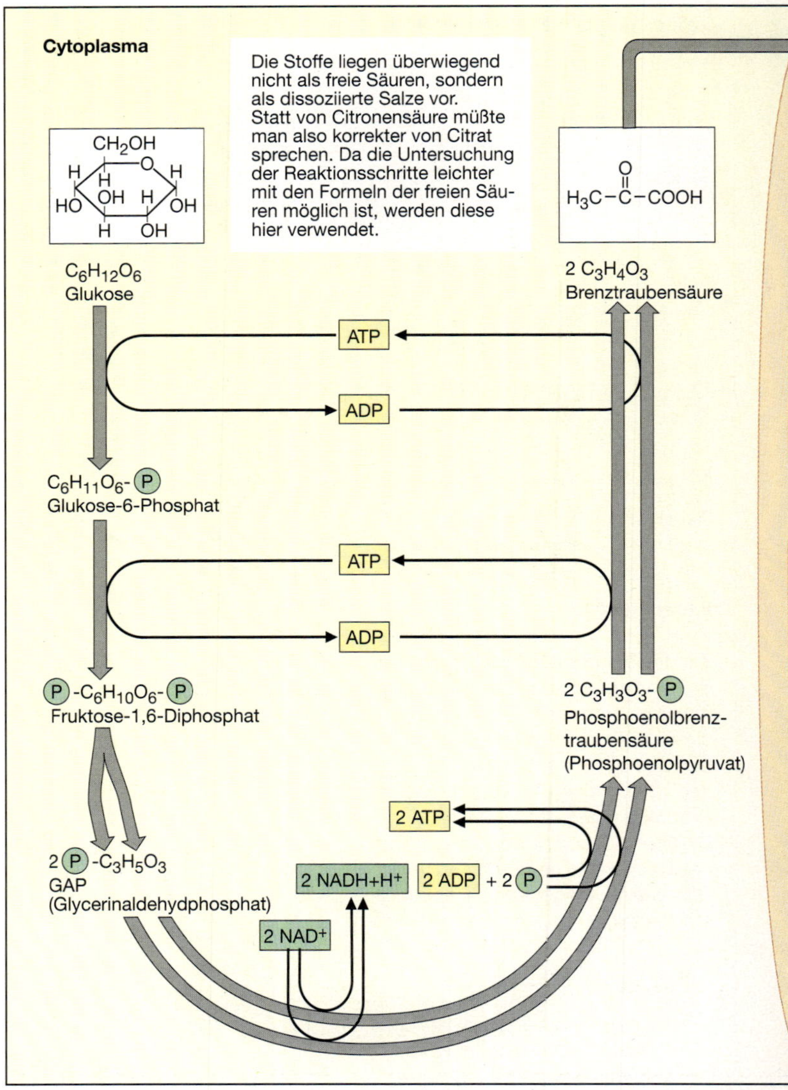

1 Schema von Glykolyse und Tricarbonsäure-Zyklus

Der Tricarbonsäure-Zyklus

Der Abbau von Glukose zu Brenztraubensäure (BTS) setzt nur einen Energiebetrag von 197 kJ/mol Glukose frei, die vollständige Oxidation von Glukose dagegen 2872 kJ/mol. BTS enthält also noch eine beträchtliche Energiemenge, die zum Teil von den Zellen genutzt werden kann.

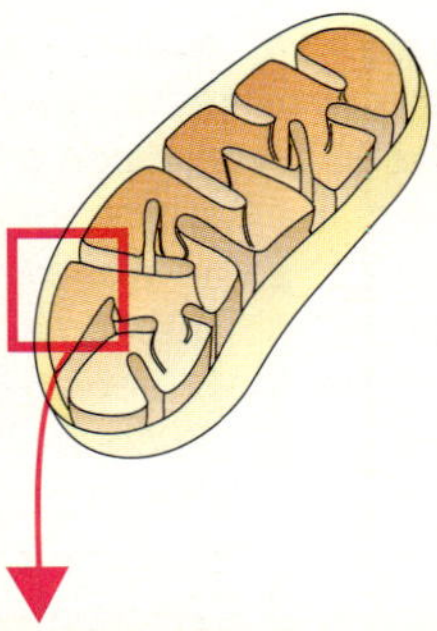

BTS wird in die Mitochondrienmatrix transportiert. Hier ist der erste Reaktionsschritt die Übertragung von 2 Wasserstoffatomen auf NAD+ und die Abspaltung von Kohlenstoffdioxid, die *oxidative Decarboxylierung.* An diesem Reaktionsschritt ist ein Cosubstrat, das Coenzym A, beteiligt; dieses bildet mit der entstehenden Ethansäure (Essigsäure) die sogenannte *„Aktivierte Essigsäure".* Dieser Stoff ist reaktionsfreudiger als reine Ethansäure. Die weitere Umsetzung der „Aktivierten Essigsäure" wurde vor allem durch radioaktive Markierung untersucht. Dabei zeigte sich erstaunlicherweise, daß im weiteren Reaktionsverlauf nicht nur der C_1-Körper Kohlenstoffdioxid, sondern auch Moleküle mit 4, 5 und 6 C-Atomen gebildet werden!

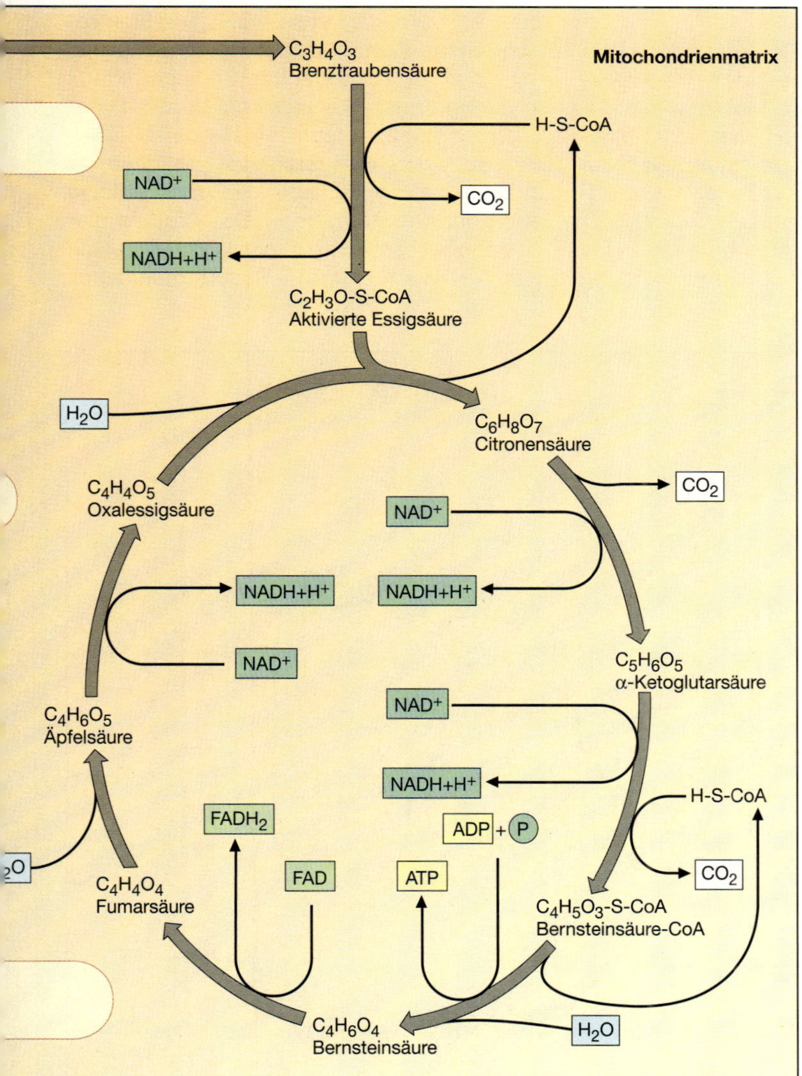

Der von H. A. KREBS im Jahre 1937 aufgeklärte Reaktionsweg ist ein zyklischer Prozeß. Zuerst wird dabei die „Aktivierte Essigsäure" an Oxalessigsäure, eine C_4-Verbindung, angelagert. Dabei entstehen C_6-Moleküle der Citronensäure. Sie enthalten drei Carboxylgruppen. Die Citronensäure gehört deshalb zu den Tricarbonsäuren. Der zyklische Prozeß wird daher heute allgemein als *Tricarbonsäure-Zyklus* bezeichnet.

Die in den Zyklus eingeschleusten C_2-Moleküle werden in zwei Stufen zu Kohlenstoffdioxid abgebaut. An drei Stellen wird Wasser angelagert. Der Wasserstoff dieser Moleküle sowie der „Aktivierten Essigsäure" wird in drei Reaktionsschritten auf NAD+, in einem weiteren auf einen anderen Wasserstoffträger, *FAD (Flavin-Adenin-Dinucleotid)* übertragen. In einem Reaktionsschritt wird aus ADP und Phosphat ATP aufgebaut. Die Abbildung zeigt, daß der Reaktionspartner *(Akzeptor)* von „Aktivierter Essigsäure", die Oxalessigsäure, wieder regeneriert wird und erneut „Aktivierte Essigsäure" aufnehmen kann. Die Regeneration dieses Akzeptors ist Voraussetzung für den zyklischen Prozeß. An vier Stellen des Zyklus finden auch hier, wie bei der Glykolyse, Redoxreaktionen durch Wasserstoffübertragungen statt. Die C_6-Moleküle der Glukose sind nun vollständig abgebaut.

Aufgaben

① Stellen Sie die Bilanzgleichungen auf:
   a) des Tricarbonsäure-Zyklus
   b) der Glykolyse und des Tricarbonsäure-Zyklus zusammen.
   Beachten Sie dabei, daß aus einem Glukosemolekül zwei BTS-Moleküle gebildet werden!

② 1 mol ATP enthält eine biologisch verfügbare Energie von 30,5 kJ. Bestimmen Sie das Verhältnis von dem in Form von ATP gebundenen Energieanteil und der gesamten, freigesetzten Energie der Glykolyse! Dieser Quotient heißt Wirkungsgrad.

Die Endoxidation

Standard-Redox-potentiale (V)

NAD	−0,32
FMN	−0,30
Fe-Ionen (Komp. I)	−0,30
UQ	+0,05
Cyt b	+0,08
Cyt c	+0,22
Cyt a	+0,55
O_2/H_2O	+0,82

Intermembranraum
Raum zwischen der Innen- und Außenmembran des Mitochondriums

In der Glykolyse und im Tricarbonsäure-Zyklus wurde das Kohlenstoffgerüst der Glukose vollständig abgebaut. Die bisherige Energieausbeute ist allerdings gering: Pro mol Glukose wurden nur 4 mol ATP gewonnen. Die Wasserstoffatome der Glukosemoleküle und der 6 aufgenommenen Wassermoleküle wurden auf die Cosubstrate NAD^+ sowie FAD übertragen. Elementarer Wasserstoff könnte unter großer Energiefreisetzung mit Sauerstoff zu Wasser reagieren (vgl. Knallgasreaktion). Eine vergleichbare direkte Reaktion des an die Cosubstrate gebundenen Wasserstoffs mit Luftsauerstoff wäre allerdings für den Organismus nicht verwertbar, denn die Energie würde zum größten Teil in Form von Wärme freigesetzt, nicht aber in Form von biologisch verwertbarem ATP.

Der Reaktionsort der ATP-Produktion unter Verbrauch von Luftsauerstoff *(oxidative Phosphorylierung)* ist die innere Mitochondrienmembran, welche das Plasma der Mitochondrien, die *Matrix*, vom Intermembranraum trennt. Abb. 1 zeigt die dort stattfindenden Prozesse in stark vereinfachter Form. In dieser inneren Membran sind eine Vielzahl von Redox-Cosubstraten eingelagert. Diese übertragen in einer Kettenreaktion die über die aufgenommenen Wasserstoffatome mitgelieferten Elektronen des $NADH + H^+$ und des $FADH_2$ auf elementaren Sauerstoff *(Atmungskette)*. Die dabei entstehenden O^{2-}-Ionen reagieren mit Wasserstoffionen zu Wasser. In dieser Kette zeigen die beteiligten Stoffe unterschiedliche Redoxpotentiale: Das FMN-System beispielsweise bindet Elektronen etwas fester als $NADH + H^+$ und kann deshalb von diesem die Elektronen übernehmen. Als Elektronenübertragungssysteme dienen zum großen Teil *Cytochrome*, die einen Hämanteil mit zentralem Eisenion (im Komplex IV) besitzen. Andere Cosubstrate wie das *Ubichinon* lagern Elektronen zusammen mit Protonen aus der Matrix an. Ubichinon übernimmt Wasserstoffatome nicht nur vom Flavinkomplex, sondern auch von $FADH_2$. Der Elektronentransport innerhalb der Membran ist also mit einem Protonentransport aus der Matrix in den Intermembranraum gekoppelt. Da er mit dem Redoxpotentialgefälle der beteiligten Redoxsysteme stattfindet, handelt es sich um freiwillig ablaufende Prozesse, also exergonische Reaktionen. Das Produkt dieses Prozesses ist u. a. ein Wassermolekül aus $NADH + H^+$ und ½ Sauerstoffmolekül.

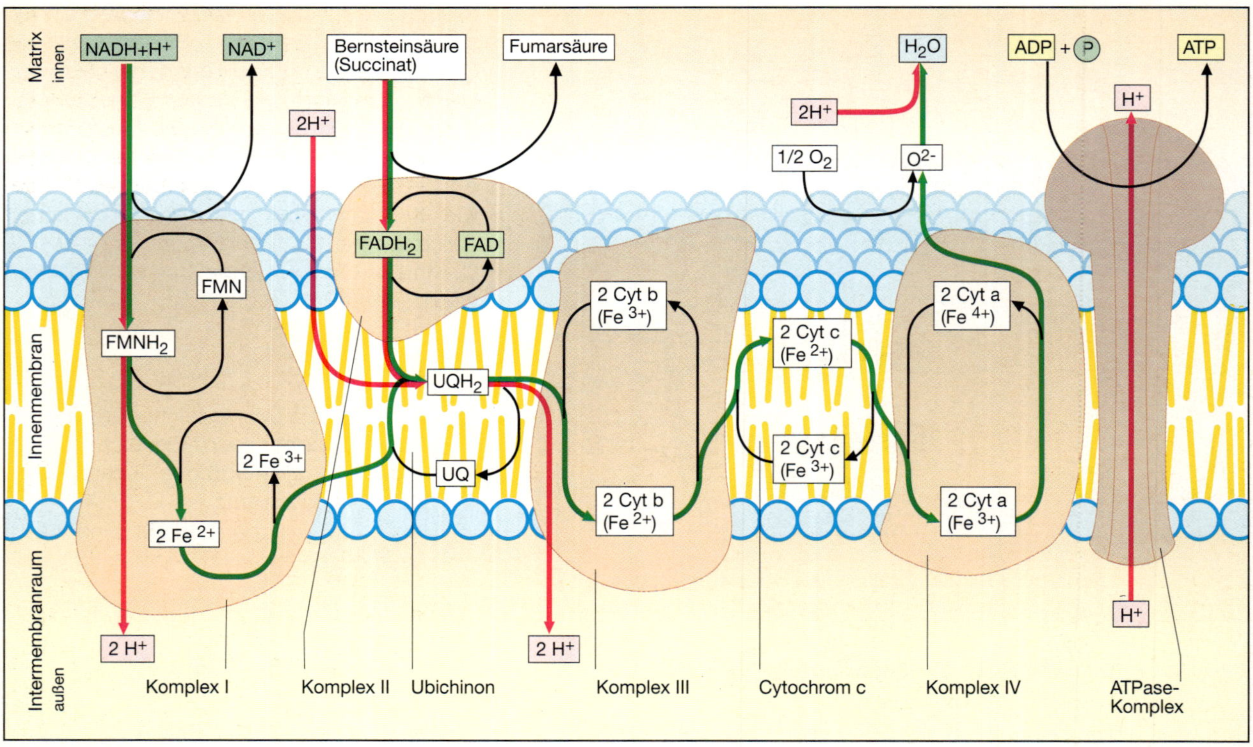

1 Vereinfachtes Schema der Endoxidation

Im Konzentrationsgefälle steckt Energie

Messungen ergeben, daß der Abbau eines Glukosemoleküls die Produktion von ca. 38 ATP-Molekülen bewirkt. Glykolyse und Tricarbonsäure-Zyklus liefern davon aber nur 4 Moleküle. Die restlichen 34 ATP-Moleküle müssen also im Verlauf der Endoxidation entstehen.

Aus einer Reihe von Befunden kann eine mögliche Erklärung für die ATP-Produktion abgeleitet werden:

1. Die Außenmembran der Mitochondrien ist für eine Vielzahl von Molekülen und Ionen durchlässig. Die Innenmembran läßt dagegen viele Stoffe nicht unkontrolliert passieren; das gilt z. B. auch für Protonen und OH^--Ionen.
2. Die Matrix zeigt einen höheren pH-Wert (geringere H^+-Konzentration) als der Intermembranraum.
3. Erhöht man den pH-Wert in der Mitochondrienmatrix, so findet in der Folge eine ATP-Synthese auch ohne Sauerstoff bzw. Elektronenfluß statt.
4. Führt man einer Zellkultur Stoffe zu, welche die innere Mitochondrienmembran für Protonen frei durchlässig machen, dann wird zwar Sauerstoff verbraucht, aber kein ATP mehr gebildet.

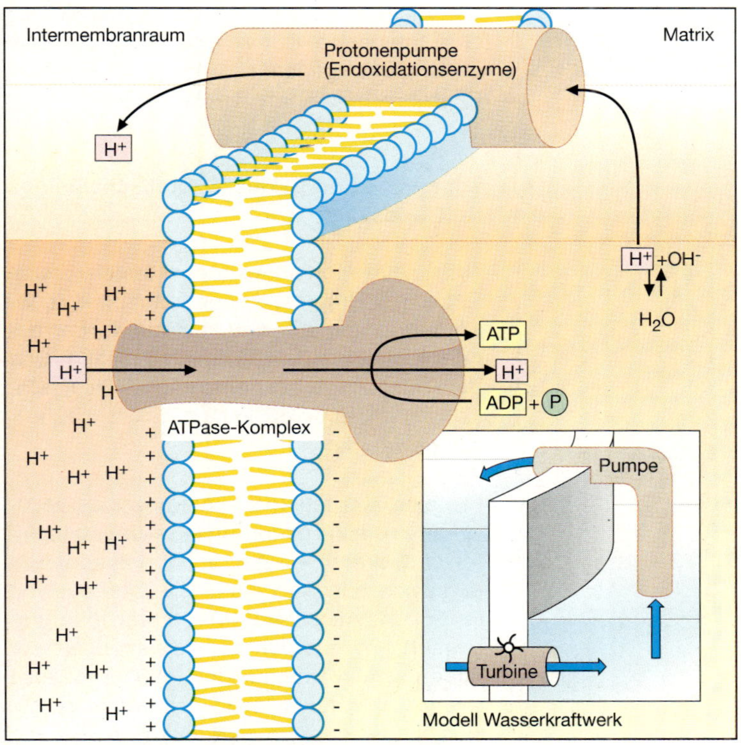

1 ATP-Synthese mit Hilfe des Protonengradienten

Ganz offensichtlich kann ATP an der Membran nur produziert werden, solange ein Gradient der Protonenkonzentration (ein pH-Gradient) existiert, während Sauerstoff nicht unmittelbar notwendig ist (vergleiche Befund 3). Diese Vorstellung wurde 1961 von MITCHELL zuerst als *chemiosmotische Hypothese* formuliert und gilt heute als schlüssigste Erklärung der ATP-Bildung an der Mitochondrien-Innenmembran.

Im Rahmen der Endoxidation werden nicht nur Elektronen transportiert, sondern auch Protonen von der Matrix durch die Membran in den Intermembranraum befördert. Die Protonen müssen gegen das Konzentrationsgefälle transportiert werden. Die dazu notwendige Energie stammt aus dem exergonischen Elektronentransport. Protonen sind durch die Dissoziation des Wassers ($H_2O \rightleftharpoons H^+ + OH^-$) immer vorhanden. Der Transport der Ionen durch die Membran führt auch zum Aufbau eines elektrischen Feldes (das Innere der Membran ist negativ, das Äußere positiv geladen).

So wie in einem Stausee das unterschiedliche Wasserniveau potentielle Energie bedeutet, die mit Hilfe von Turbinen in elektrische Energie umgewandelt werden kann, bildet der Gradient der Protonenkonzentration eine Form gespeicherter Energie. Aufgrund des Konzentrationsgefälles und mit zusätzlichem Antrieb durch das elektrische Feld wandern Protonen am ATPase-Komplex durch die Membran. Der Enzymkomplex nutzt die dabei freiwerdende Energie zum Aufbau von energiereichem ATP. Der durch die Oxidation von 1 $NADH + H^+$ entstandene pH-Gradient reicht zur Synthese von 3 Molekülen ATP aus.

Aufgaben

① Die Oxidation von $FADH_2$ bewirkt im Gegensatz zur Oxidation von $NADH + H^+$ nicht die Bildung von drei, sondern nur von zwei ATP-Molekülen. Erklären Sie diesen Unterschied! Beachten Sie dabei das Schema auf der linken Seite (Abb. 54.1).

② Die ATP-Bildung nach dem beschriebenen Muster bedarf einer Membran, während der Tricarbonsäure-Zyklus und die Glykolyse ohne eine solche Struktur auskommen. Erklären Sie diesen Unterschied.

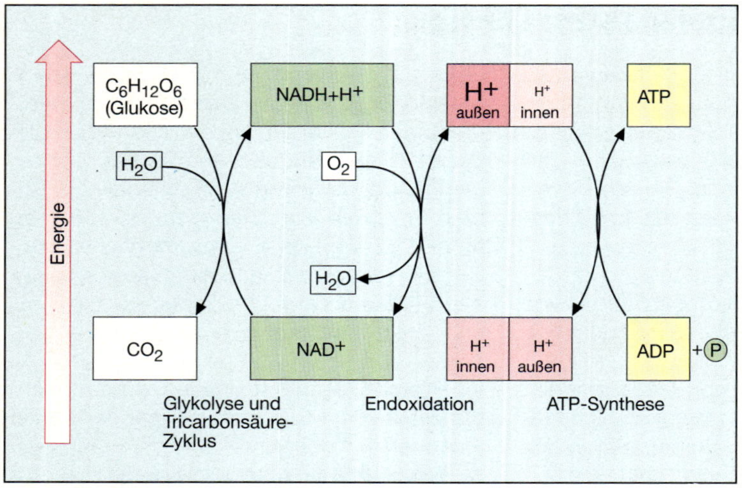

1 Energiefluß in der Zellatmung

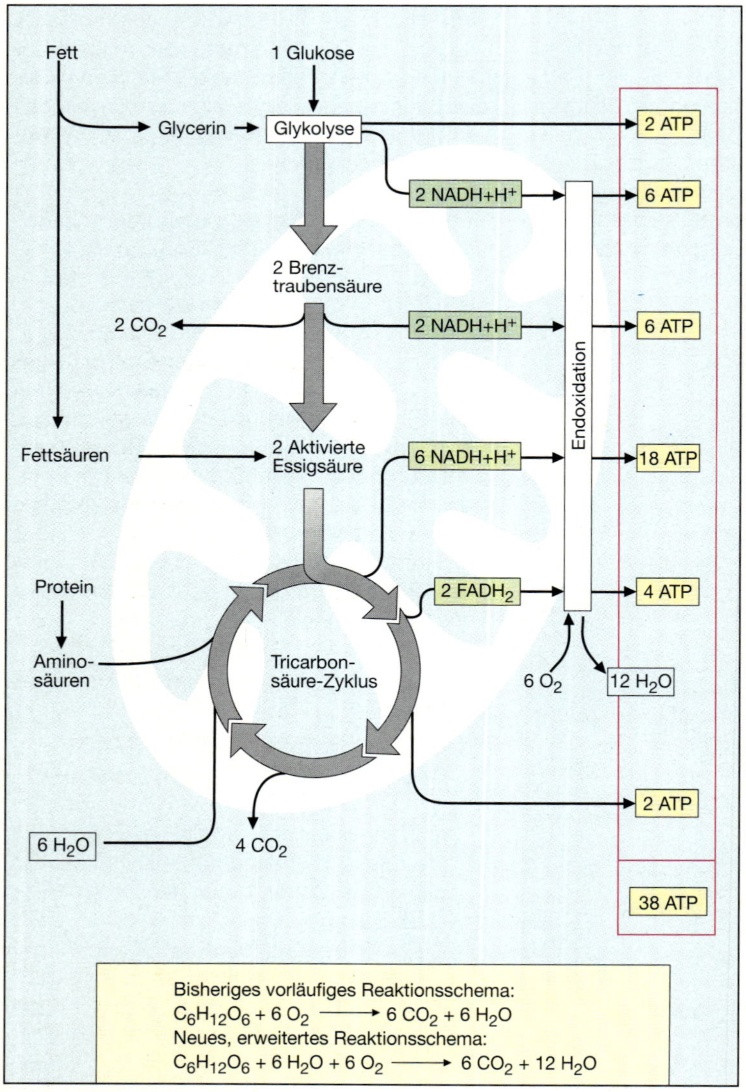

2 Schema zur Zellatmung

Bilanz der Zellatmung

Im Verlauf der Zellatmung werden pro Glukosemolekül ca. 38 Moleküle ATP gebildet. Der größte Teil davon (34 Moleküle) entsteht durch die Oxidation von Wasserstoff in der *Endoxidation.* Während die *Glykolyse* nur 4 Wasserstoffatome pro eingesetztem Glukosemolekül liefert, werden in der *oxidativen Decarboxylierung* und vor allem im Tricarbonsäure-Zyklus insgesamt 20 Wasserstoffatome an Cosubstrate gebunden. Zwölf davon stammen aus dem Wasser, der Rest aus der Glukose. Insgesamt werden also in der Zellatmung 24 Wasserstoffatome an Cosubstrate gebunden. Deren Oxidation liefert 12 Moleküle Wasser. Insgesamt ergibt sich also das erweiterte Reaktionsschema:

$C_6H_{12}O_6 + 6\ H_2O + 6\ O_2 \longrightarrow 6\ CO_2 + 12\ H_2O$

Die *Endoxidation* an der Mitochondrienmembran baut einen Gradienten der Protonenkonzentration auf. Wenn diese Protonen durch den Kanal der ATPase fließen, wird Energie frei, die zur ATP-Synthese genutzt wird. Pro $NADH + H^+$ reicht dieser zum Aufbau von 3 ATP-Molekülen, pro $FADH_2$ nur von 2 ATP-Molekülen. Insgesamt entstehen bei der Endoxidation also 34 Moleküle ATP pro Glukosemolekül. Pro mol ATP sind ca. 30,5 kJ verwertbare Energie gebunden. Die aus 1 mol Glukose gewonnenen 38 mol ATP speichern also eine Energie von 1159 kJ. Die Oxidation der Glukose liefert pro mol 2872 kJ Gesamtenergie. Der Wirkungsgrad der Zellatmung beträgt damit ca. 40 %. Der Rest der Energie wird in Form von Wärme frei.

Tricarbonsäure-Zyklus — Drehscheibe des Stoffwechsels

Nicht nur Kohlenhydrate, sondern auch Fette und Proteine können zur Energiegewinnung abgebaut werden. Fette werden dabei in Fettsäuren und Glycerin gespalten und die Fettsäuren wiederum in Aktivierte Essigsäure umgebaut, die in den Tricarbonsäure-Zyklus mündet.

Proteine werden z. B. im Darm des Menschen in die einzelnen Aminosäuren gespalten und, eventuell nach Umbaureaktionen, in den Zyklus eingeschleust. Die Synthese von Fetten und Aminosäuren läuft prinzipiell umgekehrt. So münden also die meisten der bedeutsamen Umbau- und Abbauprozesse des Organismus in den Tricarbonsäure-Zyklus. Er ist deshalb eine Drehscheibe des Stoffwechsels.

Naturwissenschaftliche Erkenntnisgewinnung

Die Zellatmung ist heute ein bis in viele Details bekannter Prozeß. Dabei war der Weg von den ersten Beobachtungen bis zum heutigen Wissensstand von vielen Irrtümern gekennzeichnet.

Ausgangspunkt neuer Erkenntnisse sind stets eine oder mehrere Beobachtungen. Am Beispiel der Atmung könnten sie so gelautet haben: Alle bisher betrachteten tierischen Organismen nehmen Sauerstoff auf und transportieren ihn meist über ein Blutkreislaufsystem zu den einzelnen Geweben. Auf umgekehrtem Wege gelangt Kohlenstoffdioxid zur Lunge oder den Kiemen und wird dort abgegeben.

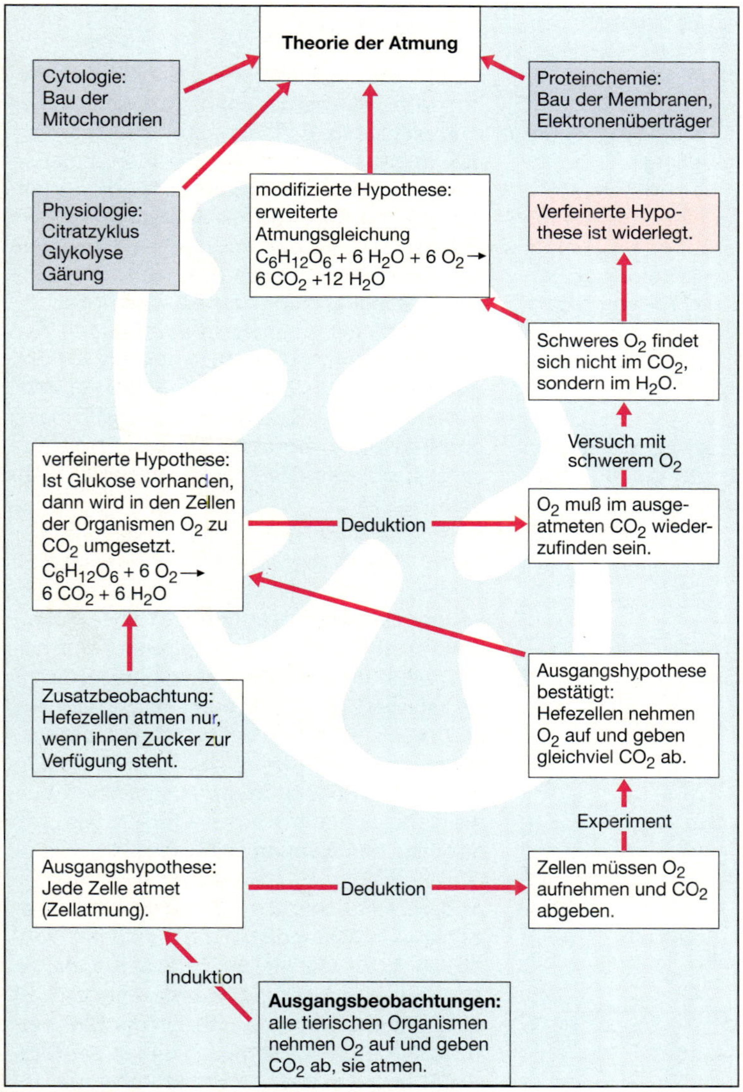

1 Naturwissenschaftliche Erkenntnisgewinnung

Aufgrund dieser Beobachtungen konnte man vermuten, oder, wie die Naturwissenschaftler es formulieren, *die Hypothese* aufstellen: Jede Zelle atmet, d. h. sie nimmt den Sauerstoff auf und gibt ihn in Form des Kohlenstoffdioxids ab. Die Zellen sind der eigentliche Ort des Gaswechsels. Ist diese Hypothese allgemeingültig, müßte sich die *Zellatmung* auch an einzelnen Zellen messen lassen. Am Beispiel der einzelligen Hefepilze konnte WARBURG dies belegen.

Die Abfolge Sammlung von Einzelbeobachtungen — Verallgemeinerung in Form einer Hypothese *(Induktion)* — Schlußfolgerung aus einem Einzelaspekt *(Deduktion)* — Überprüfung der Hypothese durch ein Experiment, ist charakteristisch für das Vorgehen in den Naturwissenschaften.

WARBURG machte in seinen Versuchen eine weitere Beobachtung: Die Prozesse der Zellatmung laufen nur ab, wenn genügend Glukose vorhanden ist. Diese Zusatzbeobachtung machte es möglich, die Ausgangshypothese zu verfeinern. Glukose und Sauerstoff werden zu CO_2 und H_2O umgewandelt. Der Sauerstoff findet sich im CO_2 wieder:
$C_6H_{12}O_6 + 6\ O_2 \rightarrow 6\ CO_2 + 6\ H_2O$

Im Überprüfungsexperiment läßt sich eine Hefesuspension mit schwerem Sauerstoff (^{18}O) begasen. Es zeigt sich, daß der Sauerstoff überraschenderweise nicht in den Kohlenstoffdioxid- sondern in den Wassermolekülen enthalten ist. Die Hypothese ist also falsch. Ein einziges Experiment reicht, um sie zu widerlegen.

Häufig sind Hypothesen nur teilweise unzutreffend oder die Versuchsergebnisse bieten, wie in diesem Fall, einen Ansatz zu einer Modifizierung der erweiterten Atmungsgleichung:
$C_6H_{12}O_6 + 6\ H_2O + 6\ O_2 \rightarrow 6\ CO_2 + 12\ H_2O$

Bisher gibt es keine Befunde, die zu ihr im Widerspruch stehen. Im Gegenteil, selbst durch Ergebnisse aus Nachbardisziplinen wird sie gestützt. Eine solch vielseitig bewährte Hypothese, die durch unterschiedliche Befunde gestützt wird, zu der es im Augenblick keine Alternative gibt, bezeichnet man als *Theorie*. Theorien haben keinen absoluten Wahrheitsgehalt, sondern sind lediglich vorläufig und daher nur so lange gültig, wie sie nicht durch neue Befunde widerlegt werden.

1 Seehunde (Foto und Thermoaufnahme)

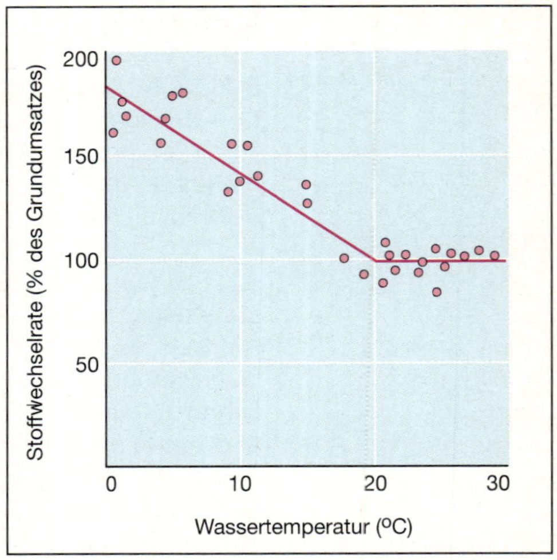

2 Stoffwechsel bei verschiedenen Temperaturen

Seehunde sind gut „isoliert“

Wärmeleitfähigkeit verschiedener Materialien (in J/cm · s)

Luft	0,056
Wasser	1,4
Eis	6
Neuschnee	0,25
Federn	0,057
Kaninchenfell	0,06
Fettgewebe	0,4
Muskulatur	1,1

Träge liegt ein Seehundrudel auf der Sandbank. Die Thermographie eines Seehundes, der soeben aus dem 10 °C kalten Wasser gerobbt ist, belegt, daß er nur wenig Wärme abstrahlt (Abb. 1). Im Winter kann die Differenz zwischen der Körperkerntemperatur, die wie bei den meisten Säugetieren recht konstant bei 37 °C liegt, und der Temperatur des umgebenden Wassers mehr als 30 °C betragen. Folglich besteht nur ein geringer Wärmefluß aus dem Körperinneren nach außen: Seehunde sind im Wasser gut isoliert.

Bei am Land lebenden Säugern schützt das Fell vor Wärmeverlusten, da die Luft, die sich zwischen den feinen Haaren staut, ein schlechter Wärmeleiter ist. Sobald die Seehunde ins Wasser tauchen, wird die vom Fell eingeschlossene Luft vom Wasser verdrängt. Wasser leitet Wärme aber 25mal so gut wie Luft und verringert daher die Isolationswirkung. Das Fell der Seehunde kann im Wasser also nur geringfügig den Wärmefluß hemmen. Direkt unter der Haut liegt eine dicke Speckschicht, der *Blubber* (Abb. 3). Er umgibt mit Ausnahme der Flossen den gesamten Körper. Fettgewebe ist im Gegensatz zur Muskulatur ein schlechter Wärmeleiter (siehe Randspalte) und verringert dadurch die Wärmeverluste an die kältere Umgebung, wie das Temperaturprofil in Abbildung 3 zeigt.

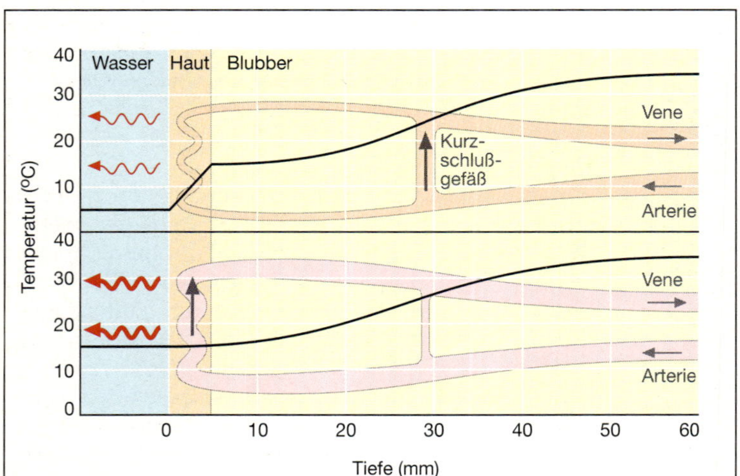

3 Regulation der Durchblutung im Blubber

Trotz dieser hervorragenden Isolationsschicht nimmt der Wärmeverlust mit sinkender Umgebungstemperatur zu. Ein Seehund kann seine Körpertemperatur nur halten, wenn der Stoffwechsel gesteigert wird. Messungen des Grundumsatzes belegen, daß unterhalb einer kritischen Wassertemperatur diese Stoffwechselgröße kontinuierlich steigt (Abb. 2). Diese zusätzliche Energie kann nur aus Körperreserven wie Fett oder aus der Nahrung stammen.

Andererseits besteht aufgrund der ausgezeichneten Wärmedämmung durch den Blubber auch die Gefahr des Hitzestaus, da bei der Jagd auf Nahrung Wärme entsteht. Er wird dadurch verhindert, daß in der Blubberschicht Blutgefäße liegen, in denen der Blutstrom und damit die Wärmeabgabe fein reguliert werden kann (Abb. 3).

Thermoregulation des Menschen

Aufgaben

① Beschreiben und deuten Sie die Temperaturzonen im menschlichen Körper (Abb. 1). Erläutern Sie, warum die Mediziner in einer vereinfachten Darstellung von einem homoiothermen Körperkern und einer poikilothermen Körperschale sprechen.

② Vergleichen Sie die prozentualen Anteile der Organe an der Körpermasse mit ihrer Wärmebildung in Ruhe bzw. bei Arbeit (Abb. 2).

③ Tastet man mit einer erhitzten bzw. abgekühlten Nadel verschiedene Körperpartien ab, treten an bestimmten Stellen deutliche Kälte- und Wärmeempfindungen auf (Abb. 3 a). Beschreiben Sie das Versuchsergebnis ebenso wie das in Abb. 3 b dargestellte. Deuten Sie beide Befunde im Zusammenhang.

④ Bei hohen Umgebungstemperaturen oder bei anstrengender Tätigkeit schwitzen Menschen bereits nach 2 Sekunden, obwohl die Hauttemperatur sich noch nicht verändert hat. Die Bluttemperatur nimmt jedoch bereits nach 1 Sekunde zu. Erklären Sie die biologische Bedeutung der Schweißproduktion in Zusammenhang mit der Temperaturregulation (Abb. 1 b). Erläutern Sie, ob die Blutgefäße der Haut in diesem Stadium verengt oder erweitert werden.

⑤ Zeichnen Sie ein Regelkreisschema, das mit den gegebenen Informationen die Regulation der Körpertemperatur eines Menschen veranschaulicht. Sie können voraussetzen, daß der Regler und das Führungsglied im Gehirn lokalisiert sind. Erklären Sie mit Hilfe Ihres erstellten Regelkreisschemas das Phänomen des Fiebers.

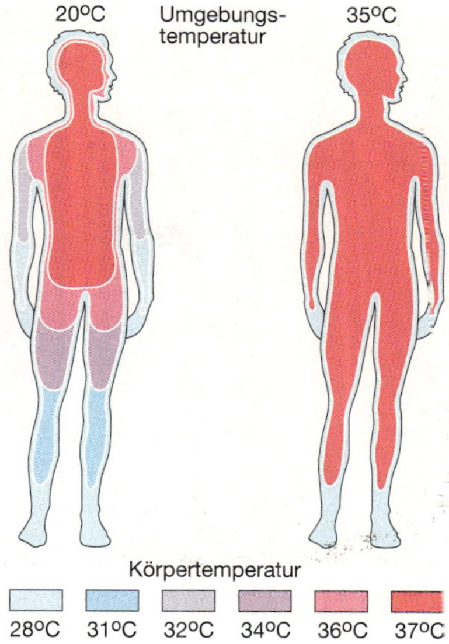

1a

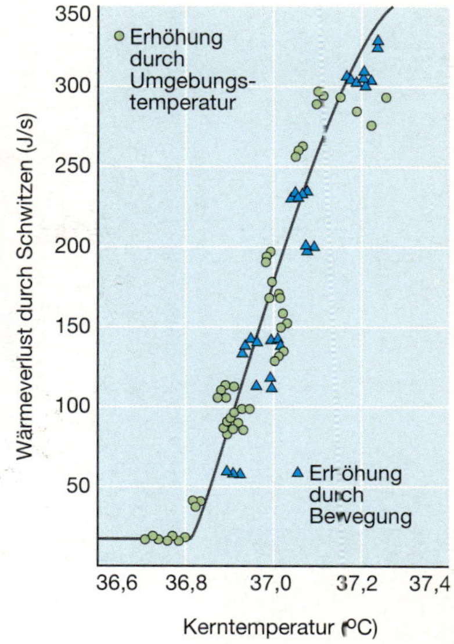

1b

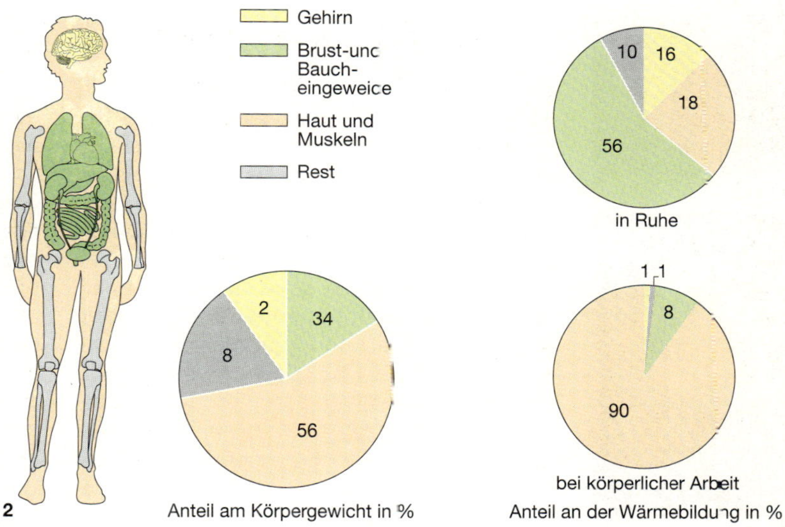

2

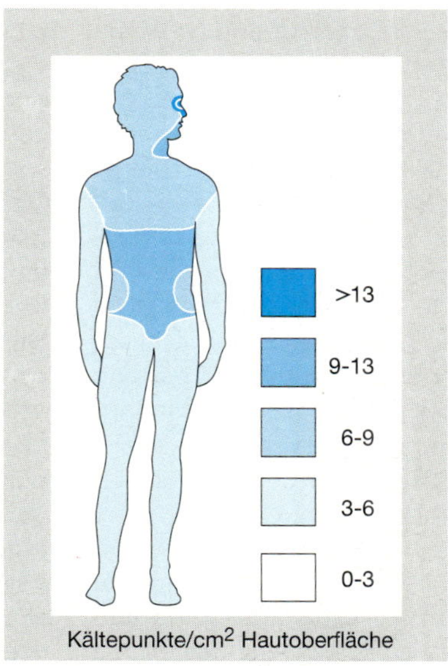

3a

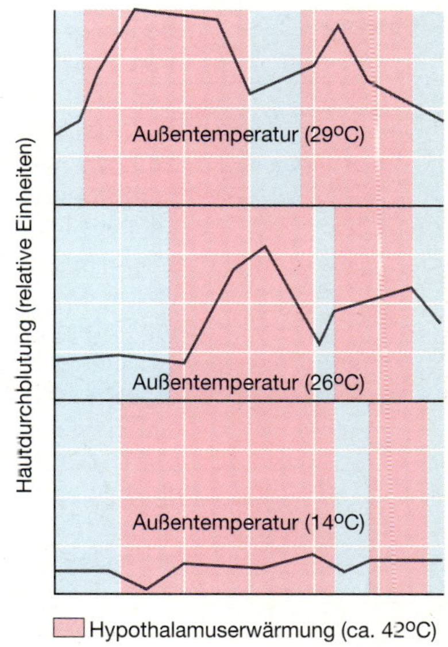

3b

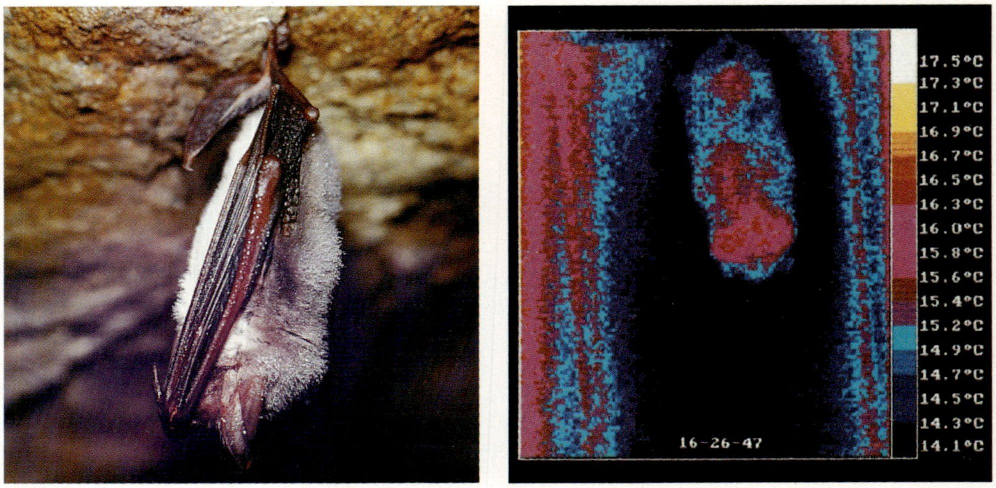

1 Fledermaus im Winterschlaf (Foto und Thermoaufnahme)

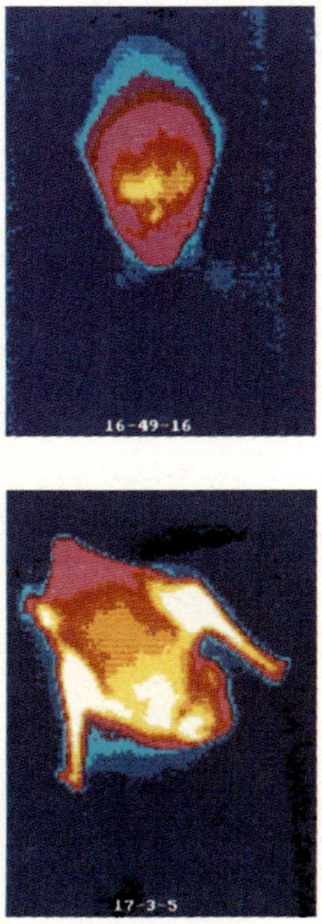

Thermographien einer aufwachenden Fledermaus

Winterschläfer sparen Energie

Fledermäuse sind die einzigen flugfähigen Säugetiere. Dies ermöglichen die Flughäute, die zwischen den Vorder- und Hinterbeinen sowie dem Schwanz aufgespannt werden können. Die Fledermäuse orientieren sich mit Hilfe der Ultraschall-Echo-Ortung. Durch das Maul und die Nase stoßen sie hohe Töne aus. Treffen diese Schallwellen auf einen Gegenstand oder fliegende Insekten werden sie reflektiert und von den großen Ohren aufgefangen. Auf diese Weise können sich die nachtaktiven, europäischen Fledermäuse unabhängig vom Licht orientieren und sich von großen Fluginsekten ernähren.

Mit sinkender Außentemperatur nimmt im Herbst das Nahrungsangebot ab. Gleichzeitig steigt der Energieaufwand durch die erhöhte Wärmeabgabe der Tiere an die Umgebung vor allem über die dünnen und gut durchbluteten Flughäute. Bereits im Spätsommer werden Fettdepots als Energiereserven angelegt. So beträgt der Fettgehalt im Herbst fast 30 % des Körpergewichtes. Fledermäuse leben im Sommer auf warmen Dachböden und in Baumhöhlen oder Höhleneingängen. Zu Beginn der kalten Jahreszeit ziehen sie sich in die frostfreien Teile von Höhlen zurück. Die Herzfrequenz nimmt ab, die Stoffwechselrate wird drastisch reduziert, und die Körpertemperatur sinkt bis auf den Wert der Umgebungstemperatur. Das Tier verfällt in einen Starrezustand, den man als *Winterschlaf* bezeichnet. Die sinkende Außentemperatur und die kürzeren Tageslängen gelten hierfür als die entscheidenden Auslöser.

Im Stadium des Winterschlafes ist die Temperaturregulation nicht ausgeschaltet. Sinkt die Umgebungstemperatur unter eine kritische Grenze, die knapp oberhalb von ca. 0 °C liegt, so beginnt das Tier Wärme zu produzieren. Der Winterschlaf ist also ein Zustand, bei dem der Temperatursollwert erniedrigt ist.

Die Wärme wird überwiegend in einem besonderen Gewebe, dem *braunen Fettgewebe,* gebildet. Es unterscheidet sich vom üblichen *weißen Fettgewebe* in mehrfacher Hinsicht: Während die Zellen des weißen Fettgewebes einen großen Fetttropfen und sehr wenig Cytoplasma enthalten, findet man in den Zellen des braunen Fettgewebes viele kleine Fetttröpfchen und wesentlich mehr Cytoplasma mit einer hohen Anzahl an Mitochondrien. Sie bewirken die charakteristische braune Färbung.

Die Steuerung des Energiestoffwechsels erfolgt im weißen Fettgewebe über Hormone, im braunen Fettgewebe hauptsächlich über das Nervensystem. Im weißen Fettgewebe wird das Fett zu Glycerin und Fettsäuren gespalten und von Blut und Lymphe zu den anderen Geweben transportiert. In den braunen Fettzellen werden diese beiden Produkte in den zelleigenen Mitochondrien abgebaut. Anhand des respiratorischen Quotienten von 0,7 kann man erkennen, daß fast ausschließlich Fette verarbeitet werden. Die Mitochondrien dieses Gewebes weisen ebenfalls Besonderheiten auf: Während der Wärmeproduktion nimmt das braune Fettge-

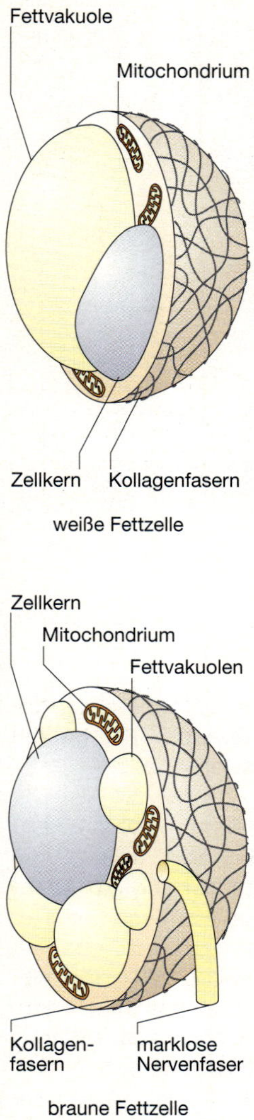

Zelle des braunen und weißen Fettgewebes

webe viel Sauerstoff auf. Trotzdem wird über die oxidative Phosphorylierung kaum ATP gebildet. In den inneren Mitochondrienmembranen des braunen Fettgewebes befindet sich zusätzlich ein spezifisches Membranprotein. Durch dieses strömen die meisten Protonen aus dem Intermembranraum in die Matrix. Die im Protonengradienten gespeicherte Energie wird so direkt in Wärme überführt. Der Protonenaustausch zur ATP-Bildung über die ATPase wird dagegen stark reduziert.

Beim Aufwachvorgang wird die Durchblutung im braunen Fettgewebe um das 12fache gesteigert. Die Fledermäuse haben erstaunlich hohe Aufwärmraten, sie können die Körpertemperatur um 1,5 °C pro Minute erhöhen. Bei der 24 g schweren Fledermaus steigt der Sauerstoffbedarf von ca. 600 ml auf 12 000 ml O_2 pro kg Körpergewicht und Stunde. Die Wärmebildung erfolgt ohne Muskelzittern fast ausschließlich im braunen Fettgewebe (s. Randspalte).

Das Muskelzittern, das bei Unterkühlung für alle nicht in den Winterschlaf fallenden Säuger typisch ist, hätte bei den Winterschläfern gravierende Nachteile. Winterschläfer sind ausnahmslos kleine Tiere, besitzen also eine große relative Oberfläche und haben damit eine hohe relative Wärmeabstrahlung. Muskelzittern würde bei den Winterschläfern nur zu einem Energieverlust führen, da die meisten Muskeln nahe der Körperoberfläche liegen und nur wenig Wärme mit dem Blut ins Körperinnere transportiert würde. Das braune Fettgewebe liegt dagegen zentral im Körperinneren.

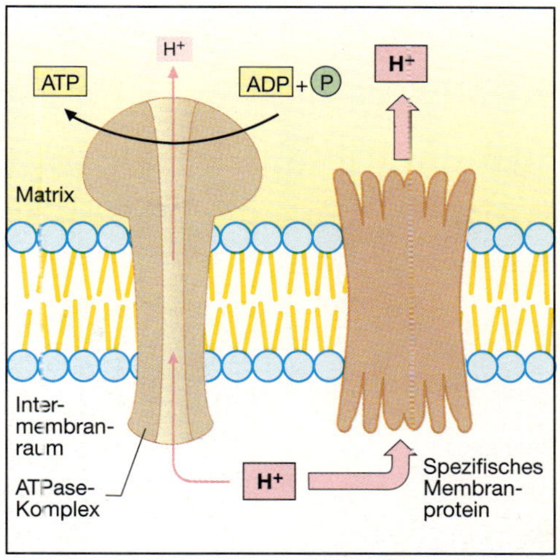

1 Mitochondrienmembran mit Proteinen

Aufgaben

① Beschreiben Sie anhand der verschiedenen Thermographien in der Randspalte von Seite 60 die Erwärmung der Fledermäuse beim Aufwachen aus dem Winterschlaf.

② Erstellen Sie tabellarisch die Unterschiede zwischen braunem und weißem Fettgewebe und den jeweiligen Vorgängen in den Mitochondrien. Erklären Sie anhand dieser Daten die Vorteile des braunen Fettgewebes während des Winterschlafes.

③ Erläutern Sie, weshalb für Fledermäuse die Wahrscheinlichkeit sinkt, den Winter zu überleben, wenn sie häufig während des Winterschlafes gestört und damit aufgeweckt werden.

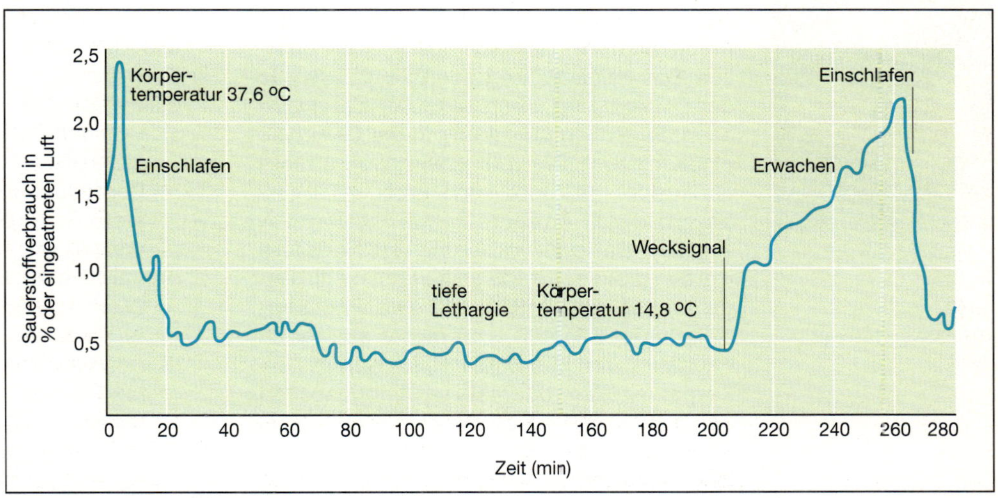

2 Sauerstoffverbrauch einer Fledermaus

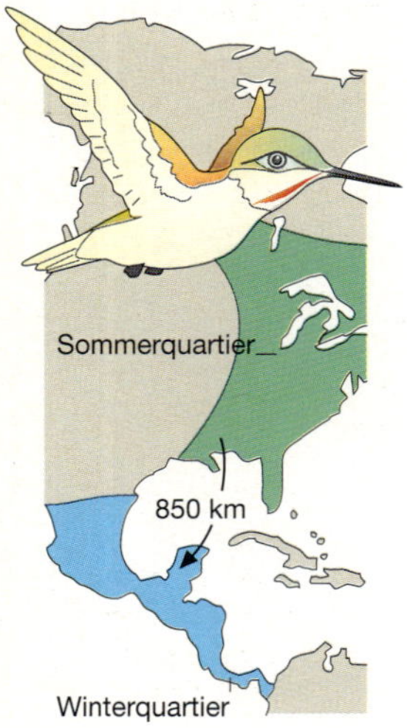

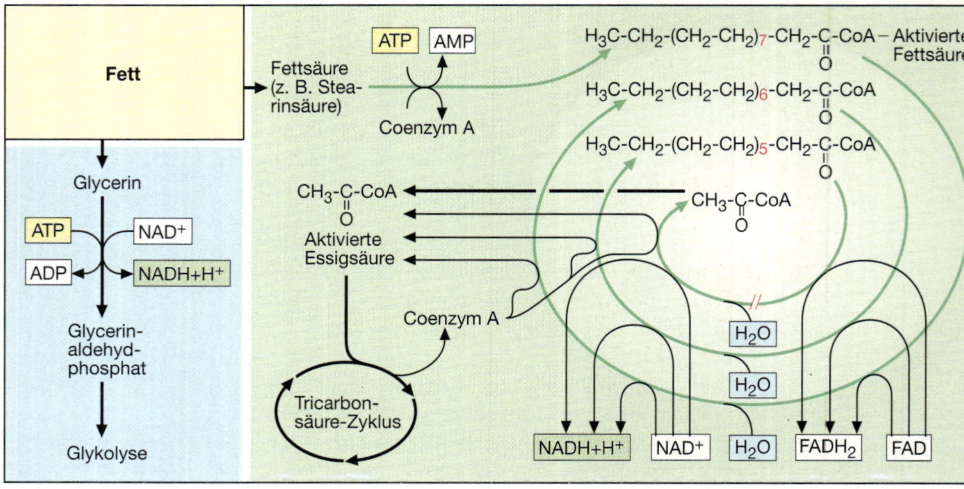

1 ATP-Synthese aus Fetten

Küstenseeschwalbe

Rubinkehl-Kolibri

AMP
Adenosin-**m**ono-**p**hosphat

Fette — Stoffe voller kompakter Energie

Küstenseeschwalben fliegen 20 000 km in jedem Jahr zwischen Brutplatz und Winterquartier — das ist die Hälfte des Erdumfangs. Als Fischfresser können sie auf ihrer Reise immer wieder Nahrung zu sich nehmen. Nicht so der winzige Rubinkehl-Kolibri: Über 850 km legen Vögel dieser Art über den Golf von Mexiko zurück, ohne Möglichkeiten der Nahrungsaufnahme zu haben. Vor dem Abflug wiegen sie ca. 6,5 g, 8 Stunden später bei ihrer Ankunft noch ca. 4,5 g.

Müßte für diesen Non-Stop-Flug Glukose (bzw. seine Speicherform Glykogen) als Energielieferant dienen, würde dessen Energiemenge bei weitem nicht ausreichen, diese Strecke zu bewältigen. Die Zugvögel schaffen diese Leistung, da sie Fette statt Kohlenhydrate als Energiespeicher verwenden. Die Möglichkeit der ATP-Synthese aus Fetten übertrifft diejenige aus Glukose deutlich. Das zeigt die folgende Bilanz: Das aus der Fettspaltung entstehende Glycerin wird nach der Phosphorylierung in die Glykolyse eingeschleust. Die verbleibende, sehr reaktionsträge Fettsäure wird unter ATP-Verbrauch durch Anlagerung von Coenzym A aktiviert. Bei der Aktivierung der Fettsäure werden praktisch 2 ATP investiert, da die Regeneration des AMP zu ATP zwei Phosphorylierungen benötigt. Von dieser aktivierten Fettsäure wird nun Schritt für Schritt ein C_2-Körper mit Hilfe von Coenzym A abgespalten und als Aktivierte Essigsäure in den Tricarbonsäure-Zyklus eingeschleust. Diese Abspaltung erfolgt jeweils nach Oxidationsschritten, bei denen je ein Molekül $FADH_2$ und $NADH + H^+$ entstehen. Für jede C_2-Abspaltung muß der verbleibende C-Körper mit Coenzym A aktiviert werden Abb. 1).

Bis zum vollständigen Abbau einer C_{18}-Fettsäure muß dieser Zyklus 8mal durchlaufen werden. Übrig bleibt dann noch ein Molekül Aktivierte Essigsäure. Insgesamt entstehen bei diesem Abbauprozeß der Fettsäure 146 ATP. Hinzu kommen 22 ATP, die aus dem Abbau von Glycerin gewonnen werden. Insgesamt werden also beim Abbau eines Fettmoleküls 460 ATP-Moleküle synthetisiert (s. auch Abb. 52.1 und 56.2).

Aufgaben

① Belegen Sie im Einzelnen, daß durch den Abbau eines Fettmoleküls (aus Glycerin und Stearinsäureeinheiten) insgesamt 460 ATP-Moleküle aufgebaut werden.

② Ein Fettmolekül (wie oben) hat eine Molmasse von 893 g.
   a) Berechnen Sie die ATP-Produktion pro 1 g Fett.
   b) Berechnen Sie den entsprechenden Wert für Glukose (Molmasse: 180 g) und vergleichen Sie.
   c) Vergleichen Sie diese Werte mit den Brennwerten von Glukose und Fetten (s. Seite 9).
   d) Der Rubinkehl-Kolibri verbraucht während seines Zuges über den Golf von Mexiko ca. 2 g Fett.
   Berechnen Sie die Menge an Glukose, die der Kolibri statt Fett für den Zug speichern müßte.

Versuche zur Gärung

1 a) Untersuchung von Sauerteig

Material: 300 g Roggenmehl
destilliertes Wasser
pH-Teststreifen
Glaswolle

Geräte: 1 Backschüssel
1 Ein-Liter-Becherglas
1 kl. Teller zum Abdecken
1 kl. Löffel oder Spatel
3 kl. Reagenzgläser
1 gr. Reagenzglas
500 ml Becherglas, hohe Form
Tonnetz und Dreifuß
Brenner

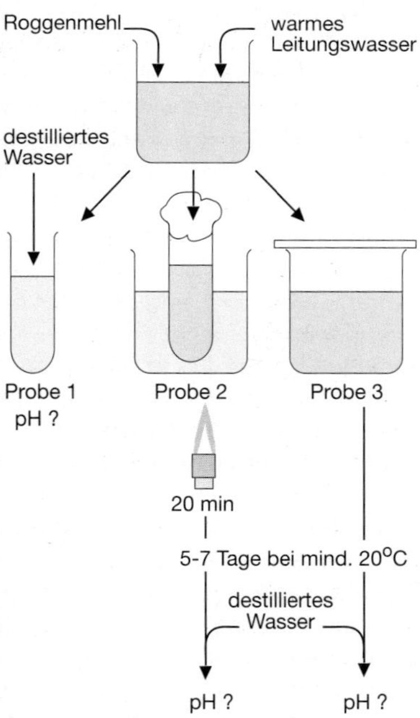

a) 300 g Roggenmehl (möglichst frisch und nicht zu fein gemahlen) werden in einer Backschüssel mit ca. 300 ml warmem Leitungswasser (ca. 30 °C) gründlich vermischt. Es muß soviel Wasser zugesetzt werden, daß der Teig gerade noch etwas fließfähig ist.

b) Zwei kleine Proben (1 und 2) von je ca. 10 g werden abgenommen. Geben Sie zur Probe 1 ca. 10 ml destilliertes Wasser dazu, vermengen Sie beides, und gießen Sie etwas der sich absetzenden Flüssigkeit in ein Reagenzglas. Messen Sie mit einem Teststreifen den pH-Wert!

c) Die Probe 2 wird in ein großes Reagenzglas gefüllt, mit Glaswolle möglichst dicht verschlossen und ca. 20 Minuten in kochendem Wasserbad erhitzt.

d) Das Roggenmehl-Wasser-Gemisch wird in ein hohes Gefäß (1 l Becherglas oder Keramiktopf) gefüllt, mit einem Teller o. ä. abgedeckt und an einem dunklen, warmen Ort (mind. 20 °C) 5–7 Tage aufbewahrt. Am selben Ort wird die Probe 2 im großen Reagenzglas mit Glaswollestopfen aufbewahrt.

e) Nach 5–7 Tagen wird aus dem Roggenmehl-Wasser-Gemisch eine Probe (Probe 3) von ca. 10 g entnommen. Probe 2 und 3 werden wie oben beschrieben mit destilliertem Wasser aufgeschwemmt. Messen Sie nun in der oben beschriebenen Weise den pH-Wert der Proben 2 und 3. Deuten Sie das Ergebnis!

1 b) Backen eines Sauerteigbrotes

Material: Sauerteigansatz aus Versuch 1 a
300 g Roggenmehl
12 g Speisesalz
warmes Leitungswasser

Geräte: 1 Backschüssel
1 Rührlöffel
1 Kastenbackform
1 sauberes Handtuch
1 Backofen oder Trockenschrank

a) Dem 5–7 Tage alten Roggenmehl-Wasser-Gemisch werden ca. 300 g Roggenmehl, 12 g Salz und ca. ¼ l warmes Wasser zugegeben. Durch Rühren wird aus dem Gemisch ein Teig hergestellt. Man gibt nur soviel warmes Wasser zu (ca. ¼ l), daß der Teig klebrig, aber nicht fließfähig wird.

b) Dieser Teig wird in einem abgedeckten Gefäß ca. ½–1 Std. an einem warmen Ort (mind. 20 °C) aufbewahrt.

c) Danach wird der Teig in eine Kastenbackform gefüllt und, mit einem Handtuch abgedeckt, ca. 1 Std. warm stehengelassen.

d) Anschließend wird der Teig im Trockenschrank oder Backofen bei ca. 180 °C 1 Std. gebacken.

2. Dissimilation mit und ohne Sauerstoff

Material: Bäckerhefe
Glukose
Calciumhydroxidlösung [C]
Stickstoff (Flasche)

Geräte: 2 Wärme-Wasserbäder (40 °C)
2 große Reagenzgläser
2 Sprudelsteine
Gummischläuche
3 Gaswaschflaschen
1 Aquariumpumpe

– Ein Hefeansatz (20 g Bäckerhefe oder 1 Beutel Trockenhefe in 150 ml Wasser mit 15 g Glukose) werden auf ca. 40 °C im Wasserbad erwärmt, geschüttelt und gleichmäßig auf zwei große Reagenzgläser verteilt.
– Der weitere Versuchsaufbau ist aus der Abb. unten zu ersehen. In der der Hefesuspension nachgeschalteten Waschflasche ist Calciumhydroxidlösung.

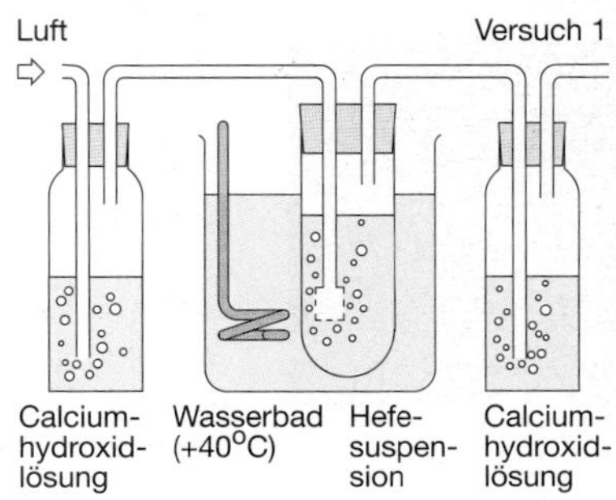

1

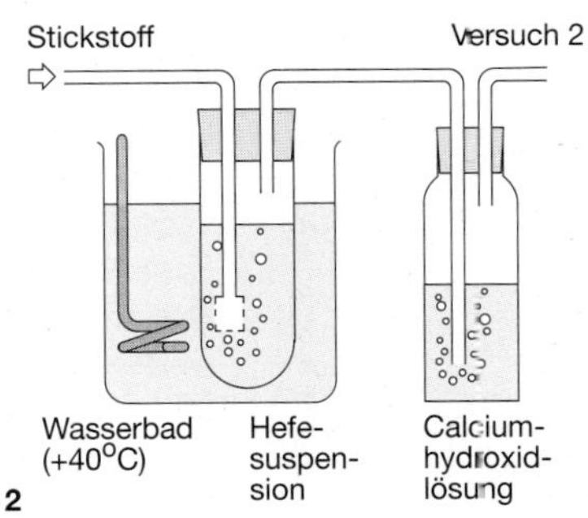

2

– In Versuch 1 leitet eine Aquarienpumpe über eine weitere Waschflasche mit Calciumhydroxidlösung Luft in die Hefesuspension. In Versuch 2 wird statt dessen Stickstoff aus der Gasdruckflasche in die Hefesuspension geleitet. Beobachten Sie die Lösungen in den nachgeschalteten Waschflaschen, und deuten Sie Ihre Beobachtungen! Welche Bedeutung hat die zwischen Pumpe und Hefesuspension geschaltete Waschflasche in Versuch 1?

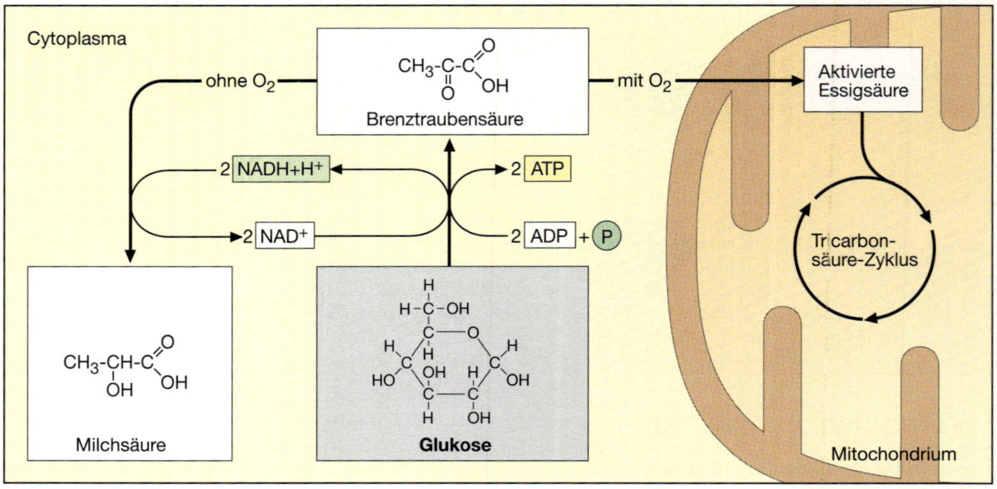

1 Schematische Darstellung der Gärung

Es geht auch ohne Sauerstoff: Die Gärung

Fliehendes Impala

Sieht sich ein Säugetier einer plötzlichen Gefahr gegenüber, so flieht es unter Einsatz aller verfügbaren Körperreserven. Die intensive Muskelarbeit führt jedoch schnell zu Sauerstoffmangel. Eine weitere Flucht wäre unmöglich, wenn der Organismus nicht andere Möglichkeiten der ATP-Produktion hätte. Wie alle Wirbeltiere sind sie in der Lage, ATP zu bilden, ohne daß Sauerstoff zur Verfügung steht. Diese Form der Dissimilation nennt man *Gärung.*

Der Sauerstoffmangel führt in der Endoxidation primär zu einem Elektronenstau in der Mitochondrienmembran. Die Cosubstrate liegen in reduzierter Form vor und werden nicht mehr oxidiert, da dem Elektronenakzeptor Sauerstoff fehlt. Dies gilt insbesondere für $NADH + H^+$. Ohne NAD^+ kann aber weder die Glykolyse noch der Tricarbonsäure-Zyklus ablaufen.

Eine große Anzahl von Organismen besitzt im Cytoplasma ein Enzym, das die Übertragung von zwei Wasserstoffatomen des $NADH + H^+$ auf Brenztraubensäure ermöglicht. Dabei entsteht Milchsäure, und NAD^+ wird regeneriert, so daß die Glykolyse ablaufen kann. Der ATP-Gewinn ist allerdings sehr gering: Er beträgt nur ca. $\frac{1}{20}$ des ATP-Gewinns durch die Atmung. Diese *Milchsäuregärung* findet sich als zeitlich begrenzte Möglichkeit der Energiebereitstellung bei allen Wirbeltieren. Steht wieder genügend Sauerstoff zur Verfügung, kann die Milchsäure in der Leber oxidativ abgebaut oder in Glukose umgebaut werden.

Für *Milchsäurebakterien* ist dieser Stoffwechselweg die einzig mögliche Form der Energiegewinnung. Vertreter dieser Organismengruppe produzieren Joghurt, Käse, Sauerkraut und Sauerteig. Die bekannteste Gärungsform ist die *alkoholische Gärung* bei Hefen der Gattung *Saccharomyces.* Das Enzym Pyruvat-Decarboxylase spaltet von Brenztraubensäure (BTS) Kohlenstoffdioxid ab. Das entstehende Ethanal lagert den Wasserstoff des NADH an und wird dabei reduziert. Dabei entsteht Ethanol, und NAD^+ ist regeneriert. Die wirtschaftliche Nutzung von Hefen der Gattung Saccharomyces ist vielfältig: *Bierhefe* verarbeitet Maltose und Glukose, die beim Keimen („Malzen") von Gerste entstehen. *Weinhefe* setzt die in Traubensaft vorhandenen Zucker in Alkohol um. *Bäckerhefen* in Hefeteig und Sauerteig vergären einen Teil der enthaltenen Kohlenhydrate. Das hier bedeutsame Endprodukt ist allerdings nicht der Alkohol, der beim Backvorgang verdampft. Wichtig ist vielmehr die den Teig auflockernde Wirkung des Kohlenstoffdioxids. Im Sauerteig sind neben den Hefen auch *Milchsäurebakterien* aktiv und geben dem Sauerteig seinen typischen Geschmack. Hefen können bei Anwesenheit von Sauerstoff auch atmen, d. h. sie sind *fakultative Anaerobier. Obligate Anaerobier* (z. B. der Tetanus-Bazillus) können nur unter sauerstofffreien Bedingungen aktiv leben.

Andere Mikroorganismen und Wirbellose weisen eine Vielzahl verschiedener Gärungstypen auf. Vor allem Schlammbewohner wie Tubifex, aber auch viele Wattbewohner, wie

z. B. der Pierwurm und manche Muschelarten, stellen über andere Gärungsformen Energie bereit. Dies ist eine Angepaßtheit an den Lebensraum mit zeitweise sehr sauerstoffarmen Bedingungen.

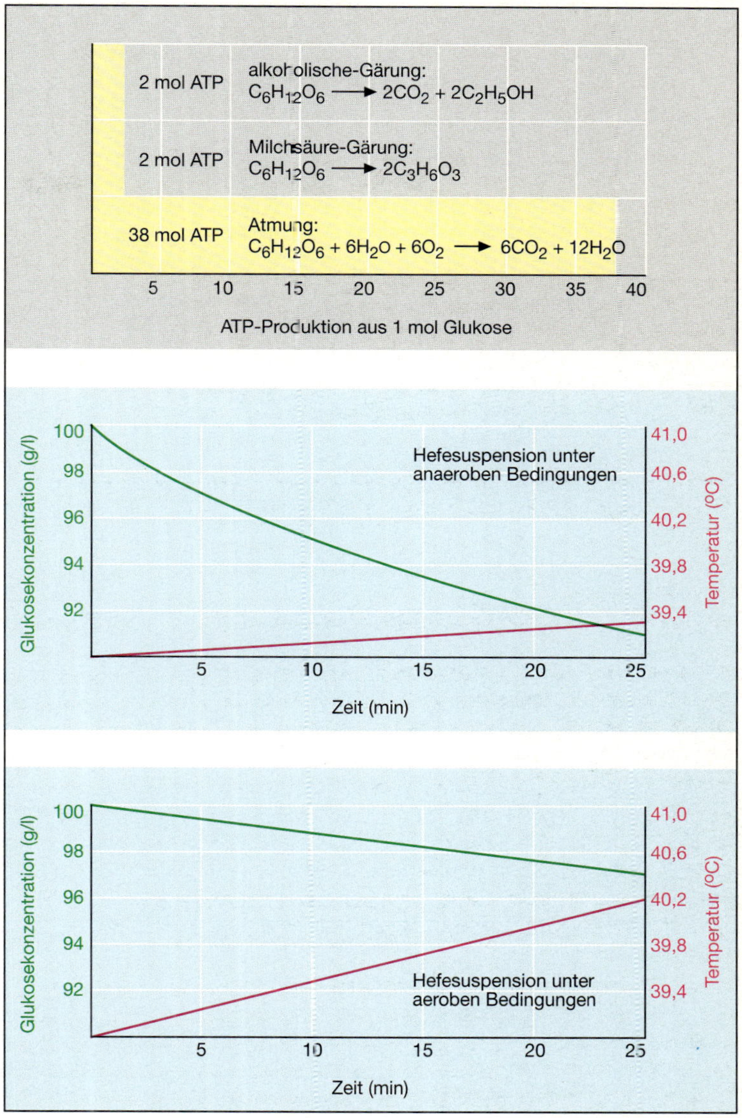

Der Pasteur-Effekt

Der französische Biologe und Chemiker L. PASTEUR beobachtete im Jahr 1861, daß der Glukoseverbrauch von Bäckerhefe bei Sauerstoffzufuhr deutlich niedriger ist als unter anaeroben Bedingungen. Andererseits ist zu beobachten, daß die Wärmeproduktion der Hefe unter aeroben Bedingungen deutlich größer ist als bei Abwesenheit von Sauerstoff. Die hohe Wärmeproduktion bei verringertem Glukoseverbrauch unter aeroben Bedingungen erklärt sich mit der Fähigkeit des Organismus, bei Anwesenheit von Sauerstoff von alkoholischer Gärung auf Atmung umzuschalten. Diesen Vorgang bezeichnet man nach seinem Entdecker als *Pasteur-Effekt.* Heute ist bekannt, daß auch andere Organismen diese Möglichkeit haben: Wirbeltiere wechseln bei Sauerstoffmangel in den Muskeln von Zellatmung zur oben dargestellten Milchsäuregärung. Für den Organismus ist das biologisch sinnvoll, denn die ATP-Syntheserate ist im Verhältnis zum Glukoseverbrauch bei der Zellatmung ungleich höher als bei Gärungsprozessen.

Aufgabe

① Entwickeln Sie entsprechend Abb. 64.1 mit Hilfe der Information im Text ein Reaktionsschema zur alkoholischen Gärung mit Zwischenprodukten.

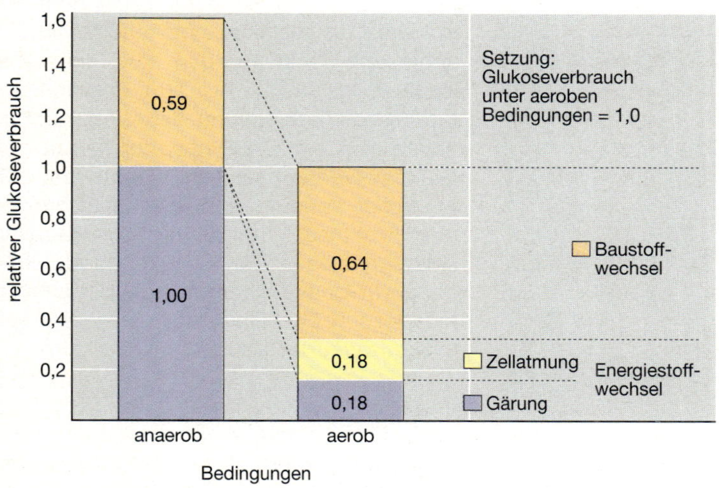

Quantitative Beziehungen von Atmung und Gärung

Der Chemiker C. LYNEN verglich im Jahre 1958 die Anteile der Glukose, die von Hefe unter anaeroben und aeroben Bedingungen veratmet bzw. vergärt werden und untersuchte ihren Verbleib. Dabei wurde deutlich, daß die Hefe auch unter aeroben Bedingungen in bestimmtem Maße alkoholische Gärung betreibt.

Aufgabe

① Bestimmen Sie mit Hilfe der nebenstehenden Abbildung, wieviel ATP (als prozentualer Anteil) unter aeroben Bedingungen durch Zellatmung und wieviel durch Gärung gewonnen wird.

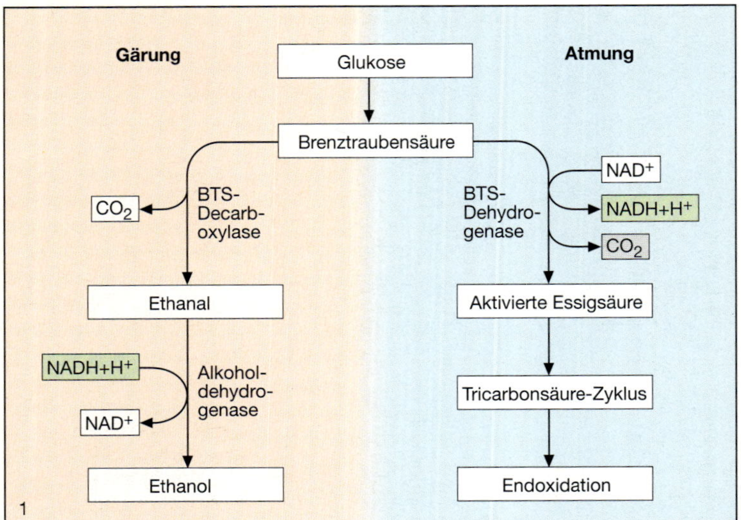

1

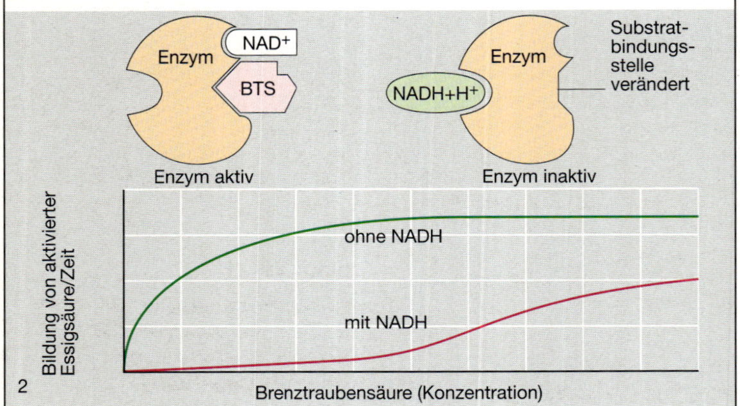

2

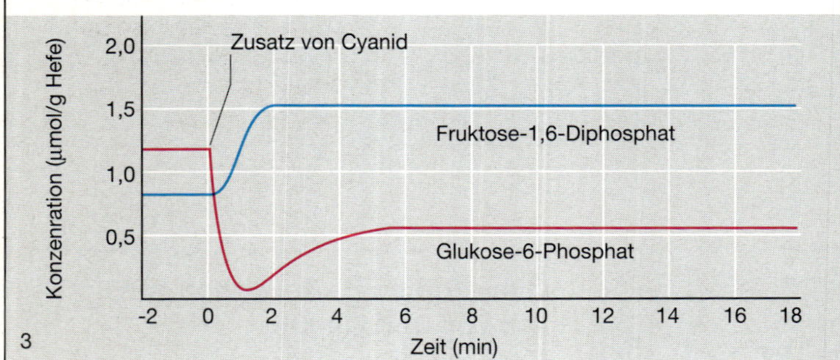

3

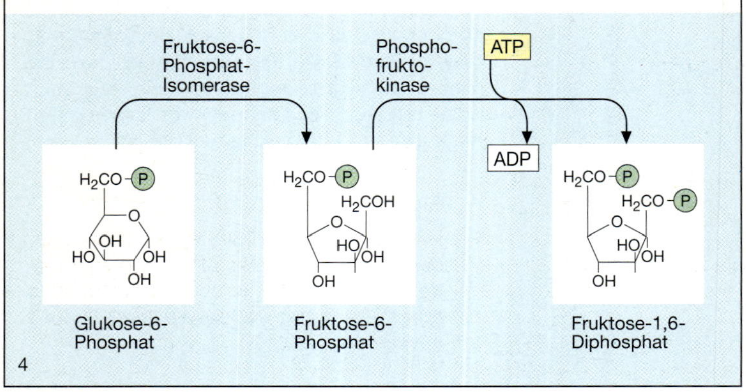

4

Regulation von Atmung und Gärung

Die Organismen haben die Möglichkeit, je nach Sauerstoffangebot ihren Energiestoffwechsel zu regulieren. Damit sind zwei Vorgänge verbunden: Zum einen muß der Glukoseverbrauch dem ATP-Bedarf angepaßt werden *(Pasteur-Effekt)*, zum anderen müssen die Folgereaktionen von Brenztraubensäure verändert werden: In der alkoholischen Gärung wird dieses Substrat mit Hilfe des Enzyms BTS-Decarboxylase in Ethanal und schließlich in Ethanol umgesetzt. In der Zellatmung wird BTS durch BTS-Dehydrogenase oxidiert und decarboxyliert (Abb. 1).

Die Steuerung der BTS-Folgereaktionen

Wie bei vielen Enzymen ist die Enzymaktivität von BTS-Dehydrogenase stark von bestimmten Cofaktoren (hier $NADH + H^+$) abhängig: Diese Cosubstanz hemmt durch allosterische Effekte die Aktivität des Enzyms ganz entscheidend (s. Seite 24). Bei einem Überschuß an $NADH + H^+$, wie er bei Sauerstoffmangel auftritt, wird Brenztraubensäure also kaum noch zu Aktivierter Essigsäure umgewandelt. Auf diese Weise wird der gesamte Tricarbonsäure-Zyklus blockiert, es kommt zu einer Anreicherung von Brenztraubensäure im Cytoplasma. Das Enzym BTS-Decarboxylase benötigt für eine signifikante Enzymaktivität eine hohe Substratkonzentration. Nur unter diesen Bedingungen reicht die Konzentration von Brenztraubensäure für die Reaktion zu Ethanal aus. Die Voraussetzung für die alkoholische Gärung ist gegeben.

Die Rolle der Phosphofruktokinase

Experimente von LYNEN, bei denen die Endoxidation durch Zusatz von Giften wie Cyanid blockiert wurde, führen zu einem Verständnis für die Abhängigkeit des Glukoseumsatzes von aeroben bzw. anaeroben Bedingungen (Abb. 3). Dem Enzym Phosphofruktokinase kommt dabei eine Schüsselstellung zu: Die Phosphorylierung von Glukose-6-Phosphat zu Fruktose-1,6-Diphosphat verläuft über das Zwischenprodukt Fruktose-6-Diphosphat. Die Phosphorylierung dieses Stoffes wird durch Phosphofruktokinase katalysiert (Abb. 4). Je höher dessen Enzymaktivität ist, desto mehr Glukose wird verbraucht.

Aufgabe

① Deuten Sie die Versuchsergebnisse von LYNEN (Abb. 3).

Die Enzymregulation der Phosphofruktokinase

Phosphofruktokinase ist ein allosterisches Enzym, das heißt, das Enzym hat neben dem aktiven Zentrum noch andere spezifische Bindungsstellen für bestimmte Stoffe. Deren Anlagerung verändert je nach Konzentration durch räumliche Verschiebungen und Veränderungen von Ladungen die räumliche Struktur des Enzyms maßgeblich.

Die Änderung der Tertiärstruktur wiederum hat einen wesentlichen Einfluß auf die Enzymaktivität: Wir können also aktive und inaktivere Formen des Enzyms unterscheiden. Im vorliegenden Fall sind vor allem drei Stoffe maßgeblich allosterisch effektiv:

a) ATP
b) ADP
c) Citronensäure

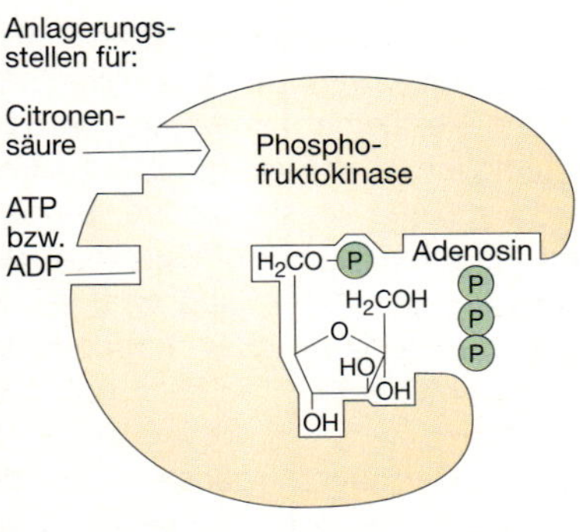

Abbildung 1 zeigt modellhaft die aktive Form des Enzyms.

1. Versuche zur Enzymaktivität

Abbildung 2 zeigt die Konzentration von Zwischenprodukten der Glykolyse in Abhängigkeit von der Citronensäurekonzentration bzw. vom ATP/ADP-Verhältnis.

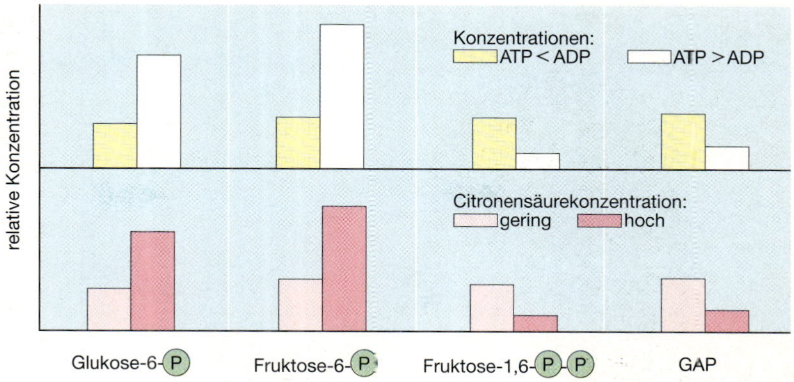

Aufgaben

① Deuten Sie die Konzentrationsverhältnisse bei verschiedenen ATP-, ADP- und Citronensäurespiegeln, und stellen Sie den Bezug zum Pasteur-Effekt her.

② Abbildung 1 zeigt modellhaft das Enzym. Bei Anwesenheit welcher der drei wirksamen Stoffe (ATP, ADP und/oder Citronensäure) liegt das Enzym in der dargestellten Form vor?

③ Stellen Sie modellhaft dar, wie die räumliche Struktur des Enzyms in Anwesenheit der anderen Stoffe aussehen könnte, und begründen Sie Ihre Modellvorstellung.

2. Die biologische Bedeutung der Veränderung der Enzymaktivität

Die biologische Bedeutung der Veränderung der Phosphofruktokinase-Aktivität ist vielschichtig. Auch folgende Fakten sind dabei zu bedenken:

a) *ATP* ist eine instabile Substanz. In vivo zerfällt sie schnell in ADP und Phosphat bzw. Phosphorsäure.
b) Verschiedene Zwischenprodukte der Glykolyse und des Tricarbonsäure-Zyklus spielen nicht nur in der Zellatmung eine Rolle. Sie werden auch als *Ausgangsstoffe für wichtige Synthesen* im Baustoffwechsel oder für die Speicherung energiereicher Stoffe *(Glykogen)* verwendet. Abbildung 3 zeigt beispielhaft einige dieser Stoffwechselseitenwege.

Aufgaben

① Welche Probleme ergeben sich für den Stoffwechsel, speziell für die Zellatmung, wenn Zwischenprodukte Ausgangsstoffe verschiedener Synthesen sind?

② Fassen Sie zusammen: Welche biologische Bedeutung hat die Veränderung der Enzymaktivität der Phosphofruktokinase durch ATP, ADP und Citronensäure?

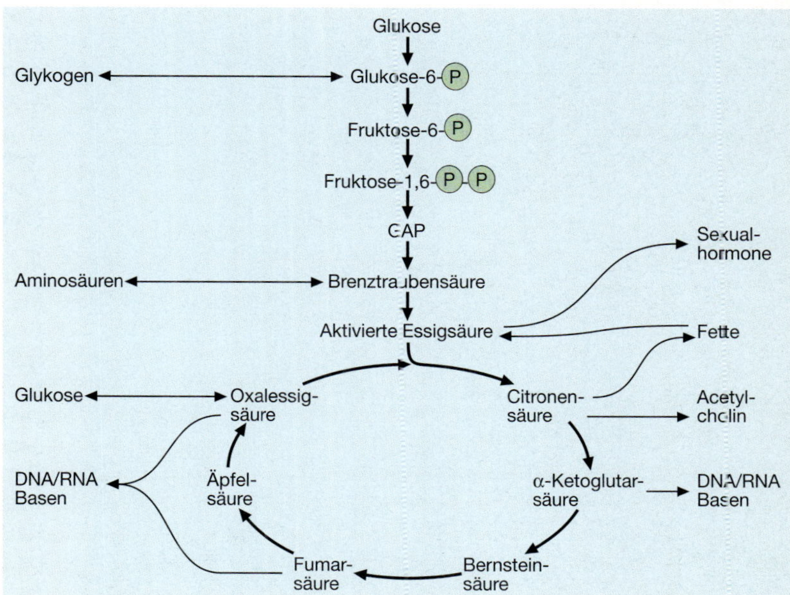

1

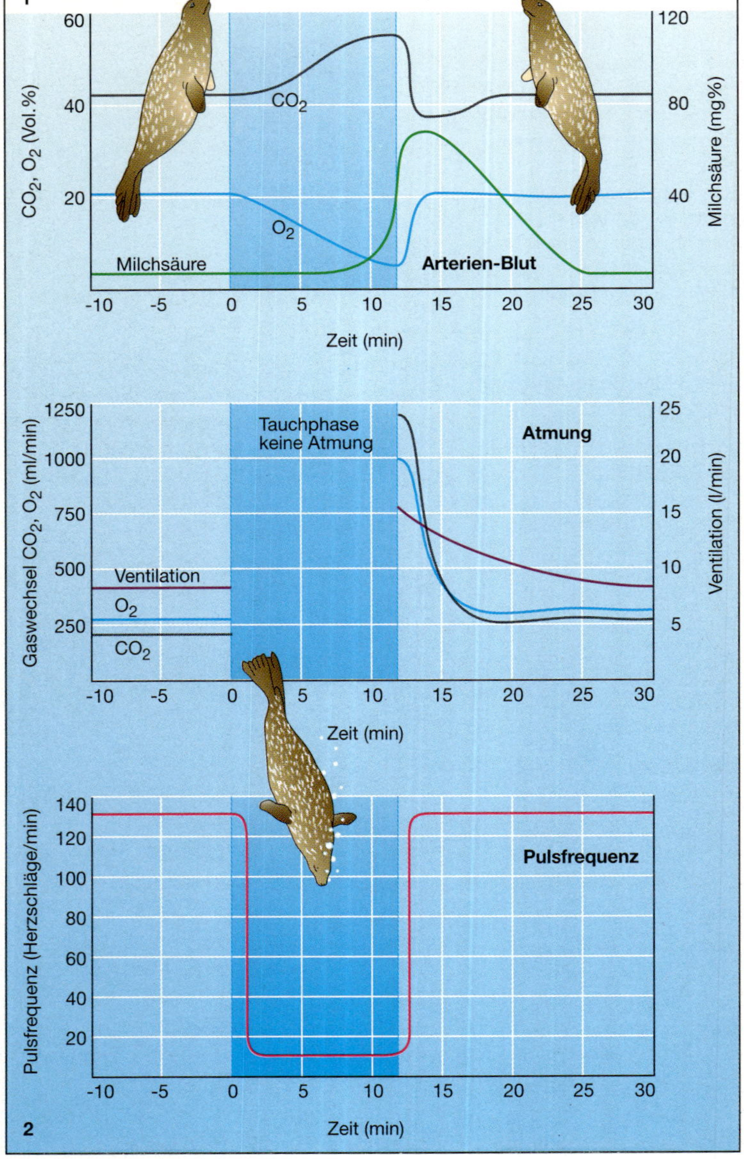

2

Tauchende Säuger

Wale und Robben sind marine Säuger, die weit unter der Meeresoberfläche ihre Beute jagen. Die Weddell-Robbe, die im antarktischen Eismeer lebt, sucht ihre Nahrung z. B. bis in 600 m Tiefe, der Pottwal noch tiefer, bis zu 1100 m. Häufig tauchen diese Tiere mehr als eine Stunde. Auf mehrfache Weise sind sie an diese langen Aufenthalte in großen Meerestiefen angepaßt.

Taucht ein 70 kg schwerer Mensch, dann hat er im gesamten Körper etwa 2250 ml Sauerstoff, das entspricht einem Sauerstoffgehalt von 32 ml pro kg Körpermasse. Eine Weddell-Robbe hat beim Tauchvorgang einen Sauerstoffvorrat von 20 000 ml. Rechnet man dies um, ergibt sich bei der durchschnittlichen Körpermasse dieser Robbenart von 400 kg auch lediglich ein Gehalt von 50 ml Sauerstoff pro Kilogramm Körpermasse. Am größeren Sauerstoffvorrat kann es demnach nicht allein liegen, daß die Robben so viel länger tauchen können.

Mit Beginn des Tauchvorganges stellt die Weddell-Robbe ihre Atemtätigkeit ein. Die Pulsfrequenz sinkt von 150 auf 10 Schläge pro Minute. Die Durchblutung der Muskulatur und des Darm- und Genitalsystems wird durch die Verengung der zuführenden Blutgefäße um ca. 90 % gedrosselt, lediglich die Durchblutung von Gehirn und Herz bleibt nahezu unvermindert aufrecht erhalten. So wird den Muskeln durch Hämoglobin kaum noch Sauerstoff zugeführt, ihre Versorgung ist jedoch durch die großen Mengen an oxygeniertem Myoglobin längere Zeit gesichert. Die Muskeln des Pottwals enthalten eine Myoglobinmenge von 65,7 g pro kg Körpergewicht. Im Vergleich hierzu verfügt der Mensch lediglich über 6 g Myoglobin bezogen auf die gleiche Muskelmasse. Demzufolge beträgt die Sauerstoffkapazität des Pottwalmuskels mit 76 ml Sauerstoff pro kg Muskelgewebe in etwa das 10fache des menschlichen Muskels.

Für die meisten Tauchvorgänge reicht der Sauerstoffvorrat aus. Bei längeren Tauchzeiten jedoch ist der Sauerstoffspeicher auch bei den Walen nicht groß genug — es entsteht Sauerstoffmangel. In diesen Situationen beginnen die Muskeln Glukose anaerob abzubauen. Die Konzentration der Milchsäure steigt in den Muskeln deutlich an. Nachteilig ist, daß bei der Milchsäuregärung im Vergleich zur Atmung nur ein Bruchteil an ATP gebildet wird. Wenn nach dem Auf-

1 Springender Buckelwal

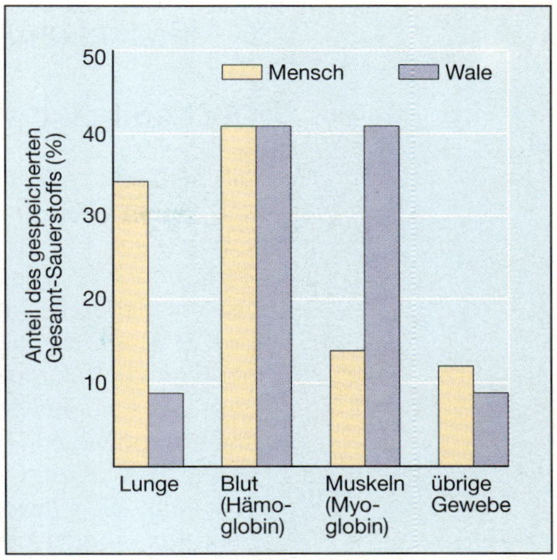

2 Daten zur Sauerstoffspeicherung

tauchen wieder Sauerstoff zur Verfügung steht, weil die Tiere wieder atmen können und die Muskeln wieder durchblutet werden, wird die Milchsäure ins Blut abgegeben. Über den Blutkreislauf wird sie in die Leber transportiert und dort zum größten Teil wieder in Glukose umgesetzt. Die Speicherung dieses Zuckers erfolgt in Form von Glykogen in der Leber bzw. in den Muskeln.

Neben dem größeren Sauerstoffvorrat haben Robben und Wale aufgrund der Milchsäuregärung in den Muskeln und des reduzierten Stoffwechsels im Darm- und Genitalsystem auch einen geringeren O_2-Verbrauch während der Tauchphase.

Außer der Energiebereitstellung für den Muskel ist der enorme Druck bei Tauchtiefen von 600 — 1100 m ein Faktor, an den Robben und Wale angepaßt sein müssen. Die Folge dieses enormen Drucks wäre bei allen anderen Säugern, daß wesentlich größere Gasmengen als beim normalen Luftdruck im Blut gelöst würden. Diese größeren Gasmengen, vor allem der Stickstoff (78 % der Luft), würden zu den Organen und dem Muskelgewebe transportiert und dort aus den Blutgefäßen diffundieren. Beim Auftauchen könnten sie durch den rasch abfallenden Druck nicht schnell genug über die Lunge oder über die Haut abgegeben werden. Wie beim Öffnen einer Mineralwasserflasche würden diese Gase im Blut und Gewebe ausperlen und so das Blut und die Gewebeflüssigkeit zum Schäumen bringen. Die Gasbläschen würden u. a. die feinen Kapillaren verstopfen und dadurch eine ausreichende Durchblutung, z. B. des Nervensystems, verhindern. Bewußtlosigkeit, Taubheit, Lähmungen oder der Tod wären die Folge *(Taucherkrankheit)*.

Bei den Robben und Walen wird das Aufschäumen des Blutes dadurch verhindert, daß keine größeren Mengen Gas aus der Lunge in die Blutbahn übertreten. Robben atmen vor dem Abtauchen aus, beim Wal wird die in den Alveolen enthaltene Luft komprimiert und entweicht in die durch Knorpelringe versteiften Bronchien und die Luftröhre. Schon beim Abtauchen wird das Zwerchfell gegen die Lunge gepreßt. Die Lungen kollabieren. In den nicht zusammenpreßbaren Atemwegen kann kein Gasaustausch mit dem umgebenden Gewebe und dem Blut stattfinden. Am Ende ihrer Nahrungssuche in großen Tiefen können Wale und Robben ohne Unterbrechung auf direktem Wege an die Meeresoberfläche zurückkehren. Menschen müssen beim Auftauchen häufig Station machen, um sich langsam an die abnehmenden Druckverhältnisse anzupassen.

Aufgaben

① Erklären Sie anhand von Abbildung 68.2 die stoffwechselphysiologischen Veränderungen im Muskel einer Robbe vor, während und nach dem Tauchvorgang.

② Informieren Sie sich auf Seite 35 über die Atmung und die Sauerstoffbindungskurven des Hämoglobins und Myoglobins. Erklären Sie anhand dieser Daten, worin für den Wal der Vorteil einer Sauerstoffspeicherung durch Myoglobin gegenüber einer Speicherung durch eine erhöhte Hämoglobinmenge liegt.

Die Muskelkontraktion

Die biologische Bedeutung von Zellatmung und Gärung liegt in der Bereitstellung von verwertbarer Energie für den Organismus in Form von ATP. Diese Energie wird für die verschiedensten Lebensprozesse benötigt, so z. B. für die Bewegung: Vom Geißelschlag bei Algen und Wimpertierchen über das Rudern der Flimmerhärchen in den menschlichen Atemwegen, bis hin zur Muskelkontraktion bei Wirbeltieren. Bei all diesen Prozessen ist die Umwandlung von chemischer Energie in mechanische Arbeit auf die gleiche Weise zu beobachten.

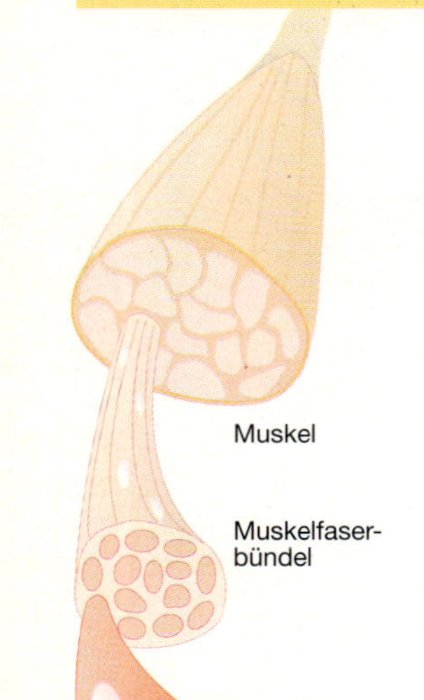

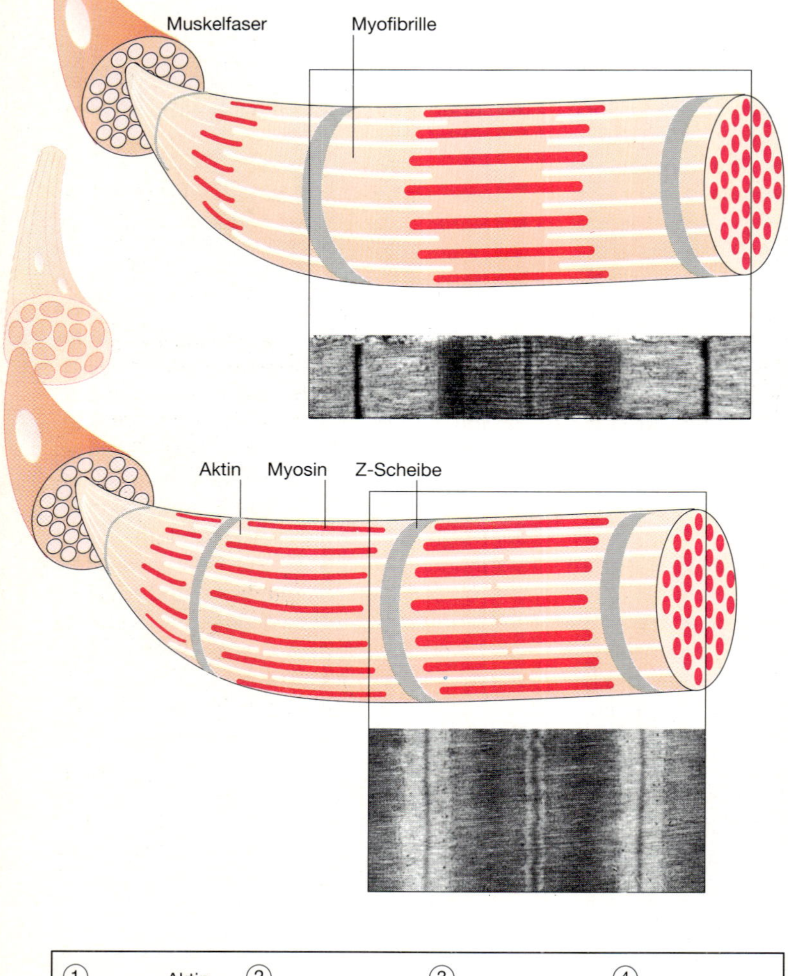

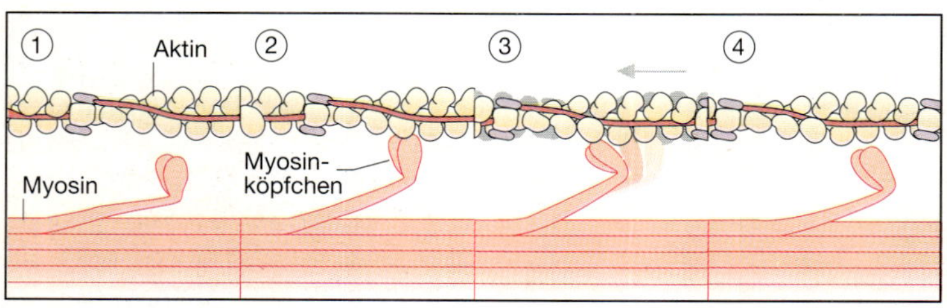

Bau des Muskels

Am isolierten Muskel lassen sich schon mit bloßem Auge *Muskelbündel* erkennen. Diese zeigen eine Gliederung in *Faserbündel*, die eine größere Anzahl von ca. 50 µm dicken Muskelfasern sowie Nervenfasern und Blutgefäßen zusammenfassen. Jede Muskelfaser ist eine einzige, von einer Membran umgebene, ungewöhnlich große Zelle, die durch Verschmelzung vieler getrennter Zellen gebildet wurde. Ihr Plasma ist reich an Mitochondrien. Die in den Zellen in Längsrichtung laufenden 1 bis 2 µm dicken *Myofibrillen* zeigen eine typische Querstreifung (deshalb quergestreifte Muskulatur), die sich aus dem Feinbau einer Myofibrille ergibt. Hauptsächlich zwei Proteinkomponenten bestimmen ihre Struktur. Die dünneren *Aktinfilamente* sind an quergelagerten *Z-Scheiben* fest verankert; zwischen die Aktinfilamente sind die dickeren *Myosinfilamente* (ca. 0,01 µm) eingelagert.

Ablauf der Muskelkontraktion

Der Vergleich mikroskopischer Bilder gedehnter und kontrahierter Myofibrillen zeigt die näher aneinandergerückten Z-Scheiben. Myosin- und Aktinfilamente werden also bei der Kontraktion ineinander verschoben.

Wie ist dieses Ineinanderschieben zu erklären? Die Myosinfilamente zeigen im elektronenmikroskopischen Bild seitliche Fortsätze, die *Myosinköpfe*. Diese Köpfe können sich kurzzeitig mit dem Aktin verbinden und durch eine Kippbewegung Aktin und Myosin ca. 10 nm ineinander verschieben. Die Bindung von Aktin und Myosin wird nach dieser Kippbewegung wieder gelöst, die Köpfe gehen in ihre Ausgangsposition zurück. Dieser Vorgang wiederholt sich in großer Schnelligkeit und führt mit dem Ineinanderschieben der Filamente zur Muskelkontraktion. Jedes Myosinfilament trägt ungefähr 500 Myosinköpfchen, und jedes von ihnen durchläuft während einer schnellen Kontraktion den Zyklus (Vorgang) ungefähr fünfmal in der Sekunde. Die Myosinköpfe sind in der Lage, ATP zu binden. Die beschriebene Kippbewegung geht mit der Spaltung von ATP einher; ATP-Spaltung und Bewegung sind also räumlich und zeitlich eng miteinander verknüpft.

Die Rolle des ATP bei der Muskelkontraktion

Eine Vielzahl von Einzelbefunden ermöglichte es, eine Theorie zu den Vorgängen bei der Muskelkontraktion aufzustellen. Die wichtigen Befunde sind folgende:

1) In der Membran findet man eine besondere Form des endoplasmatischen Retikulums (ER), die als Ca^{2+}-Speicher dient. In der Membran dieses ER befinden sich spezielle Ionenpumpen, die Ca^{2+} in das ER transportieren.

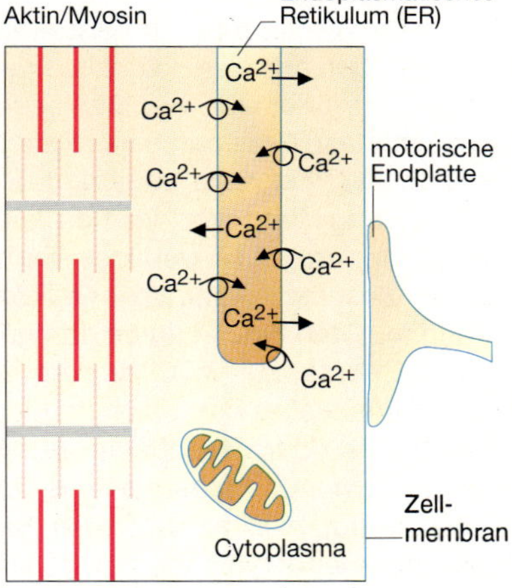

2) Gelangen Nervenimpulse an die motorische Endplatte (die Nervenendigung an der Membran), erhöht sich schlagartig die Ca^{2+}-Permeabilität der Membran des Muskelzellen-ER. Darauf erhöht sich die Ca^{2+}-Konzentration im Cytoplasma der Muskelzelle um ca. das 1000fache.

3) Das Myosinmolekül weist flexible Teile auf, die Änderungen seiner räumlichen Struktur ermöglichen. Nur in einer dieser räumlichen Strukturen hat der Myosinkopf Kontakt mit Aktin.

4) Engelhardt und Mitarbeiter stellten schon 1939 fest, daß der Myosinkopf ATP-Bindungsstellen aufweist. ADP und Phosphat dagegen werden vom Myosinkopf nicht gebunden.

5) Der Myosinkopf kann bei Anwesenheit von Aktin ATP schnell zu ADP und Phosphat spalten. Myosin wirkt also wie eine ATPase.

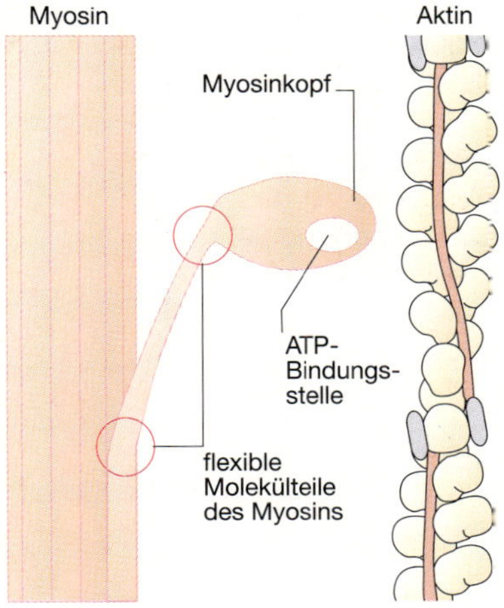

6) Eine Änderung der räumlichen Struktur von Myosin erfolgt unter verschiedenen Bedingungen:

a) Hohe Ca^{2+}-Konzentrationen verändern die Struktur von Myosin und Aktin so, daß das Myosin in Kontakt mit Aktin tritt.

b) Die Anlagerung von ATP an die ATP-Bindungsstelle des Myosinkopfes führt zu einer 90°-Einstellung des Myosinkopfes zum Myosinmolekül. Diese räumliche Struktur des Myosins bleibt nur bestehen, solange ATP gebunden ist.

c) Bei niedriger Ca^{2+}-Konzentration binden zwei weitere Proteine so an Aktin, daß sie den Zugang für das Myosinköpfchen blockieren. Bei höheren Ca^{2+}-Konzentrationen verändern diese beiden Proteine ihre Lage geringfügig, so daß Myosin an Aktin binden kann und die Kontraktion erfolgt.

Aufgaben

① Entwickeln Sie mit Hilfe der obigen Versuchsergebnisse die richtige Reihenfolge der Schemata in der folgenden Abbildung.

② Stirbt ein Wirbeltier, so tritt nach einigen Stunden Totenstarre ein: Alle Muskeln werden starr und hart. Gehetztes Wild zeigt nach dem Tode eine extrem kurze Zeit bis zum Einsetzen der Totenstarre. Erklären Sie diese Phänomene; überlegen Sie, in welcher Phase von der unten stehenden Abbildung sich ein Muskel in Totenstarre befindet.

③ Die Zugabe von ATP auf einen frisch isolierten Muskel führt nicht, wie man zuerst vermuten könnte, zu einer Kontraktion. Überlegen Sie, wie man tatsächlich eine Kontraktion auslösen könnte.

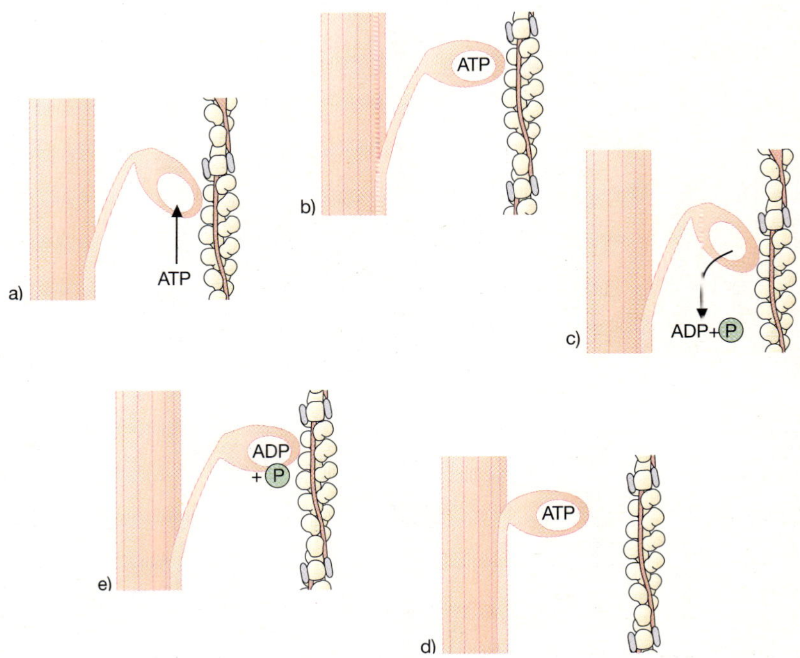

Was man beim Sport wissen sollte

ATP-Bildung:

durch Kreatinphosphat-Zerfall

durch Milchsäure-Gärung

durch Zellatmung

Die individuelle sportliche Leistungsfähigkeit eines Menschen beruht hauptsächlich auf der Koordination der Bewegungsabläufe und dem Umsatz von Energie in den Muskeln. Die Bewegungskoordination ist an nervöse Vorgänge in vielen Teilen unseres Nervensystems gebunden. Durch gezieltes Training einer Technik wird die Ökonomie eines Bewegungsablaufes verbessert und dadurch die Leistung gesteigert. Der Energieumsatz ist an physiologische Prozesse gekoppelt.

Der Muskel bezieht seine Energie ausschließlich aus dem ATP. Allerdings ist dessen Konzentration im Muskel so gering, daß sie bei schwerer körperlicher Arbeit, z. B. einem 800 Meter-Lauf, nur 2 Sekunden reicht, um den Bedarf zu decken.

ATP muß erneut bereitgestellt werden. Messungen haben ergeben, daß drei Prozesse nacheinander für eine ausreichende ATP-Versorgung im Muskel sorgen. In den ersten 25 Sekunden wird das verbrauchte ATP sofort mit Hilfe von *Kreatinphosphat* regeneriert. Dies ist eine energiereiche Substanz, die in den Muskelzellen vorliegt. Sie reagiert mit dem bei den Muskelkontraktionen freiwerdenden ADP zu ATP und *Kreatin*. Die biologische Bedeutung des Kreatinphosphats liegt also in seiner sofortigen Verfügbarkeit.

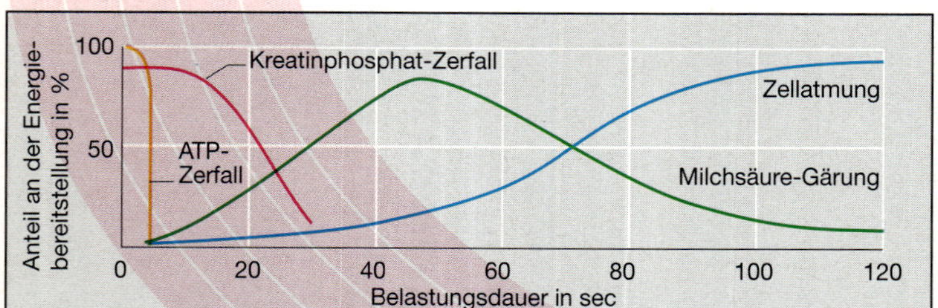

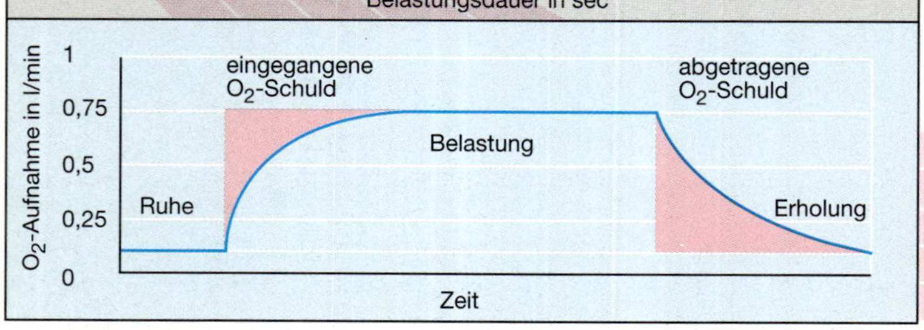

Demgegenüber wird Glukose, der eigentliche Energieträger und die Ausgangssubstanz für die *anaeroben* und *aeroben* Prozesse, als *Glykogen* im Muskel und in der Leber gespeichert. Glykogen ist, ähnlich wie die Stärke, eine aus vielen Glukosemolekülen zusammengesetzte *Polyglukose.*
Die bei der Muskelkontraktion ausgelöste Ausschüttung von Calciumionen aktiviert die Enzyme des Glykogenabbaus. Mehrere Stoffwechsel- und Transportschritte müssen durchlaufen werden, bis die Glukose im Muskel eine ausreichende Konzentration erreicht. Erst danach gewährleisten die Gärungs- und Atmungsvorgänge die ATP-Versorgung.

Parallel zur Energiebereitstellung kann man beobachten, daß sich die Atemtiefe und der Puls eines Läufers erst nach 1 bis 2 Minuten steigern. Während dieser Zeit steht dem Körper also nur wenig Sauerstoff zur Verfügung, demnach kann auch nur wenig Glukose veratmet werden. Statt dessen wird Glukose in dieser Anfangsphase des Laufes hauptsächlich über BTS zu Milchsäure abgebaut. Bei dieser *Milchsäuregärung* wird im Vergleich zur Atmung nur wenig ATP gebildet. Trotzdem liefert der anaerobe Abbau der Glukose in den ersten Minuten eines Laufes den entscheidenden Beitrag zur ATP-Versorgung des Muskels. Milchsäure häuft sich im Muskel an. Bei Sprints oder Zwischenspurts ist diese Energiegewinnung ausreichend, bei längerer Belastung, wie Langlauf oder Skilaufen, genügt sie jedoch nicht.

Innerhalb von 60—90 Sekunden hat sich der Puls von 70 auf 170 bis 180 Schläge pro Minute und die Sauerstoffaufnahme auf das 8- bis 10fache erhöht. Damit steht den Muskelzellen in ausreichendem Maße Sauerstoff zur Verfügung. ATP kann bis zum Ende des

Trainingsplan für „Nichtprofis“:

Ziel dieses Trainings ist es, die körperliche Ausdauer zu steigern. Dreimal pro Woche 30 min Laufen sind für einen anhaltenden positiven Effekt ausreichend. Man sollte sanft mit einer Laufzeit von 15 min und einigen Pausen anfangen. An den folgenden Trainingstagen wird die Laufzeit anhand des Trainingsplans bis zu einer kontinuierlichen Laufzeit von 30 min erhöht. Der Puls sollte während des Laufens einen Maximalwert von 135 Schlägen pro Minute nicht überschreiten.

Lauftrainingsplan:

Dauerhaftes Endziel ist die letzte Phase. Die vorausgehenden einzelnen Phasen können je nach Bedarf wiederholt werden.

Lauf	Pause
1 1 1 2 2 2 3 3	1 1 1 2 2 2 3
2 2 3 3 3 5	1 1 2 2 2
2 2 3 3 5 5	1 1 2 2 3
2 2 5 5 7	1 1 3 3
2 2 5 5 8	1 1 3 3
5 5 15	3 3
3 5 17	2 3
6 20	3
5 25	3
30 min	

Laufes durch den oxidativen Abbau der Glukose bereitgestellt werden. Überfordert sich ein Läufer in dieser Phase, so tritt trotz intensiver Atmung Sauerstoffmangel ein. Weitere Milchsäure wird gebildet. Überschreitet diese eine Konzentration von 1,5 g pro Liter Blut, dann wird das Blut übersäuert. Die Bindefähigkeit des Sauerstoffes an das Hämoglobin sinkt *(Bohr-Effekt)*. Der Läufer verspürt Atemnot und muß seine Geschwindigkeit herabsetzen, andernfalls bricht er zusammen.

Am Ende des Laufes muß der Sportler noch längere Zeit intensiv atmen. So wird die *Sauerstoffschuld* abgetragen, die er zu Beginn des Laufes eingegangen ist, als die Glukose zur Milchsäure abgebaut wurde. Die Milchsäure wird in der Leber zu Glukose umgebaut und zu den Muskeln zurücktransportiert. Kreatinphosphat wird regeneriert.

Bei der Skelettmuskulatur werden zwei Faserarten unterschieden: *langsame* und *schnelle Muskelfasern*. Die langsamen, dunkelroten Fasern haben einen hohen Myoglobingehalt und sind reich an Mitochondrien. Diese Fasern sind vorteilhaft bei Dauerleistungen und relativ langsamen Bewegungen. Die Energie wird aerob bereitgestellt. Die schnellen, hellroten Fasern haben einen geringen Myoglobingehalt und sind reich an Enzymen der Glykolyse. Diese anaerobe Energiebereitstellung ist bei den Bewegungsmuskeln sinnvoll. Das Mengenverhältnis der beiden Faserarten zueinander kann durch Training nicht verändert werden, es ist genetisch festgelegt.

Bei Untersuchungen an Sportlern fand man, daß bei regelmäßigem Training das Herzvolumen und die Anzahl der Kapillaren in den Muskeln zunehmen. Ein großes Herzvolumen bedeutet ein großes Schlagvolumen. So kann ein Sportlerherz bis zu 200 ml, das Herz eines Untrainierten nur 100 bis 120 ml Blut pro Herzschlag in die Aorta pumpen. Die stärkere Kapillarisierung vergrößert die Austauschfläche für die Atemgase. Körperliches Training fördert also die Sauerstoffversorgung im Muskel. Es steigert die aerobe Glukoseverarbeitung und sorgt für eine bessere Energieausbeute. Neben der Sauerstoffversorgung ist der Glykogengehalt des Muskels von besonderer Bedeutung.

Der normale Glykogengehalt der Muskulatur stellt bei intensiver Arbeit für ca. 2 Stunden die Energie bereit. Dies macht sich bei Mannschaftssportarten bemerkbar. Wird den Spielern am Tage vor dem Spiel keine kohlenhydratreiche Nahrung gegeben, so stellen sich durch die geringere Glykogenmenge im Muskel besonders in der zweiten Spielhälfte Konditionsmängel ein. In Erholungsphasen, die mehrere Stunden bis Tage dauern können, werden die Glykogenreserven wieder aufgefüllt. Daher sollte am Tage vor dem Spiel auch kein Training mehr erfolgen. Ein effektives Training erfordert das Einhalten bestimmter Trainingsdurchgänge, die sowohl aus Muskelbelastung als auch aus Ruhepausen bestehen. Der Muskel baut bei Belastung die benötigten Materialien ab und baut diese durch neues Material wieder auf. Dieses übersteigt mengenmäßig etwas das abgebaute. Zu hartes Training oder zu kurz hintereinander folgende Trainingseinheiten bewirken daher, daß mehr Material abgebaut als neues in den Muskel transportiert wird. Dieses Übertraining führt zu einem Muskelabbau. Sportphysiologen haben die folgenden Werte ermittelt: 24 bis 28 Stunden benötigt der Körper, um sich zu erholen; bis zu 72 Stunden nach einem extrem harten Training.

Mineralstoff- und Wasserhaushalt

Grüne Pflanzen sind *autotroph*. Im Unterschied zu den Tieren und dem Menschen nehmen sie keine energiereichen Nährstoffe auf. Ihre organischen Verbindungen bauen sie aus anorganischen Grundbausteinen auf, die in ihrer Umgebung vorkommen. Die Erkenntnis, daß grüne Pflanzen zur Ernährung nur einfache anorganische Verbindungen benötigen, geht auf JUSTUS VON LIEBIG (1803—1873) zurück.

Kohlenstoffdioxid wird aus der Luft aufgenommen. Aus dem Boden gelangen über die Wurzeln Wasser und die darin gelösten Mineralien, wie z. B. Nitrate, Phosphate, Eisen- oder Manganionen, in die Pflanze. Den größten Teil des *Frischgewichtes* lebender Pflanzen macht das Wasser aus. Daher ist der Wasserhaushalt ein zentrales Problem der Stoffwechselvorgänge in der Pflanze. Den Wassergehalt ermittelt man, indem die Pflanzen oder Pflanzenteile so lange bei 100 °C getrocknet werden, bis das Gewicht konstant bleibt. Erhitzt man diese Trockensubstanz unter Luftzufuhr auf hohe Temperaturen, so entweicht ein Teil der Elemente als Verbrennungsgas (CO_2 oder SO_2), während zahlreiche andere Elemente in der Asche zurückbleiben. Aus den *Aschenanalysen* kann jedoch nicht geklärt werden, ob diese Elemente für die Pflanze lebensnotwendig, d. h. *essentiell* sind, oder ob sie aus dem Boden nur zufällig aufgenommen und in der Pflanze abgelagert werden.

Wassergehalt verschiedener Pflanzenteile

Tomate	94,1
Wassermelone	92,1
Apfel	84,1
Kartoffel	77,8
Kopfsalat	94,8
Holz (frisch)	49,0

Wassergehalt in % des Frischgewichtes

1 Magnesiummangel bei Getreide

Genaue Aufschlüsse darüber, welche Elemente essentiell sind, erhält man durch *Wasserkulturen*. Hierbei kultiviert man Pflanzen in Nährlösungen mit genau festgelegten Konzentrationen der einzelnen Elemente und deren Verbindungen. Fehlt ein Element, kann man mehr oder weniger starke *Mangelerscheinungen* beobachten. Diese zeigen sich im Vergilben von Blättern, am kümmerlichen Wachstum oder Absterben von Pflanzenteilen (Abb. 1).

Element		Funktion im Stoffwechsel	aufgenommen als
C	Kohlenstoff	Hauptbestandteil organischer Moleküle	CO_2
O	Sauerstoff		CO_2, H_2O
H	Wasserstoff		H_2O
N	Stickstoff	Bestandteil von Aminosäuren, Proteinen	Nitrat, Ammonium
S	Schwefel	Proteine, Coenzym A	Sulfat
P	Phosphor	ATP, Nukleinsäuren	Phosphat
K	Kalium	Voraussetzung für Enzymfunktionen	Metallionen
Mg	Magnesium	Bestandteil von Chlorophyll	
Mn	Mangan	Enzymfunktion bei der Fotosynthese	
Fe	Eisen	Bestandteil einiger Enzyme (Cytochrom)	
Cu	Kupfer	in Enzymen, Blattwachstum	
Zn	Zink	Bausteine von Enzymen, Streckungswachstum	

2 Essentielle Elemente und ihre Bedeutung

Gesetz von LIEBIG

Aus solchen Experimenten konnte man eine Liste der essentiellen Elemente ermitteln. Die *Makroelemente* sind Elemente, die in größeren Mengen gebraucht werden. Hierzu gehören C, H, O, N, S, P, K, Ca, Mg, Fe. Die *Mikro-* oder *Spurenelemente* sind nur in kleinsten Mengen erforderlich, aber unentbehrlich: Mn, Cu, Zn, Mo, Cl, Na. Von den meisten der genannten Elemente kennt man auch ihre molekulare Funktion im Bau- und Betriebsstoffwechsel (Abb. 74.2).

Die Aufnahme der meisten Elemente erfolgt in Form von in Wasser gelösten Ionen über die Wurzel. Ionen, die in höherer Konzentration im Boden vorliegen als in der Wurzel, werden passiv durch Diffusion in das Wurzelgewebe aufgenommen. Da die aufgenommenen Ionen in der Wurzel abtransportiert werden, bleibt ständig ein *Konzentrationsgradient* erhalten. Bestimmte Ionen jedoch können, falls sie in geringer Konzentration vorliegen, auch aktiv über die Wurzeln aufgenommen werden. Dieser Vorgang ist energieabhängig, die in Form von ATP in der Wurzel zur Verfügung steht.

Beeinflußt der Mensch die Natur nicht, kehren die von der Pflanze aufgenommenen Elemente nach dem Absterben der Pflanze wieder in den Boden zurück. Durch das Ernten der Pflanzen wird dem Stoffkreislauf eine große Menge der Elemente entzogen. In der modernen Landwirtschaft nutzt man den Boden über viele Jahre intensiv, dadurch verarmt er an bestimmten Ionen. Diese werden zum begrenzenden Faktor. Das von LIEBIG aufgestellte „Gesetz des Minimums" sagt dazu aus: Der in der relativ geringsten Menge vorliegende Faktor begrenzt das Wachstum (siehe Randspalte). Mangel entsteht häufig an Stickstoff, Phosphor und Kalium. Der Landwirt muß durch entsprechende Düngung dem Boden die fehlenden Elemente wieder zuführen. Nur so kann er über Jahre einen ergiebigen Ertrag aufrecht erhalten. Ein wesentlicher Faktor bleibt jedoch immer die Versorgung mit genügend Wasser, um die Ionen für die Pflanze nutz- und transportierbar zu machen.

Der *biologisch-ökologische Landbau* versucht, einen möglichst geschlossenen Stoffkreislauf zwischen Boden, Pflanze, Tier und Mensch zu erhalten. Kennzeichnend hierfür ist die Pflege der im Boden lebenden Organismen durch eine umsichtige Bearbeitung und Düngung. Als Dünger werden hauptsächlich organische Materialien, wie aufgearbeiteter Mist oder Kompost, verwendet. Sie werden zusammen mit Gesteinsmehl und Algenprodukten angewandt. Die Pflanze wird so nicht durch leicht wasserlösliche Mineralsalze ernährt, sondern durch Abbaustoffe. Diese Stoffe entstehen durch humusabbauende Bakterien und Pilze im Boden. Bakterien bilden z. B. aus Eiweißen anorganische Stickstoffverbindungen, wie *Nitrate.* Durch diese langsame Aufarbeitung der organischen Materialien können z. B. bei starken Regenfällen nicht so hohe Konzentrationen an leichtlöslichen Stickstoffverbindungen aus dem Boden gewaschen werden und ins Grund- und Trinkwasser gelangen. Auf leichtlösliche, ätzende und chemisch aufgearbeitete Dünger, sowie Wuchsstoffe und Hormone wird beim biologisch-ökologischen Landbau ganz verzichtet.

Es geht auch ohne Boden

In dichten Baumbeständen, wie z. B. im tropischen Regenwald, ist es für das Überleben kleinerer Pflanzen notwendig, einen guten Sonnenplatz hoch oben in den Bäumen zu haben. Lianen erreichen dies beispielsweise durch extrem lange, kletternde Triebe, die im Erdboden wurzeln. Andere Pflanzen siedeln von vornherein in den Baumkronen. Diese mit der Ananas verwandten Pflanzen nehmen das Wasser und die Mineralstoffe nicht aus dem Boden über die Wurzeln auf, sondern über trichterförmige Brunnen. Sie entstehen durch das dichte Zusammenschließen ihrer Blätter, in denen sich das Regenwasser sammeln kann. Bei einigen Formen können bis zu 300 ml gespeichert werden. Die Wurzeln haben nur die Aufgabe, die Pflanze in der Baumkrone zu verankern. Mineralstoffe gelangen zusätzlich durch Insektenlarven, absterbende Schnecken oder durch abfallende Blätter in die Brunnen. Durch Schuppenhaare werden das Wasser und die darin gelösten Mineralstoffe aus dem Trichter aufgenommen. Eine solche Überlebensstrategie ist nur in Gebieten mit häufigen Regenfällen und einer hohen Luftfeuchtigkeit möglich.

Im Gewebe des Blattes verlaufen Leitbündel. Äußerlich sind sie als Adern erkennbar. Sie dienen der Festigkeit und Stabilität der Blätter und natürlich auch ihrer Versorgung mit Wasser und Mineralien. Die Wassermoleküle haben nur noch eine geringe Diffusionsstrecke zu den fotosyntheseaktiven Zellen zurückzulegen. Der Wasserdampf gelangt auch leicht zu den Spaltöffnungen und kann verdunsten.

1 Blatt mit Leitbündeln

Im Sproß der Pflanze befinden sich die Leitbündel. Sie bestehen aus zwei Teilen. Im Xylem strömt das Wasser von der Wurzel in den Sproß und die Blätter. Das *Phloem* transportiert die Fotosyntheseprodukte aus den Blättern und verteilt sie in der Pflanze. Die Röhrensysteme des Xylems sind aus zusammengewachsenen Zellen entstanden, die abgestorben sind. Durch das Auflösen der Querwände der Zellen entstehen lange Röhrchen.

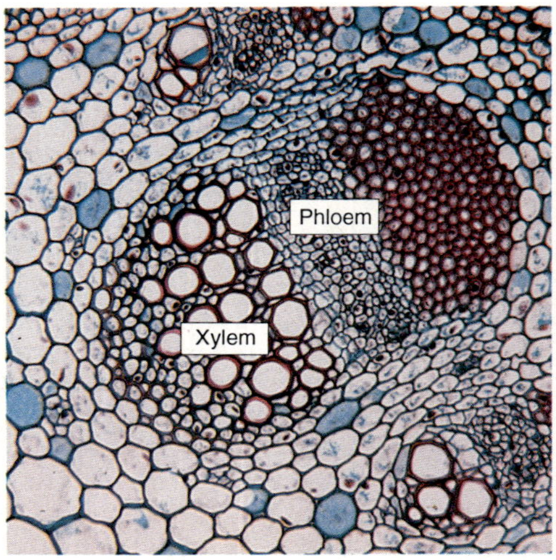

2 Foto des Leitgewebes

Die Wurzeln dringen mit ihren Wurzelhaaren in die mit Wasser gefüllten Hohlräume des Bodens. Wasser wird auf osmotischem Weg direkt in das Cytoplasma der Zellen aufgenommen oder es diffundiert in die Zellwände der Wurzelhaare. Auf dem Weg des Wassers von der Rinde in den Zentralzylinder liegt der *Casparische Streifen,* eine wasserundurchlässige Einlagerung in den Zellwänden. Hier gelangt auch das Wasser aus den Zellwänden ins Cytoplasma.

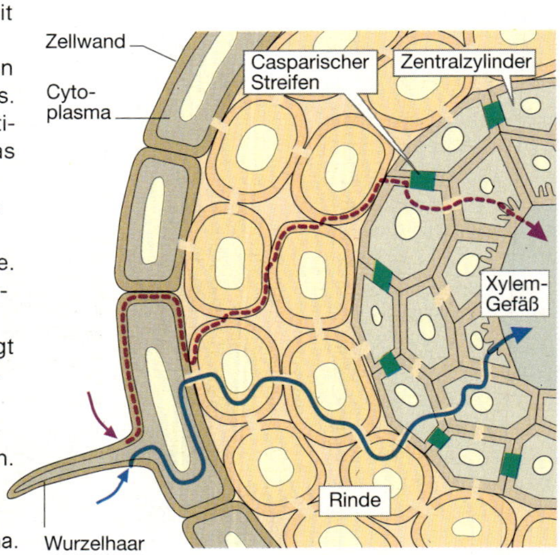

3 Weg des Wassers in der Wurzel

Wassertransport in der Pflanze

Mammutbäume haben Stammhöhen von 100 m oder mehr. Das Wasser muß aus dem Boden bis in die Blätter des Kronendaches gelangen. Wasser und die darin gelösten Mineralstoffe sind eine lebenswichtige Voraussetzung für die oberirdischen Sproßteile der Pflanzen. Zwei Faktoren spielen hierbei eine Rolle: der *Transpirationssog* und der *Wurzeldruck.*

Hauptursache dieser enormen Wasserbewegung gegen die Schwerkraft ist ein rein physikalischer Prozeß: Die Verdunstung der Wassermoleküle aus dem Blatt. Eine Birke beispielsweise verdunstet über ihre Blätter pro Tag 60 bis 70 Liter Wasser. Die Wärmestrahlung der Sonne oder der Wind vergrößern das Konzentrationsgefälle des Wasserdampfes zwischen der Luft und dem Blattinnern, so daß die Transpiration zunimmt. In den Blättern entsteht ein Wasserdefizit, das durch Wasser aus den Blattzellen und den feinen Blattadern ausgeglichen wird. Es bilden sich Wasserfäden von den Blattadern über die Leitungsbahnen des Xylems bis in die Wurzelspitzen. Der Zusammenhalt solcher Wasserfäden ist im molekularen Aufbau des Wassers begründet. Wassermoleküle bilden wegen ihres Dipolcharakters untereinander Wasserstoffbrückenbindungen aus. Daher haften im flüssigen Wasser die einzelnen Moleküle mit großer Kraft aneinander. Dies nennt man *Kohäsion.*

In den Leitungsbahnen der Laubbäume strömt tagsüber das Wasser mit Geschwindigkeiten von 4 bis 44 m/h, in Lianen sogar mit 150 m/h. Nachts ist demgegenüber kaum eine Wasserbewegung meßbar. Am Morgen beginnt die Wasserbewegung in den Zweigen der Krone und setzt sich über den Stamm bis zur Wurzel fort. In der Mittagszeit kann der Transpirationssog so groß werden, daß nicht genügend Wasser nachgeliefert werden kann und im Baumstamm ein Unterdruck entsteht. Durch spiralige Leisten sind die Zellwände der Leitungsbahnen ähnlich wie bei einem Staubsaugerschlauch versteift, so daß diese nicht zusammengepreßt werden können. Trotz dieser Verstärkungen sind die Stämme mancher Baumarten zur Mittagszeit meßbar schlanker als nachts. Die Geschwindigkeit ist auch vom Strömungswiderstand in den Leitungsbahnen abhängig. Lianen weisen in den Leitungsbahnen mit einem Durchmesser von 700 µm einen geringeren Widerstand auf als Bäume mit ca. 40 µm.

Transpiration

1. Blätter verdunsten Wasser

Material: Beblätterte Zweige vom Flieder, Bohnenpflanzen o. ä., 6 Meßzylinder (100 ml), Vaseline und Paraffinöl

Durchführung: Schneiden Sie 5 gleichgroße Zweige mit jeweils derselben Anzahl von etwa gleichgroßen Blättern ab. Stellen Sie die Zweige, entsprechend der folgenden Tabelle, in die mit Wasser gleichvoll gefüllten Gefäße.

Gefäß-Nr.
1 Kontrollprobe ohne Zweig
2 Zweig, von dem die Blätter abgetrennt wurden
3 Zweig mit Blättern (unbehandelt)
4 Zweig mit Blättern, deren Unterseiten dünn mit Vaseline bestrichen wurden
5 Zweig mit Blättern, deren Oberseiten mit Vaseline dünn bestrichen wurden
6 Zweig mit Blättern, deren Ober- und Unterseiten dünn mit Vaseline bestrichen wurden.

Gießen Sie zum Schluß auf die Wasseroberfläche eine dünne Schicht Paraffinöl (Abb. unten).

Auswertung: Messen Sie alle 24 Stunden die Wasserspiegel in den Gefäßen. Bilden Sie die Differenzen zum jeweiligen Ausgangspunkt, und stellen Sie diese grafisch dar.

2. Blattoberseite und -unterseite sind unterschiedlich

Material: Blätter einer Tulpe oder Tradescantia, Mikroskop, Objektträger, Deckgläschen, Wasser, Pipette, Pinzette, Rasierklinge, 10 % Natriumchloridlösung

Durchführung: Legen Sie ein Blatt mit der Blattunterseite bzw. -oberseite nach oben über einen Bleistift, und ritzen Sie es mit der Rasierklinge etwas ein (s. Abb.).
Erfassen Sie mit der Pinzette die Schnittkante, und ziehen Sie die äußere Gewebeschicht vorsichtig ab. Bitte beachten Sie, daß diese Schicht nicht mehr grün sein sollte.

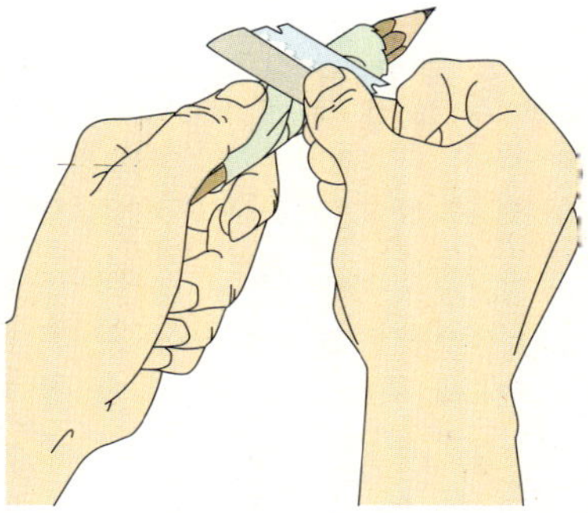

Arbeitsauftrag: Mikroskopieren Sie je ein kleines Gewebestück der Ober- und Unterseite des Blattes, und fertigen Sie Ausschnittsskizzen an. Zeichnen Sie insbesondere die Strukturen genau, über die eine Wasserabgabe erfolgen könnte. Geben Sie anschließend zu dem Gewebestück der Blattunterseite einige Tropfen Natriumchloridlösung, und beobachten Sie die Reaktion unter dem Mikroskop.

3. Verhältnis der Porusgröße zur Gesamtblattfläche

Material: Blätter einer Tulpe, Iris oder Tradescantia, Mikroskop, Objektträger, Deckgläschen, Wasser, Pipette, Pinzette, Rasierklinge, Okularmikrometer und Objektmikrometer.

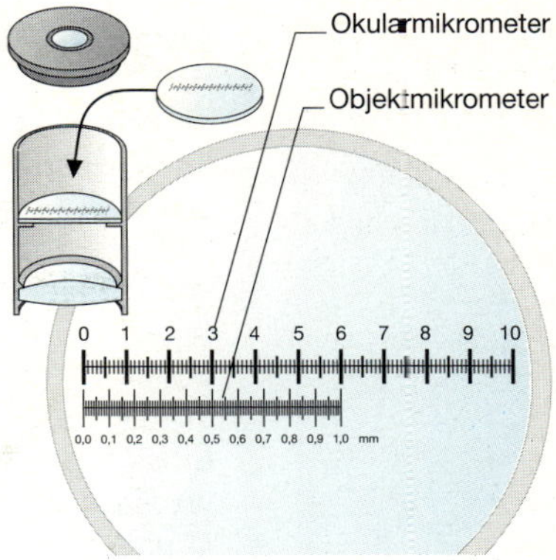

Durchführung: Präparieren Sie wie im Versuch 2 ein kleines Gewebestück der Blattunterseite. Eichen Sie mit Hilfe des Objektmikrometers das Okularmikrometer (s. Abb.).

Arbeitsauftrag: Zählen Sie die Anzahl der Spaltöffnungen, die sich auf einer Fläche von 1 mm^2 befinden. Messen Sie mit Hilfe des Okularmikrometers die Länge und Breite von 10 Spaltöffnungen, und bestimmen Sie die Mittelwerte. Nehmen Sie stark vereinfacht an, daß Spaltöffnungen die Form eines Rechtecks haben. Berechnen Sie unter dieser Annahme die Fläche eines Porus, die Fläche aller Pori pro mm^2 und ihren prozentualen Anteil pro mm^2 Blattfläche.

4. Der Randeffekt

Material: 5 Petrischalen, Filterpapier, Korkbohrer (Durchmesser in mm), Stecknadel, Wasser, Pipette, Waage mit $^1/_{100}$ g Einteilung.

Durchführung: Legen Sie die Böden der Petrischalen mit zwei Lagen Filterpapier aus. Pipettieren Sie 6 ml Wasser auf die Filterpapiere. Stanzen Sie, den Angaben in der Tabelle entsprechend, Löcher in die Alufolie, mit der Sie die Petrischalen abdecken.

Petrischale	Durchmesser	Anzahl
1	ganz geschlossen	
2	14	1
3	7	4
4	5	8
5	0,5	784

Wiegen Sie die Petrischalen unmittelbar nach der Fertigstellung des Versuchs und nach jeweils 30 min.

Arbeitsauftrag: Berechnen Sie die Gesamtfläche und den Gesamtumfang der Löcher für den jeweiligen Versuch. Bestimmen Sie die Gewichtsdifferenzen, und erläutern Sie das Ergebnis. Übertragen Sie es auf das Phänomen der Transpiration.

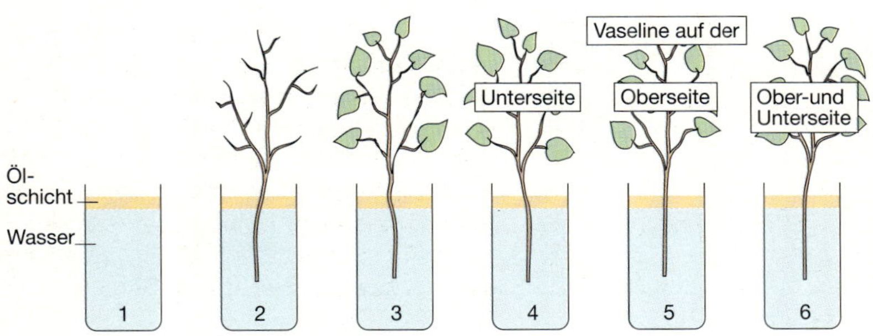

Bedeutung der Osmose für den Wurzeldruck

Im zeitigen Frühjahr, wenn die Bäume noch keine Blätter haben, beginnt das Wasser aus den Wurzeln über den Stamm bis in die Äste zu steigen. Dies läßt sich am Austreten von Wasser bei frisch gefällten Baumstümpfen oder verletzten Baumstämmen beobachten. Für beide Phänomene kann der Transpirationssog nicht die Ursache sein. Messungen haben ergeben, daß das Gefäßwasser, das aus der Wurzel kommt, unter Druck steht. Zwar ist dieser Wurzeldruck mit ca. 100 kPa im Vergleich zum Transpirationssog (bis maximal 93 000 kPa) gering, doch reicht er aus, um Wasser 50 – 60 m hoch zu pressen. Die biologische Bedeutung des Wurzeldrucks liegt darin, für den Wassertransport zu sorgen, wenn dieser durch den Transpirationssog nicht bewirkt werden kann. Zum einen gilt das im zeitigen Frühjahr, wenn die Blätter noch nicht ausgetrieben sind, zum anderen trifft es auch auf Pflanzen zu, die in Gebieten mit einer fast 100 %igen Luftfeuchtigkeit, wie dem tropischen Regenwald, leben.

Wird die Zellatmung der Wurzel durch Giftstoffe unterbunden, so ist kein Wurzeldruck nachweisbar. Dies belegt, daß für den Wurzeldruck im Gegensatz zum Transpirationssog Stoffwechselenergie notwendig ist. Allerdings ist kein Mechanismus bekannt, mit dem Wasser aktiv, d. h. unter ATP-Verbrauch transportiert werden kann. Die Wissenschaftler konnten dagegen belegen, daß Ionen oder Zuckermoleküle aktiv gegen das Konzentrationsgefälle aus den lebenden Wurzelzellen in die Xylemelemente transportiert werden. Besonders intensiv sind diese Vorgänge am Beispiel des nordamerikanischen Zuckerahorns untersucht worden, aus dessen Blutungssaft der Ahornsirup gewonnen wird. Nur im zeitigen Frühjahr geben hier zusätzlich Speicherzellen im Holz große Mengen Zucker in die Xylemgefäße ab. Es ist zu beobachten, daß bei steigender Zuckerkonzentrat on Wasser verstärkt aus dem Boden aufgenommen wird. Der Wurzeldruck steigt, und Wasser kann trotz fehlender Blätter transportiert werden. Mit Hilfe der Diffusion und Osmose lassen sich diese Vorgänge erklären.

Diffusion

Aufgrund der thermischen Energie sind Wasserteilchen und darin gelöste Teilchen (Zuckermoleküle oder Salzionen) in ständiger Bewegung. Die Bewegungsrichtung ist zufällig und ungerichtet *(Brownsche Molekularbewegung)*. Betrachtet man zwei Orte mit unterschiedlich hoher Konzentration eines Stoffes, so bewegen sich statistisch gesehen mehr Teilchen vom Ort hoher Konzentration zum Ort niedriger Konzentration als umgekehrt. Quantitativ entsteht ein Nettofluß in Richtung des Ortes mit niedriger Konzentration, der bei ausreichender Zeit zum Konzentrationsausgleich führt. Dieses Phänomen wird als *Diffusion* bezeichnet. Auch die Moleküle des Lösungsmittels Wasser bewegen sich statistisch gesehen in die Richtung ihrer niedrigsten Konzentration. Dies bedeutet, die Wassermoleküle wandern in die Richtung, in der die höchste Konzentration gelöster Stoffe vorliegt.

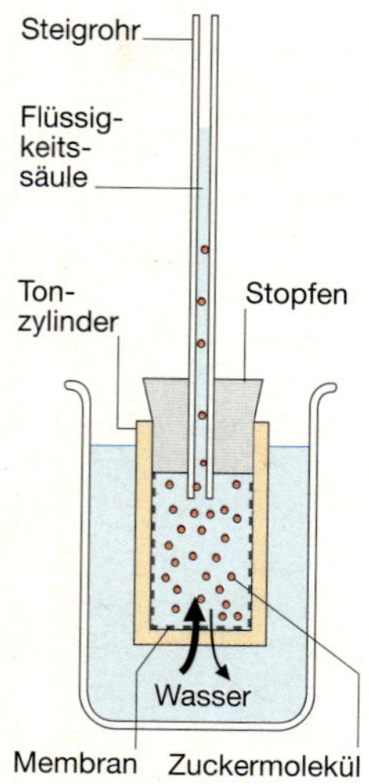

Osmometer

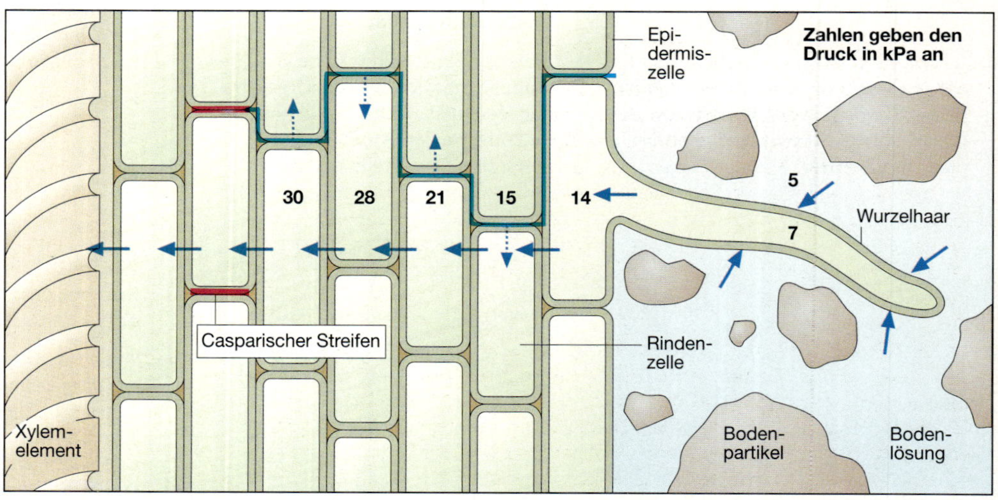

1 Osmotische Werte in Wurzel und Boden

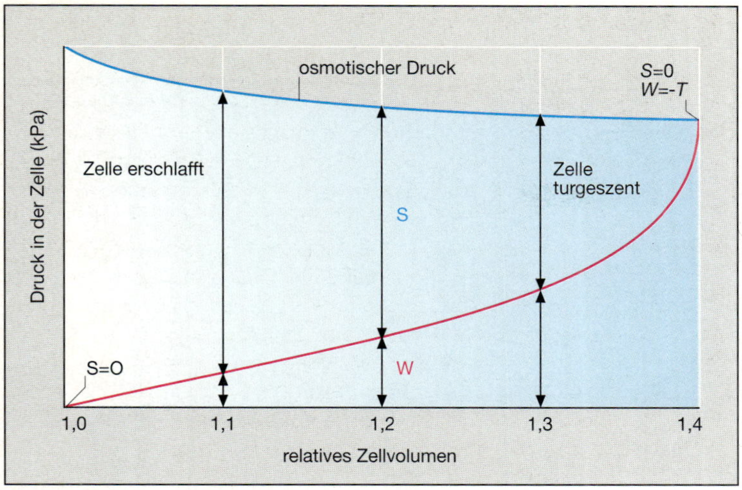

1 Osmotisches Zustandsdiagramm der Pflanzenzelle

Osmose

Werden wässrige Lösungen, beispielsweise Glukoselösungen, mit unterschiedlicher Stoffkonzentration durch eine Membran wie die Zellmembran getrennt, die fast ausschließlich die Wassermoleküle, aber nicht die gelösten Stoffe passieren läßt, dann spricht man von einer *Osmose*. Der Druck *(osmotischer Druck),* den das Wasser auf die Membran ausübt, ist vom Konzenzentrationsunterschied der gelösten Teilchen abhängig.

Bei offenen Systemen wie dem Xylem des Zuckerahorns oder einem Osmometer (siehe Randspalte Seite 78) entsteht durch die Höhe der Wassersäule ein Gegendruck durch die Höhe der Wassersäule, der *hydrostatische Druck.* Die Wasseraufnahme und damit das Steigen der Wassersäule kommt zum Stillstand, wenn der hydrostatische Druck gleich dem Druck des Wassereinstroms ist. Dieser hydrostatische Druck entspricht dem osmotischen Druck der Lösung. Durch die Abgabe von Zuckermolekülen aus Speicherzellen in das Wasser der Xylemgefäße steigt beim Zuckerahorn der osmotische Druck und damit die Wassersäule in den Xylemgefäßen. Der Blutungssaft tritt im Frühjahr aus.

In einem geschlossenen System wie einer lebenden Zelle wird durch das einströmende Wasser das Cytoplasma und das Plasmalemma gegen die Zellwand gepreßt. Diesen Innendruck bezeichnet man als *Turgor.* Er nimmt solange zu, bis der Gegendruck der gedehnten Zelle gleich groß ist (Abb. 1); die Pflanze ist voll *turgeszent.* Weiteres Wasser kann sie nicht aufnehmen, man sagt, ihre Saugkraft ist gleich Null.

Stellt man sich demgegenüber eine voll entspannte Zelle vor, deren Wanddruck vernachlässigbar ist, dann wird die Saugspannung ausschließlich durch den osmotischen Druck bestimmt. Eine zunehmende Wasseraufnahme führt zu einer Volumenzunahme der Zelle und läßt dadurch einerseits den *Wanddruck* (W) steigen und andererseits aufgrund einer leichten Verdünnung des Zellsaftes den *osmotischen Druck* (O) etwas abfallen. Von diesen beiden Größen hängt die *Saugspannung* (S) der Zelle ab, die sich durch die osmotische Zustandsgleichung beschreiben läßt:

$$S = O - W$$

Der Zuckertransport in der Pflanze

In den Leitbündeln der Pflanze gibt es zwei Transportsysteme, das *Xylem* und das *Phloem.* Wasser wird im Xylem immer in einer Richtung von der Wurzel zu den Blättern transportiert. Der Zuckertransport im Phloem dagegen erfolgt immer vom Produktionsort, beispielsweise den Blättern, zum Ort des Verbrauches. Die Orte des Verbrauches sind wachsende Pflanzenteile, Blüten, Früchte oder auch die Speicherorgane, wie zum Beispiel die Zuckerrübe oder die Kartoffelknolle. In diesen Pflanzenteilen kann, da sie keine Fotosynthese betreiben können, kein lebensnotwendiger Zucker gebildet werden.

An den Produktionsorten werden die Leitungsbahnen des Phloems aktiv mit Zuckermolekülen beladen. Dieser Vorgang benötigt ATP. Der Transport in den Leitungsbahnen des Phloems erfolgt durch eine Wasserbewegung, die durch die unterschiedlichen Zuckerkonzentrationen in den Leitungsbahnen zustande kommt. Auch das Entladen der Leitungsbahnen an den Orten des Verbrauches ist energieabhängig.

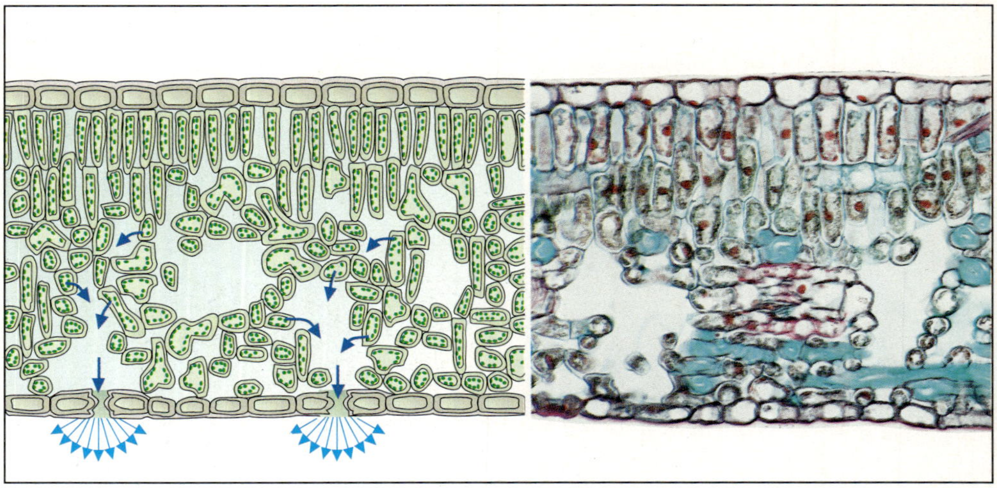

1 Zeichnung und mikroskopische Aufnahme eines Blattquerschnittes

Bau und Funktion des Blattes

Fast alle Pflanzen besitzen Blätter. Die Form der Blätter kann von kleinen Schuppen bis zu meterlangen Wedeln, vom Laubblatt bis zur Nadel variieren. Meist sind die Blätter grün, haben eine große Oberfläche, ihre Lage ist exponiert, und sie stehen senkrecht zum Lichteinfall. Sie haben zwei Funktionen: *Transpiration* und *Fotosynthese.* Für den Vorgang der *Fotosynthese* sind Kohlenstoffdioxid, Wasser und Licht notwendig.

Die Blätter werden von einer einschichtigen Zellreihe, der *Epidermis,* nach außen abgegrenzt. Sie ist frei von *Chloroplasten* und enthält demnach auch nicht den grünen Blattfarbstoff, das *Chlorophyll,* welches ausschließlich in diesen Organellen vorkommt. Die äußeren Zellwände der Epidermis sind verdickt und schließen lückenlos aneinander. Auf die Zellen aufgelagert ist die *Kutikula,* eine für Wasser und Gase schwer durchlässige Wachsschicht. An mehreren Stellen der Blattunterseite erkennt man kleine Poren, die *Spaltöffnungen.* Sind sie geöffnet, so können Gase wie Sauerstoff, Kohlenstoffdioxid und Wasserdampf besonders effektiv *(Randeffekt)* durch sie diffundieren.

Im mikroskopischen Bild fallen besonders die großen, senkrecht zur Blattoberseite stehenden, zylindrischen Zellen auf. Sie stehen dicht gedrängt. Lediglich feine Spalten durchziehen dieses Gewebe. Die Anordnung der Zellen gewährleistet, möglichst viel des eingestrahlten Lichtes aufzufangen. Diese Zellschicht wird als *Palisadengewebe* bezeichnet, da die Zellen wie die Pfähle einer *Palisadenwand* aufgereiht sind. Das Palisadengewebe enthält etwa 80 % der Chloroplasten eines Blattes und ist somit der Hauptort der Fotosynthese.

Darunter liegt ein lockerer Gewebebereich, dessen Zellen sehr unterschiedliche und unregelmäßige Formen besitzen. Man erkennt zahlreiche Zwischenräume *(Interzellularen),* die untereinander in Verbindung stehen und mit den in der unteren Epidermis liegenden Spaltöffnungen und den feinen Spalten zwischen manchen Palisadenzellen Kontakt haben. Die Zellen dieser Gewebeschicht, die man als *Schwammgewebe* bezeichnet, besitzen deutlich weniger Chloroplasten als die Zellen des Palisadengewebes.

Eingebettet in Palisaden- und Schwammgewebe liegen die Blattleitbündel, die wie Adern das Blatt durchziehen. Über sie wird das Blatt mit Wasser versorgt. Fotosyntheseprodukte, die nicht im Blatt gespeichert werden, nehmen die Blattleitbündel auf und leiten sie in umgekehrter Richtung in den Stamm und die Wurzel.

Aufgrund des weit verzweigten Interzellularsystems ist die Zelloberfläche 100mal so groß wie eine Blattfläche. Hierdurch wird ein intensiver Stoffaustausch zwischen den Fotosynthese treibenden Zellen, den Leitbündeln und den Spaltöffnungen ermöglicht. Kohlenstoffdioxid kann ungehindert zu den Zellen sowie Sauerstoff und Wasserdampf in umgekehrter Richtung zu den Spaltöffnungen diffundieren.

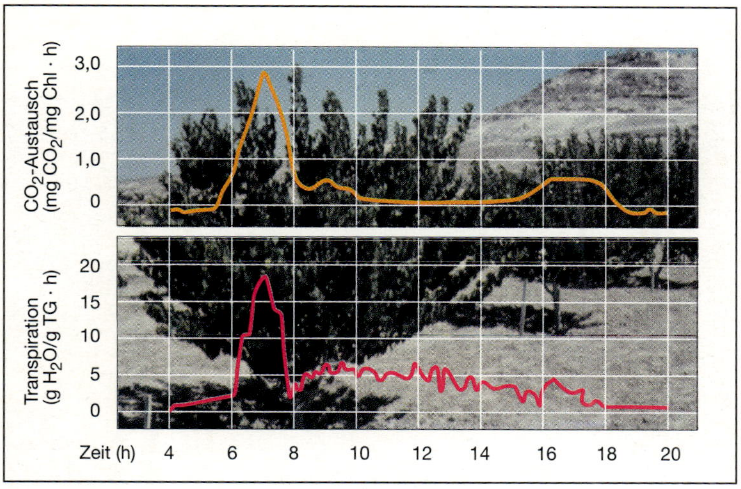

1 Stomataöffnung und Transpirationsrate im Tagesverlauf

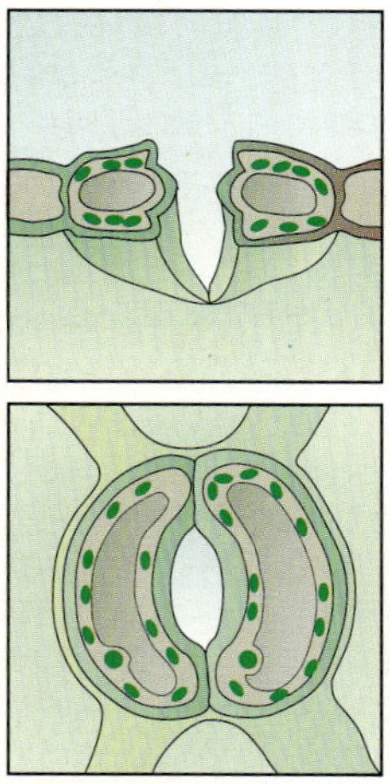
Stomata geöffnet

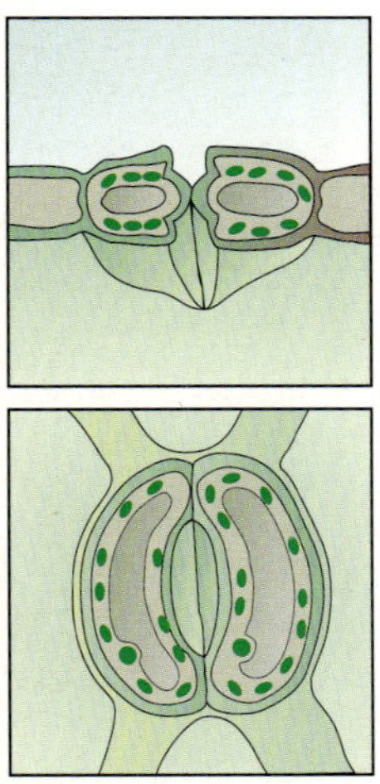
Stomata geschlossen

Pflanzen machen Mittagspause

Pflanzen können die Öffnungsweite ihrer Spaltöffnungen *(Stomata)* verändern. Mit zunehmender Lichtintensität im Laufe des Vormittags vergrößert sie sich, dagegen schließen sich in trockenen Lebensräumen die Spaltöffnungen zur Mittagszeit. Erst am späten Nachmittag öffnen sie sich erneut.

Parallel zu diesen Bewegungsvorgängen verändert sich die *Transpirationsrate*, was die Vermutung zuläßt, daß der Wasserdampf fast ausschließlich über die Spaltöffnungen *(stomatäre Transpiration)* entweicht. Messungen bei geschlossenen Stomata belegen, daß die Transpiration durch die Kutikula (*kutikuläre Transpiration*) unbedeutend ist.

Die meisten Blätter besitzen zahlreiche Stomata. Die Summe aller Öffnungen beträgt jedoch nur 0,5 bis 2 % der Blattfläche. Trotzdem verdunstet ein Blatt mittels Transpiration bis zu 60 % der Wasserdampfmenge, die von einer gleich großen, unbedeckten Wasseroberfläche abgegeben wird.

Die von der offenen Fläche verdunstenden Moleküle diffundieren in die gleiche Richtung und behindern sich gegenseitig. Demgegenüber können über eine Vielzahl kleiner Poren, die zusammen die gleiche Fläche ergeben, in der gleichen Zeit wesentlich mehr Wassermoleküle austreten. Dies liegt daran, daß sich über jeder Pore eine halbkugelförmige Wasserdampfkuppe bildet und die Moleküle ohne gegenseitige Störungen auch nach den Seiten diffundieren können *(Randeffekt)*.

Alle Poren sind umgeben von zwei bohnenförmigen *Schließzellen*, die in ihrer Mitte einen Spalt freilassen und sich an ihren Enden berühren. Ihre unmittelbaren Nachbarzellen werden als *Nebenzellen* bezeichnet. Sie gehören ebenfalls zum Spaltöffnungsapparat. Die Schließzellen enthalten als einzige Zellen der Epidermis Chloroplasten. Eine weitere Besonderheit ist die unterschiedliche Verdikkung der Zellwände. Die Außen- und Innenwände sind besonders massiv aufgebaut. Damit sind sie relativ starr und in ihrer Form unveränderbar. Demgegenüber sind die an die Nebenzellen grenzenden Zellwände unverdickt und folglich elastisch. Auch die dem Spalt zugewandte Bauchseite der Schließzellen besitzt einen dünnen, elastischen Bereich. Erhöht sich der Innendruck *(Turgor)* der Schließzellen, so dehnen sich die elastischen Rückenwände. Die Zellen wölben sich in die Nebenzellen hinein. Da die Außen- und Innenwände relativ starr sind, wird die etwas elastische Bauchseite durch die Bewegung der Rückenseite nachgezogen. Die Gestalt der Schließzellen wird stärker bohnenförmig, der Spalt öffnet sich (siehe Randspalte).

Die Öffnung des Spaltes hängt ausschließlich vom Turgor der Schließzellen ab. Da bei Wassermangel auch in diesen Zellen der Turgor abnimmt, wird verständlich, daß sich die Stomata unter diesen Bedingungen schließen. Dieser Regulationsmechanismus ist bei Trockenheit sozusagen ein Sicherheitsventil.

Abb. 1 zeigt, daß die Öffnungsweite der Schließzellen von der Lichtintensität abhängig ist. Begast man jedoch das Interzellularsystem mit kohlenstoffdioxidfreier Luft, so öffnen sich die Spaltöffnungen auch im Dunkeln. Folglich steuert die Lichtintensität die Öffnungsweite der Stomata nur indirekt über die Konzentration des Fotosynthesesubstrates CO_2.

Neue Untersuchungen lassen vermuten, daß ein Absinken des Kohlenstoffdioxidgehaltes im Gewebe eine Erhöhung des pH-Wertes zur Folge hat und so bestimmte Ionenpumpen in der Membran aktiviert. Diese transportieren hauptsächlich Kaliumionen in das Innere der Schließzellen. Die Saugkraft dieser Zellen erhöht sich, und Wasser strömt aus den Nebenzellen nach. Der Turgor nimmt zu, dadurch vergrößern die Schließzellen ihren Porus. In der Dunkelheit reichert sich Kohlenstoffdioxid aus der Atmung an. Die Prozesse laufen in gegenläufiger Richtung ab, die Poren schließen sich.

10 Äußere Faktoren der Fotosynthese

1 Lichtdurchflutete Blätter

2 Solarmobil

Lichtenergie spendet Leben: Die Fotosynthese

Aus einem kleinen Samen kann eine stattliche Pflanze entstehen. Der Zuwachs an Biomasse ist dabei enorm. Woher bezieht die Pflanze Energie und Baustoffe zum Wachsen? Tiere, Pilze und die meisten Bakterien benötigen energiereiche Substanzen, aus denen in Abbauprozessen energiereiches ATP gewonnen wird. Auch die im *Baustoffwechsel* entstehenden körpereigenen Substanzen sind energiereich.

Nicht so die grüne Pflanze. Sie nimmt in der Regel keinerlei organische oder andere energiereiche Substanzen auf. Und doch zeigt sie ebenfalls die meisten der für Tiere typischen, energieverbrauchenden Lebensprozesse: Sie wächst, zeigt Reizbarkeit, Bewegung und Fortpflanzung.

Die grüne Pflanze nutzt das riesige Energiereservoir der Sonne aus. Mit Hilfe der Lichtenergie werden im Prozeß der *Fotosynthese* die anorganischen Stoffe Kohlenstoffdioxid und Wasser zu energiereicher Glukose und zu Sauerstoff umgebaut. Die Glukose bildet den Ausgangsstoff für den Baustoffwechsel der Pflanze und auch für die Atmung zur Energiegewinnung. Die meisten Pflanzen bauen allerdings Glukose sofort in Stärke um, da diese nur schwer löslich und osmotisch wenig wirksam ist. Dadurch kann kein zu hoher osmotischer Druck entstehen, der die Zelle zerstören und die Pflanze schädigen könnte. Vor allem nachts, wenn die Energie des Sonnenlichts fehlt, wird ein Teil der Stärke über Glykolyse, Citratzyklus und die Atmungskette wieder abgebaut.

Das Bruttoschema der Fotosynthese entspricht formal der Umkehrung des Bruttoschemas der Zellatmung:

$$6\,CO_2 + 6\,H_2O \longrightarrow C_6H_{12}O_6 + 6\,O_2$$

Daher wird auch genau dieselbe Energiemenge gespeichert (2872 kJ/mol), die bei der Zellatmung frei wird.

Der Abbau energiereicher organischer Substanz wie bei der Zellatmung oder der Gärung stellt einen *Dissimilationsprozeß* dar. Die Fotosynthese dagegen, bei der mit Hilfe der Lichtenergie Glukose entsteht, ist ein *Assimilationsprozeß*: Unter Energiezufuhr wird aus energiearmen anorganischen Stoffen energiereiche organische Substanz aufgebaut.

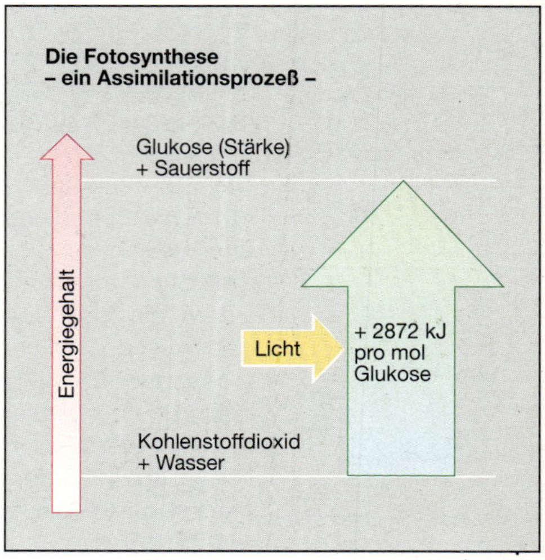

Versuche zur Fotosynthese

1. Bedeutung der Außenfaktoren

Geräte: großes Becherglas, Diaprojektor, verschiedene Farbfilter: violett, blau, grün, rot
Material: frische Sprosse der Wasserpest (Elodea densa)

a) Füllen Sie das Becherglas zur Hälfte mit abgekochtem, abgekühltem Leitungswasser und geben Sie einen Sproß der Wasserpest hinein. Schneiden Sie den Sproß unter Wasser am unteren Ende durch. Belichten Sie mit dem Projektor aus ca. 20 cm Abstand, und bestimmen Sie über 5 Minuten die Anzahl der Gasblasen, die pro Minute an der Schnittstelle austreten.
b) Füllen Sie das Becherglas mit CO_2-haltigem Mineralwasser auf (ungefähr gleiche Temperatur wie das Leitungswasser). Bestimmen Sie erneut über 5 Minuten die Zahl der Gasblasen pro Minute.
c) Schalten Sie den Diaprojektor ab, und ermitteln Sie wieder über 5 Minuten die Zahl der Gasblasen pro Minute.
d) Schalten Sie den Diaprojektor wieder an, und bestimmen Sie erneut über 5 Minuten die Anzahl der Gasblasen pro Minute. Schieben Sie anschließend einen Farbfilter in den Diaprojektor. Messen Sie nun über 10 Minuten die Zahl der Gasblasen pro Minute. Verwenden Sie gruppenteilig verschiedene Farbfilter.

Aufgabe

① Stellen Sie zur Auswertung die Ergebnisse grafisch dar (Blasenanzahl pro Minute gegen die Wellenlänge des Farbfilters). Welche Schlüsse lassen sich aus den Versuchen ziehen?

Dünnschichtchromatographie

Die Chromatographie ist eine Methode zur Trennung von gelösten Stoffgemischen. Sie wird heutzutage in fast allen Bereichen der biologischen Forschung eingesetzt. Hierzu trägt man das Gemisch auf einem Trägermaterial (z. B. Papier oder Kieselgel) auf. Anschließend läßt man ein Laufmittel durch das Trägermaterial fließen. Die einzelnen Bestandteile des Gemisches haften wegen ihrer verschiedenen Eigenschaften einerseits unterschiedlich fest am Trägermaterial, werden aber andererseits unterschiedlich gut mit dem Laufmittel transportiert. Dadurch legen sie unterschiedliche Strecken zurück (Laufstrecken), anhand derer sie identifiziert werden können. Als

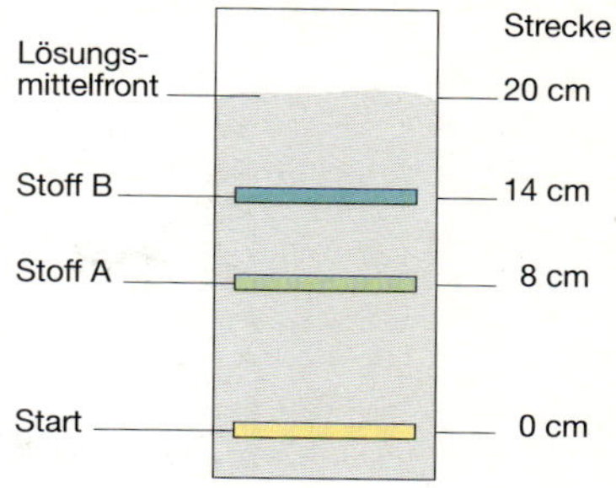

Berechnungsbeispiel:
Laufstrecke A = 8 cm
Frontstrecke = 20 cm
r_f-Wert A = 8/20 = 0,4

Maßzahl dient dabei der sogenannte r_f-Wert. Darunter versteht man den Quotienten aus der Laufstrecke und der Frontstrecke (Startlinie bis zur Lösungsmittelfront).

2. Isolierung der Blattfarbstoffe durch Dünnschichtchromatographie

Geräte: Schere, Mörser mit Pistill, Petrischale, Chromatographiekammer, DC-Platten (am besten mit Kieselgel beschichtet), Kapillare
Material: Petersilie, Schnittlauch, Brennessel o. ä., Quarzsand, $Ca(HCO_3)_2$ [C], Propanon (Aceton) [F]
Laufmittel: 100 ml Petrolbenzin (100 °C – 140 °C), 10 ml 2-Propanol (Isopropanol) [F], 0,25 ml dest. Wasser

a) Das Pflanzenmaterial mit der Schere zerkleinern.
b) Im Mörser mit Quarzsand, einer Spatelspitze $Ca(HCO_3)_2$ und ca. 10 ml Propanon zerreiben (Abzug oder offenes Fenster!).
c) Die tiefgrüne Lösung in die Petrischale abgießen.
d) Mit der Kapillare in ca. 2 cm Höhe auf die DC-Platte auftragen (Punktlinie bilden, trocknen lassen, neue Punkte auf dieselbe Linie).
e) Die DC-Platte nun in die Chromatographiekammer stellen, in der sich ca. 1 cm hoch Laufmittel befindet. Die Kammer abdecken und mindestens 30 min erschütterungsfrei stehenlassen.

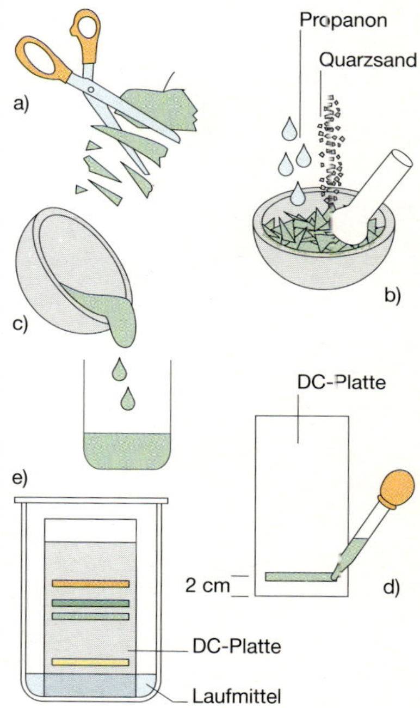

Aufgaben

① Markieren Sie die Laufmittelfront auf der Platte, und messen Sie in der Mitte der Platte ihre Entfernung von der Startlinie. Verfahren Sie auf gleiche Weise mit den einzelnen Farbstoffbanden, und ermitteln Sie deren r_f-Werte. Bestimmen Sie nach der nebenstehenden Tabelle, um welche Farbstoffe es sich handelt.
② Bestrahlen Sie die DC-Platte mit langwelligem UV-Licht (360 nm).

r_f-Werte für Kieselgelplatten und das angegebene Laufmittel:

Stoff	r_f-Wert
β-Carotin	0,95
Chlorophyll a	0,74
Chlorophyll b	0,64
Lutein	0,48
Violaxanthin	0,35
Neoxanthin	0,20

Die Werte können bei Schulversuchen variieren, die Reihenfolge bleibt erhalten.

Äußere Einflüsse auf die Fotosynthese

Gemüse und andere Pflanzen werden heute vielfach in Gewächshäusern angebaut. Es ist hier wichtig, den Pflanzen Bedingungen zu bieten, unter denen sie optimal wachsen und Fotosynthese treiben können. Hierzu mißt man unter anderem die *Fotosyntheserate* einer Pflanze, indem man die Sauerstoffabgabe oder -aufnahme pro Zeit ermittelt (als Meßgrößen sind auch die Abgabe und Aufnahme von Kohlenstoffdioxid möglich). Man unterscheidet dabei die durch die Fotosynthese verursachte Sauerstoffproduktion *(reelle Fotosynthese)* und die nach außen hin meßbare Sauerstoffbilanz *(apparente Fotosynthese)*, die von anderen Prozessen wie der Zellatmung mitbestimmt wird.

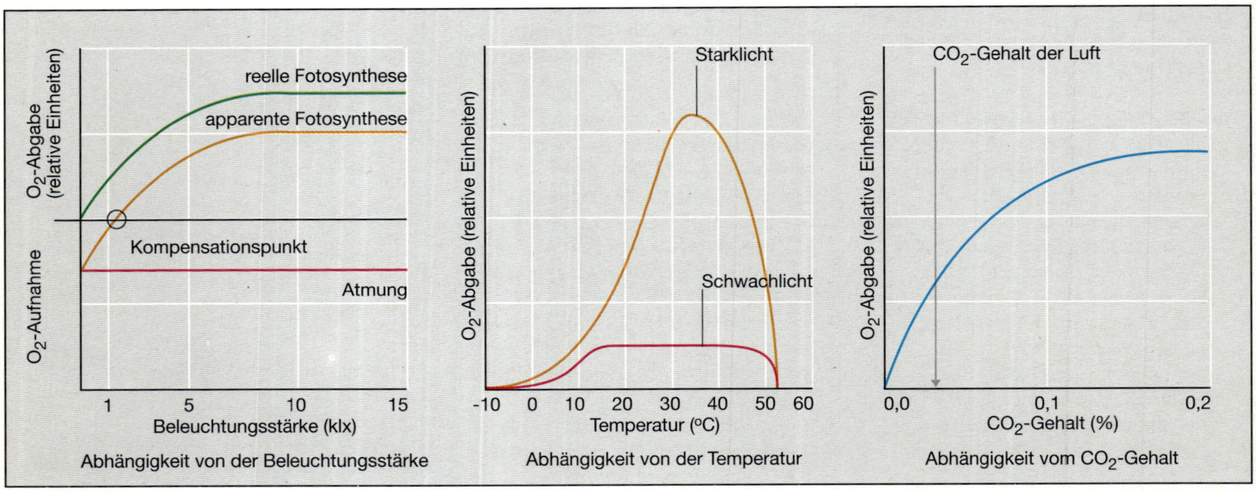

Einer der Faktoren, die die Fotosyntheserate beeinflussen, ist die *Beleuchtungsstärke*. Bei der erhaltenen Kurve der Fotosyntheserate lassen sich zwei Bereiche unterscheiden: Im Bereich niedriger Beleuchtungsstärken nimmt die Fotosyntheserate mit der Stärke der Beleuchtung zu. Diese bestimmt hier die Intensität der Fotosynthese. Bei sehr geringen Beleuchtungsstärken ist der Sauerstoffverbrauch durch die Atmung größer als die Produktion durch die Fotosynthese, die Pflanze nimmt daher Sauerstoff auf. Bei einer etwas höheren Beleuchtungsstärke, am *Kompensationspunkt*, gleichen sich diese beiden Prozesse genau aus, und bei noch höherer Beleuchtungsstärke gibt die Pflanze Sauerstoff ab, da die Produktion durch die Fotosynthese den Verbrauch durch die Atmung übersteigt. Im zweiten Bereich erreicht die Sauerstoffabgabe bei einer bestimmten Beleuchtungsstärke einen Höchstwert. Dieser wird auch bei höheren Beleuchtungsstärken beibehalten. Der Fotosynthese-Apparat ist mit Licht gesättigt, und andere Faktoren begrenzen die Geschwindigkeit. Einer dieser Faktoren ist die *Temperatur*. Bei Lichtsättigung zeigt sich eine Temperaturabhängigkeit, die für enzymatische Reaktionen typisch ist. Die Geschwindigkeit der Synthesereaktionen bestimmt dann die Geschwindigkeit der Fotosynthese. Dagegen wirkt bei Schwachlicht die Beleuchtungsstärke begrenzend. Einen weiteren Faktor stellt die Menge des vorhandenen Kohlenstoffdioxids dar.

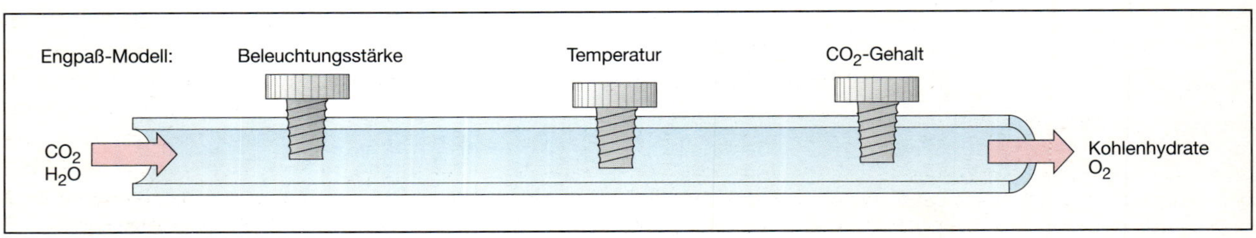

Sonnenblätter — Schattenblätter

Die Rotbuche besitzt die zwei Blatt-Typen *Sonnenblatt* und *Schattenblatt*. Diese unterscheiden sich in Fläche, Dicke und Fotosyntheserate sowie in ihrem Standort in der Baumkrone. Der Kompensationspunkt der Schattenblätter liegt bei sehr geringen Beleuchtungsstärken; deshalb erbringen sie auch bei geringem Licht eine positive Stoffbilanz für die Pflanze. Sonnenblätter dagegen können höhere Beleuchtungsstärken besser ausnutzen und sind in diesem Bereich leistungsstärker.

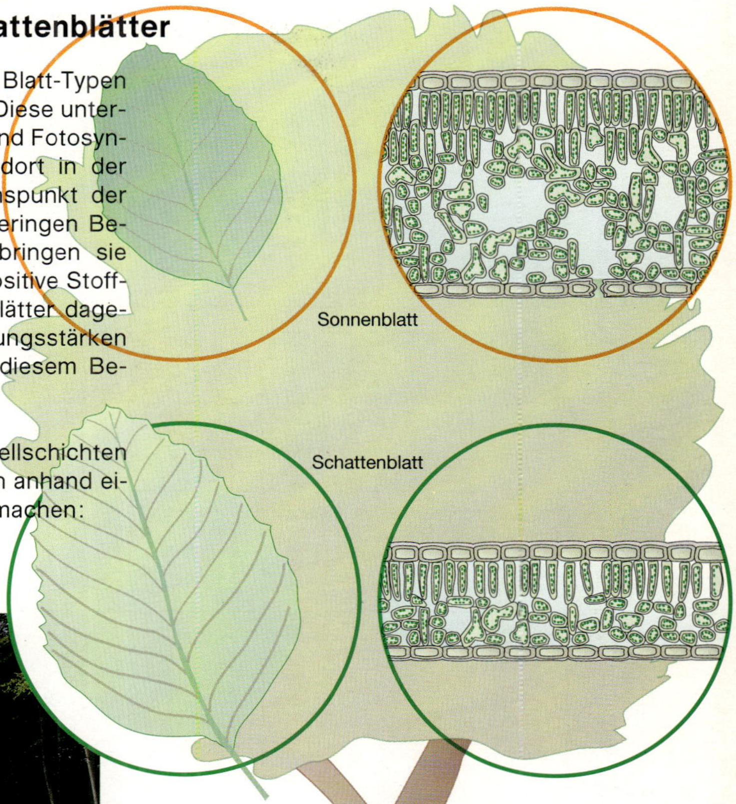

Die unterschiedliche Anzahl Zellschichten im Palisadenparenchym läßt sich anhand eines einfachen Prinzips deutlich machen:

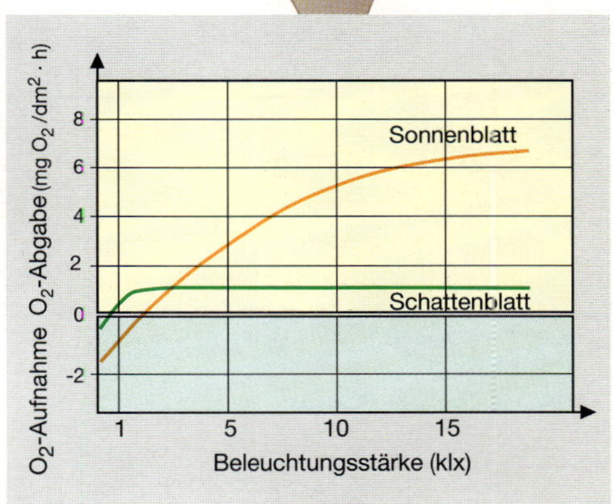

Das Licht trifft auf die Blattoberseite und wird von jeder Zellschicht teilweise absorbiert. Die tiefer liegenden Zellschichten erhalten daher weniger Licht und arbeiten auch bei starker Beleuchtung näher an ihrem Kompensationspunkt. Bei schwacher Beleuchtung wird dieser evtl. von den tiefsten Schichten nicht mehr erreicht. Die Zellen verbrauchen mehr Fotosyntheseprodukte als sie produzieren. Jede Zellschicht des Blattes ist aber für die gesamte Pflanze nur dann vorteilhaft, wenn sie im Durchschnitt eine produktive Stoffbilanz erzielt. Es zeigt sich also, daß beide Blatt-Typen hinsichtlich der Anzahl Zellschichten optimal an ihren Kronenstandort angepaßt sind. Die weiteren Konsequenzen hieraus zeigen sich deutlich in einem Wald. Die unteren Äste geraten durch das Wachstum des Baumes in immer dunklere Kronenbereiche. Daher können Blätter in dieser Zone keine positive Bilanz mehr erzielen. Es werden keine neuen Blätter mehr gebildet, und die unteren Kronenbereiche werden kahl. Falls diese Bereiche später wieder genug Licht erreicht (z. B. am Rande eines Kahlschlages), können neue Zweige und Blätter gebildet werden.

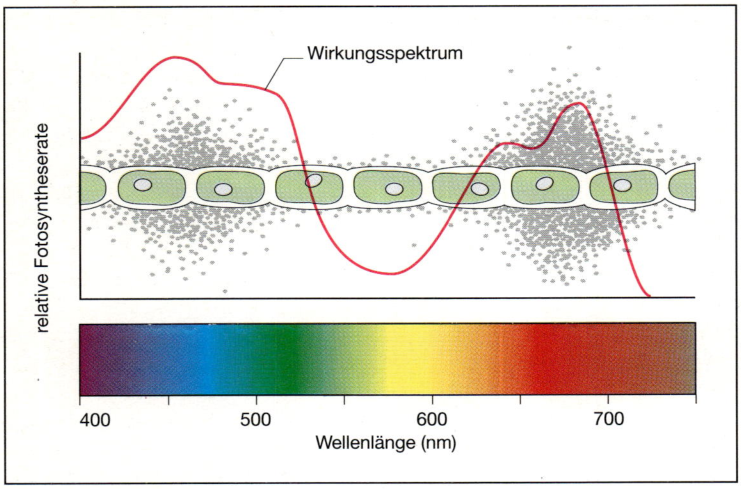

1 Fotosyntheserate bei verschiedenen Wellenlängen

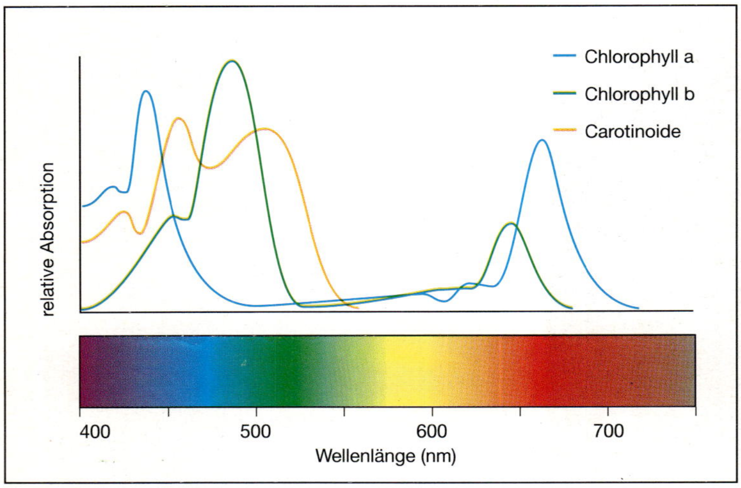

2 Absorptionsspektren der Blattfarbstoffe

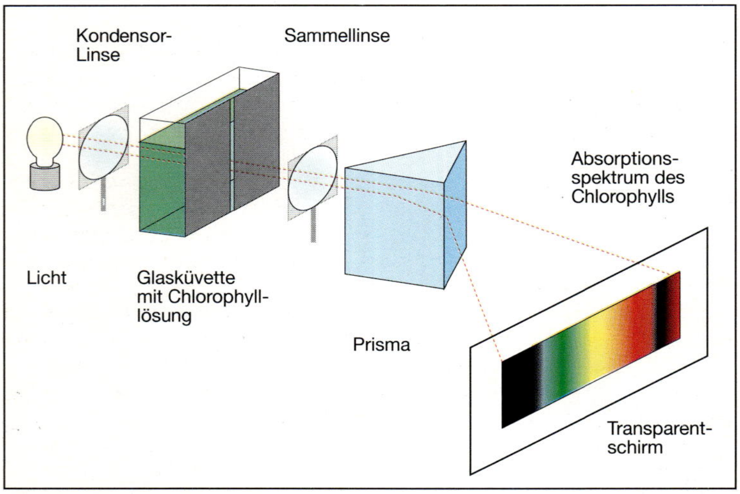

3 Modell eines Fotometers

Pflanzen brauchen blaues oder rotes Licht

ENGELMANN konnte 1882 die für die Fotosynthese notwendigen *Wellenlängen* des Lichtes identifizieren. Er verwendete sauerstoffliebende Bakterien und einen Algenfaden. Als Beleuchtung benutzte er ein *Spektrum* des sichtbaren Lichts.

ENGELMANN stellte fest, daß sich die Bakterien vorwiegend an den Stellen des Algenfadens sammelten, die mit rotem oder blauem Licht bestrahlt wurden. Hier war offenbar besonders viel Sauerstoff entstanden. Die Alge konnte demnach mit rotem oder blauem Licht besonders gut Fotosynthese treiben, während sich die anderen Spektralfarben weniger gut dafür eigneten.

Mit modernen Methoden läßt sich genauer untersuchen, welche Fotosyntheserate die einzelnen Farben des Lichts aus dem Spektrum erzielen, wie wirksam also die einzelnen Farben sind. Die so erhaltenen Werte ergeben das *Wirkungsspektrum der Fotosynthese.* Rotes und blaues Licht erweisen sich als besonders wirksam, während grünes Licht wenig wirksam ist, was ENGELMANNS Ergebnisse bestätigt.

Aus dem gesamten Spektrum des Lichts werden nur das rote und blaue Licht von den Pflanzen aufgenommen und die Energie für die Fotosynthese ausgenutzt. Diesen Vorgang nennt man *Absorption.* Andere Farben, wie vor allem das grüne Licht, werden nicht absorbiert und ergeben zusammen die sichtbare Färbung der Pflanzen.

Lichtabsorptionen werden mit einem *Fotometer* gemessen. Ein Fotometer enthält dazu eine Lichtquelle, deren weißes Licht durch ein Prisma oder ein optisches Gitter in die einzelnen Spektralfarben zerlegt wird. Mit Hilfe eines Spaltes wird eine Farbe ausgewählt, durch eine Probe des gelösten Stoffes geschickt, und die hinter der Probe verbliebene Lichtstärke wird dann wie in einem Belichtungsmesser erfaßt. Für ein Absorptionsspektrum wird auf diese Weise die Absorption über den gesamten Spektralbereich bestimmt.

Welche Stoffe bestimmen die Absorptionseigenschaften eines Blattes? Zur Klärung dieser Frage trennt man die Bestandteile eines Blattextraktes durch *Chromatographie* (siehe Praktikum Fotosynthese) auf. Es zeigen sich die beiden grünen *Chlorophylle a* und *b* sowie einige gelbe *Carotinoide.*

Das Chlorophyll-Molekül besteht aus zwei Bauteilen: Einem *Porphyrinring,* der ein Magnesiumion enthält, und einer *Phytol-Kette.* Der Porphyrinring ist dabei für die Lichtabsorption verantwortlich. Die Chlorophylle a und b unterscheiden sich hinsichtlich einer am Porphyrinring angebundenen chemischen Gruppe und einer leicht unterschiedlichen Absorption. Alle Chlorophylle absorbieren jedoch im wesentlichen rotes und blaues Licht.

Die Energie des absorbierten Lichts wird von den Pflanzen bei der Fotosynthese verwertet. Die verschiedenen Spektralfarben ergeben dabei unterschiedliche Fotosyntheseraten, sie sind unterschiedlich gut wirksam (Wirkungsspektrum). Dies liegt vorwiegend daran, daß einige Spektralfarben stärker absorbiert werden, andere dagegen (v. a. im grünen Bereich) fast gar nicht. Der Pflanze steht aber nur die Energie der tatsächlich absorbierten Wellenlängen zur Verfügung.

Welche Farbstoffe aus dem Blattextrakt für die Wirksamkeit verantwortlich sind, ergibt sich daher aus dem Vergleich ihrer Absorptionen mit dem Wirkungsspektrum. Es zeigt sich, daß es vor allem die beiden Chlorophylle (besonders Chlorophyll a) sind. Daneben sind auch die Carotinoide für die Fotosynthese von Bedeutung. Sie dienen als akzessorische Pigmente *(Hilfspigmente)* und geben die aufgefangene Lichtenergie nahezu verlustfrei an die Chlorophyllmoleküle weiter.

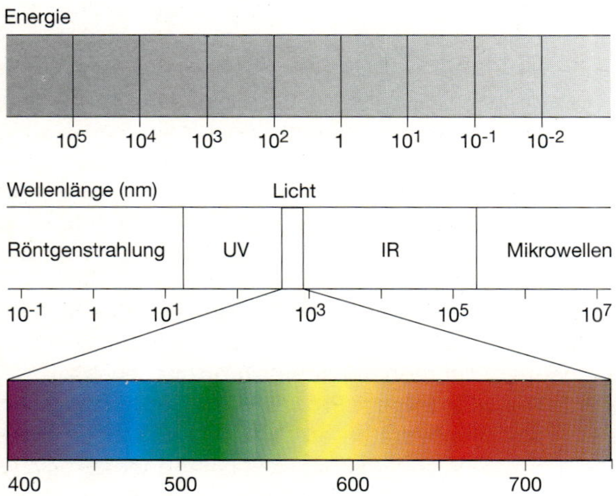

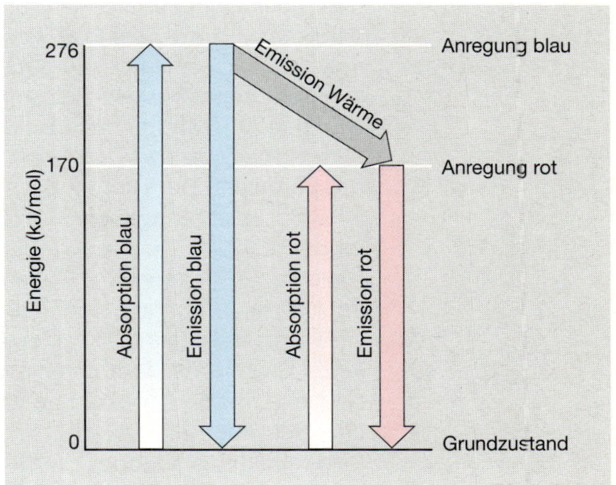

Licht, Energie und Chlorophyll

Licht besteht aus einzelnen Quanten, deren Energie von der Wellenlänge abhängig ist: Blaues Licht ist energiereicher als rotes Licht.
Nach der Planck'schen Formel
$E = h \cdot \nu = 1/\lambda \cdot h \cdot c$
erhält man als Energieformel für 1 Mol Lichtquanten:
$E = 1/\lambda \cdot 1{,}188 \cdot 10^5$ (kJ/mol · nm) (λ in nm angegeben)

Aufgabe

① Berechnen Sie den Energiegehalt von Licht bei $\lambda = 430$ nm und $\lambda = 700$ nm.

In Molekülen befinden sich die Elektronen wie in Atomen auf verschiedenen Energieniveaus. Durch Absorption eines Lichtquants gelangt ein Elektron vom Grundzustand auf ein höheres Energieniveau (angeregter Zustand). Die Energie des absorbierten Lichts entspricht genau der Differenz der beiden Energieniveaus (Grundzustand und angeregter Zustand). Daher können nur bestimmte Wellenlängen absorbiert werden. Bei der Rückkehr in den Grundzustand strahlt das Elektron die absorbierte Energie wieder ab *(Fluoreszenz).*

Die Chlorophylle absorbieren rotes und blaues Licht. Es existieren also zwei angeregte Zustände. Blaues Licht ist energiereicher als rotes. Der durch diese Lichtabsorption erreichte angeregte Zustand befindet sich daher auf einem höheren Energieniveau. Bei der Rückkehr in den Grundzustand kann die Energie als blaues Licht oder Wärme wieder abgegeben werden. Bei einigen Molekülen gelangt das Elektron jedoch erst auf das Niveau der roten Absorption und kehrt von dort in den Grundzustand zurück. Eine Chlorophyll-Lösung zeigt daher bei Belichtung mit blauem Licht eine rote Fluoreszenz. Die Energiedifferenz zwischen blauem und rotem angeregtem Zustand ist nur gering und entspricht unsichtbarem Infrarotlicht bzw. Wärmestrahlung.

11 Biochemie der Fotosynthese

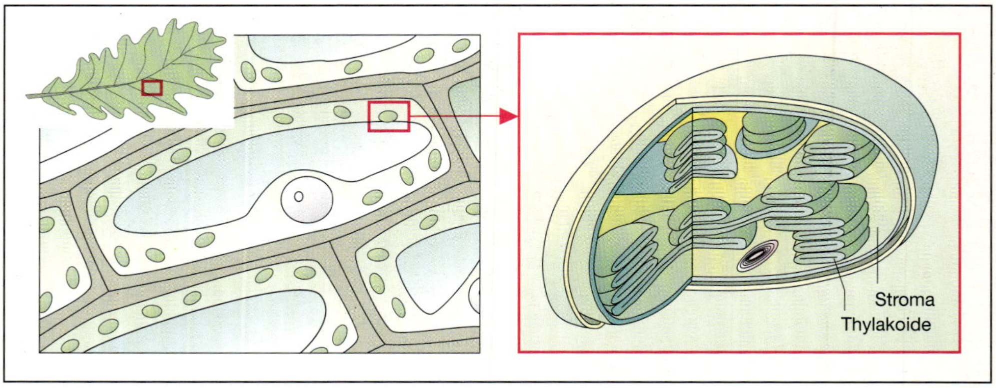

Zweigeteilte Fotosynthese

Das Palisadenparenchym ist der Hauptort der Fotosynthese. Seine Zellen enthalten die meisten Chloroplasten mit dem für die Fotosynthese notwendigen Chlorophyll. Erst vor wenigen Jahrzehnten konnte ARNON völlig intakte Chloroplasten isolieren und zeigen, daß sämtliche Reaktionen der Fotosynthese im Chloroplasten ablaufen: *Der Chloroplast ist der alleinige Ort der Fotosynthese.* Chloroplasten besitzen zwei Außenmembranen. Im Inneren befindet sich das Plasma der Chloroplasten, das *Stroma,* in das die *Thylakoide* als inneres Membransystem eingebettet sind. In den Thylakoidmembranen befinden sich auch die Chlorophylle. An einigen Stellen bilden sie Stapel, die *Granastapel.*

ROBERT HILL entdeckte 1939 bei seinen Versuchen mit isolierten Thylakoidsystemen, daß diese bei Belichtung Sauerstoff entwickelten und dabei *Ferricyanid* reduzierten (bzw. Fe^{3+} zu Fe^{2+}). Diese Reaktion, auch *Hill-Reaktion* genannt, benötigt aber kein CO_2, und es wird kein Kohlenhydrat gebildet. Ferricyanid stellt hier einen künstlichen Elektronenakzeptor dar, normalerweise ist dies $NADP^+$. Die Hill-Reaktion zeigte folgenden, für die Fotosynthese-Vorgänge wichtigen Aspekt: Das entstehende O_2 stammt aus dem Wasser und nicht aus dem CO_2. Dies wurde später mit Hilfe von schwerem Sauerstoff (^{18}O) belegt. Verwendet man zur Fotosynthese Wasser, das ^{18}O gebunden enthält, so besteht das entstehende O_2 ausschließlich aus ^{18}O-Atomen. Das vorläufige Reaktionsschema der Fotosynthese muß daher korrigiert werden:

$$12\,H_2{}^{18}O + 6\,CO_2 \longrightarrow C_6H_{12}O_6 + 6\,{}^{18}O_2 + 6\,H_2O$$

Die Bildung von Sauerstoff stellt damit eine *lichtabhängige Reaktion* dar.

Ein zweiter Prozeß ist die Synthese von Kohlenhydraten aus CO_2. ARNON konnte nachweisen, daß sie kein Licht benötigt; sie wird daher *lichtunabhängige Reaktion* genannt. Er konnte auch die beiden Teilreaktionen räumlich zuordnen: Die lichtabhängige Reaktion ist an die Thylakoidmembran gebunden, während die lichtunabhängige Reaktion im Stroma stattfindet. Beide Prozesse sind im Gesamtablauf der Fotosynthese miteinander verbunden: Die lichtabhängige Reaktion produziert ATP und $NADPH + H^+$, die in der lichtunabhängigen Reaktion verwertet werden.

Hill-Reaktion:

$$2\,H_2O + 4\,Fe^{3+} \longrightarrow O_2 + 4\,H^+ + 4\,Fe^{2+}$$

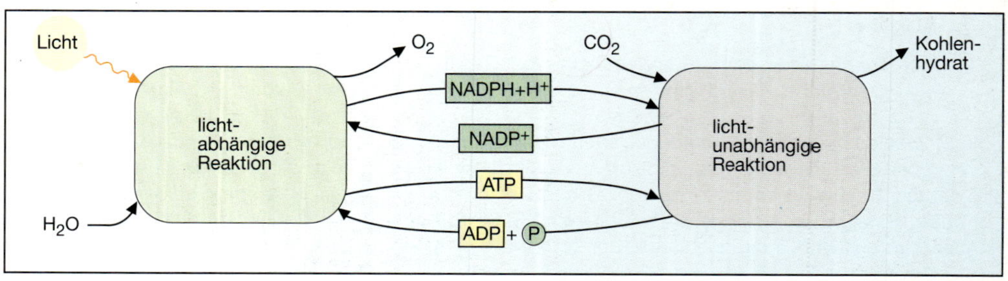

Die Experimente von Trebst, Tsujimoto und Arnon (1958)

Die Wissenschaftler der Arbeitsgruppe um DANIEL ARNON wollten herausfinden, welche Substanzen in Chloroplasten mit Hilfe der Energie des Sonnenlichts gebildet werden und damit die lichtunabhängige Reaktion ermöglichen. Weiterhin wollten sie klären, inwieweit der komplizierte Aufbau der Chloroplasten mit den zwei Membranhüllen, den Thylakoiden und dem Stroma, für die ablaufende Reaktion notwendig ist. Um zu untersuchen, in welchen Teilen der Chloroplasten die beiden Teile der Fotosynthese, die lichtabhängige und die lichtunabhängige Reaktion stattfinden, isolierten sie Thylakoide und Stroma aus den Organellen. In zwei Versuchsansätzen variierten sie die Beleuchtung der Proben bei gleicher CO_2-Zugabe. In zwei weiteren Ansätzen trennten sie nach der Licht- bzw. Dunkelphase die Thylakoide durch Zentrifugation vom Stroma ab und gaben anschließend CO_2 zum Stroma hinzu.

Als CO_2- Quelle wurde eine Lösung Natriumhydrogencarbonat ($NaHCO_3$) mit dem Isotop ^{14}C verwendet, dessen radioaktive Strahlung eine direkte Möglichkeit zur Messung bot. Das radioaktive Kohlenstoffatom wurde während des Versuchs in die Fotosyntheseprodukte, wie z. B. Glukose, eingebaut. Nach chemischer Abtrennung der Produkte konnte die eingebaute Menge an radioaktivem Kohlenstoff gemessen werden.

Im einzelnen wurden die Versuche 1 – 4 mit Stroma und Thylakoiden durchgeführt.

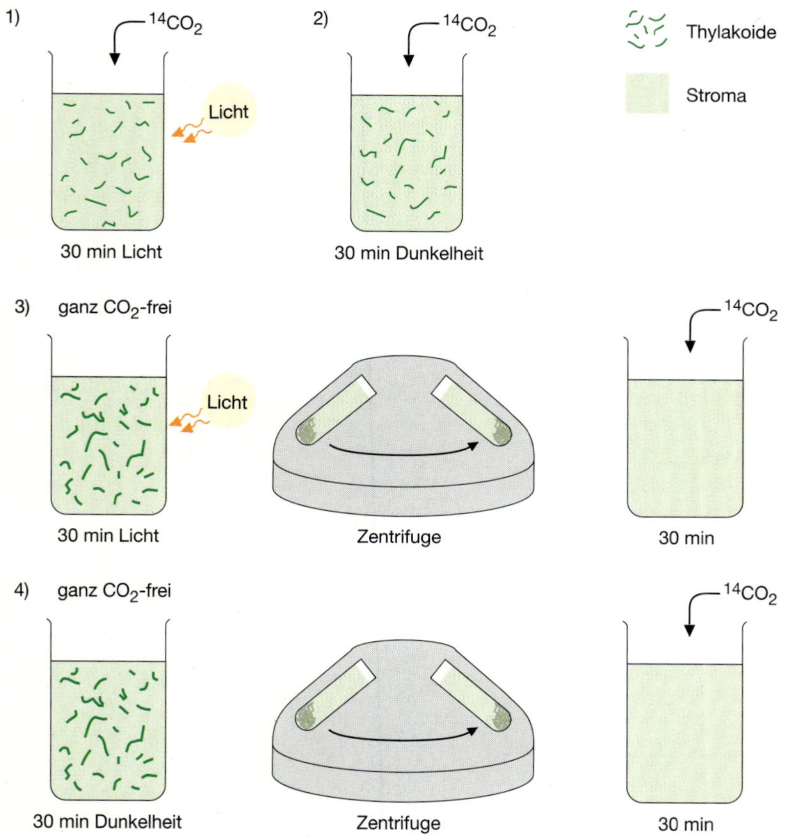

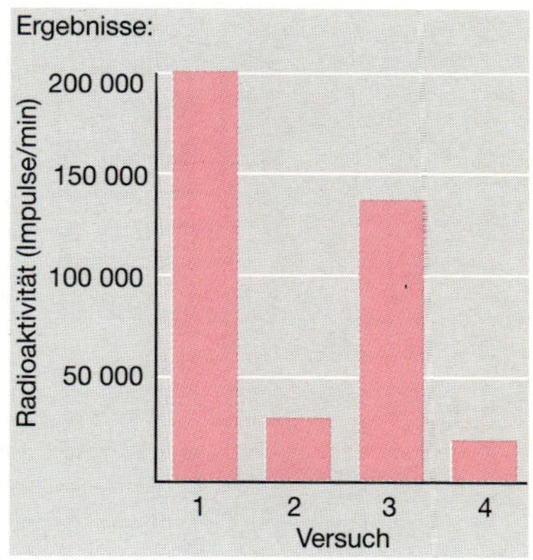

Um den Bedarf an energiereichen Verbindungen zu untersuchen, wurden drei weitere Versuche (A, B und C) mit isoliertem Stroma durchgeführt: (Die Versuchsergebnisse von A, B und C sind lichtunabhängig.)

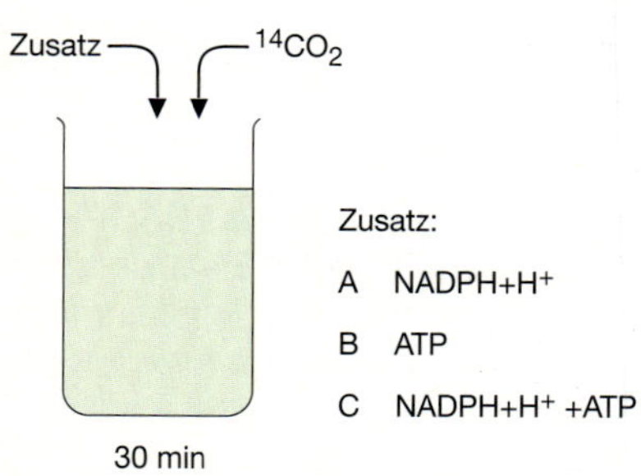

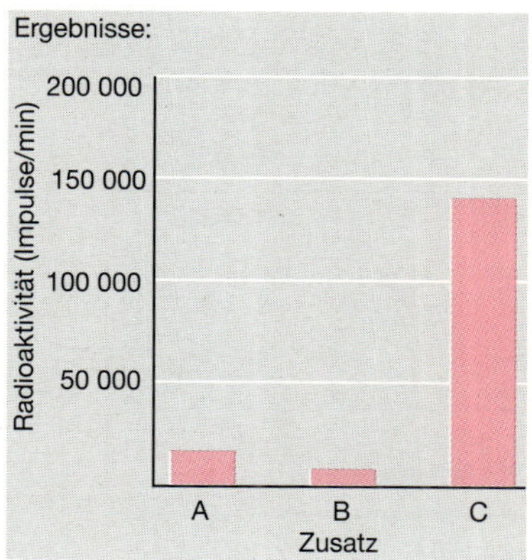

Aufgaben

① Erklären Sie die Ergebnisse der Experimente.

② Belegen Sie mit Hilfe der Ergebnisse, wo im Chloroplasten die lichtabhängige und die lichtunabhängige Reaktion ablaufen.

Die lichtabhängigen Reaktionen

Belichtet man ein intaktes Blatt, so zeigt es im Gegensatz zu einer Chlorophyll-Lösung fast keine Fluoreszenz. Die im Licht enthaltene Energie wird also nicht wieder abgestrahlt, sondern in der lichtabhängigen Reaktion für die Fotosynthese verwertet.

Zwei Fotosysteme

Bei seinen Untersuchungen der lichtabhängigen Reaktion bei verschiedenen Wellenlängen bemerkte EMERSON ein Phänomen, das später nach ihm *„Emerson-Effekt"* genannt wurde: Belichtet man einzellige Algen mit Rotlicht bei 680 nm, so erhält man eine bestimmte O_2-Produktion. Ein vergleichbarer Effekt zeigt sich bei der Wellenlänge 700 nm. Als EMERSON seine Algen jedoch mit Licht beider Wellenlängen gleichzeitig belichtete, erhielt er eine deutlich höhere O_2-Produktion, als die Summe der Einzelbelichtungen ergab.

Stoffe der Redoxkette
Plastochinon (Q)
Plastocyanin (PC)
Cytochrom-bf-Komplex
Ferredoxin (Fd)
$NADP^+$

Aus EMERSONS Beobachtungen folgerten andere Forscher, daß an der lichtabhängigen Reaktion *zwei Fotosysteme* beteiligt sein müssen, die gekoppelt sind und einzeln weniger leisten als in Kombination. Das *Fotosystem I* besitzt seine größte Wirksamkeit bei 700 nm und wird auch *P 700* genannt, für das *Fotosystem II* ist dies bei 680 nm gegeben *(P 680)*. Beide Fotosysteme enthalten Chlorophyll und sind in der Thylakoidmembran verankert. Sie geben jedoch unterschiedlich leicht Elektronen ab, besitzen also verschiedene Redoxpotentiale.

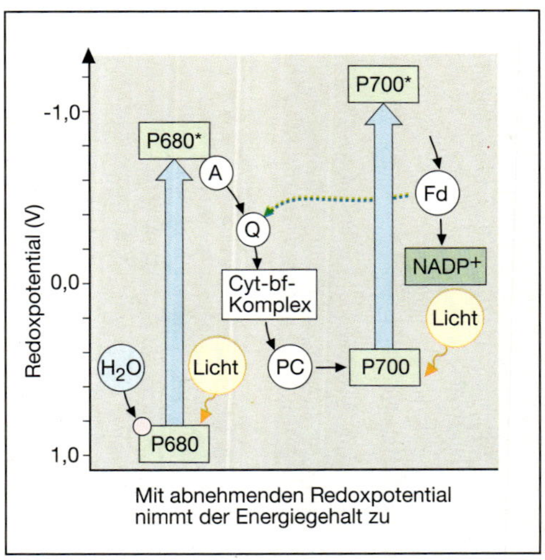

2 Redoxschema der lichtabhängigen Reaktion

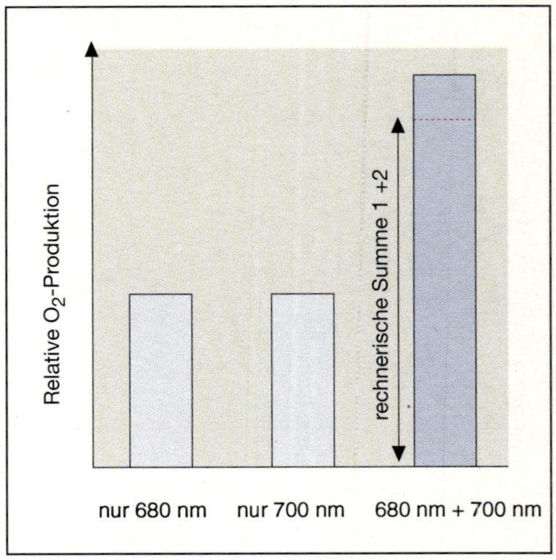

1 Emerson-Effekt

Neben den Chlorophyllen sind noch weitere Redox-Systeme beteiligt, die überwiegend in der Thylakoid-Membran verankert sind. Die Reaktionsschritte ergeben insgesamt eine Elektronenübertragung vom Sauerstoffatom eines Wassermoleküls auf ein $NADP^+$-Ion:

$H_2O + NADP^+ \rightarrow \frac{1}{2}O_2 + NADPH + H^+$

Freiwillig verläuft diese Reaktion in der entgegengesetzten Richtung und setzt Energie frei. Hier ist die Reaktion daher endergonisch und benötigt Energie, die aus dem Licht stammt.

Im ersten Schritt absorbiert das Chlorophyll im Fotosystem II (P 680) Licht (680 nm) und gibt ein Elektron ab, das über mehrere Zwischenstufen zum Plastocyanin (PC) gelangt. Das entstandene $P\,680^+$-Ion erhält ein Elektron aus einem Wassermolekül zurück. Auch das Chlorophyll im Fotosystem I (P 700) gibt nach der Absorption (700 nm) ein Elektron ab, das über Ferredoxin zum $NADP^+$ gelangt. Dieses wird zu $NADPH + H^+$ reduziert. Das entstandene $P\,700^+$-Ion erhält ein Elektron vom Plastocyanin zurück. Im Bereich des Fotosystems I gibt es noch einen zweiten Weg für die Elektronen: Nach der Absorption wird ein Elektron an Ferredoxin (Fd) gegeben. Das Elektron gelangt dann über Zwischenstufen zum P 700 zurück. Dieser Weg ergibt einen *zyklischen Elektronentransport,* bei dem kein $NADPH + H^+$ gebildet wird. Für die Bildung eines $NADPH + H^+$ sind (neben 2 Protonen) 2 Elektronen erforderlich. Jedes der Elektronen benötigt ein Lichtquant am P 680 und ein weiteres am P 700. Insgesamt werden also 4 Lichtquanten für 1 $NADPH + H^+$ benötigt.

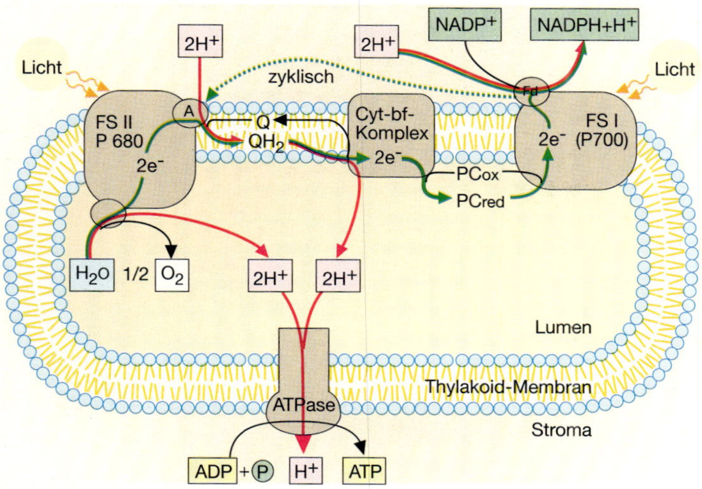

1 Energiegewinnung im Chloroplasten

$$QH_2 \xrightarrow{ox} Q + 2e^- + 2\,H^+$$

$$2\,PC(Cu^{2+})_{ox} + 2e^- \xrightarrow{red} 2\,PC(Cu^+)_{red}$$

Summe beider Reaktionen

$$QH_2 + 2\,PC_{ox} \xrightarrow{Redox} Q + 2\,PC_{red} + 2\,H^+$$

Die Gewinnung von ATP

Für die lichtunabhängige Reaktion der Fotosynthese ist auch ATP erforderlich, das ebenfalls in der lichtabhängigen Reaktion gebildet wird. Die hierfür erforderliche Energie stammt jedoch nur indirekt aus dem Licht. Sie ist vielmehr in einer Differenz der Protonenkonzentration enthalten, die zwischen beiden Seiten der Thylakoidmembran mit Hilfe des Elektronentransportes aufgebaut wird. Der Weg der Elektronen durch die räumliche Struktur der Thylakoide (s. Abb. 1) ist dabei von großer Bedeutung.

Am *Cytochrom-bf-Komplex* werden Elektronen vom *Plastochinon* (Q) übernommen und weiter auf *Plastocyanin* (PC) übertragen. Plastochinon ist ein Redoxsystem, das unter zusätzlicher Aufnahme von Protonen reduziert wird; bei der Oxidation werden die Protonen wieder abgegeben. Plastocyanin dagegen besitzt als Redox-Komponente ein Kupferion, das seine Ionenladung wechseln kann. Die Reaktion erfolgt in diesem Fall ohne Protonen. Am Cytochrom-bf-Komplex werden deswegen in der Summe die 2 Protonen des Plastochinons freigesetzt.

Wegen der räumlichen Anordnung der Enzyme und Moleküle in der Thylakoidmembran erfolgt die Protonenaufnahme aus dem Stroma (Reduktion des Plastochinons). Die anschließende Protonenabgabe am Cytochrom-bf-Komplex erfolgt jedoch in den Innenraum der Thylakoide. Dieses System bildet daher eine Pumpe, die Protonen mit Hilfe des Elektronentransports aus dem Stroma in die Thylakoide transportiert.

Im Stroma sinkt deshalb die Protonenkonzentration, der pH-Wert steigt. In den Thylakoiden steigt dagegen die Protonenkonzentration, der pH-Wert sinkt.

Zusätzlich findet die Oxidation des Sauerstoffs im Wasser im Inneren der Thylakoide statt und setzt dort ebenfalls Protonen frei, während die Protonen verbrauchende Reduktion von $NADP^+$ an der Thylakoid-Außenseite stattfindet. Daneben werden ebenfalls durch den zyklischen Elektronentransport Protonen in die Thylakoide gepumpt und verstärken die pH-Differenz. Diese gleicht sich durch Diffusion der Protonen wieder aus. Der Weg auf die andere Seite der Thylakoidmembran führt dabei durch den Enzymkomplex ATPase. Dieser katalysiert mit Hilfe der Protonen die Synthese von ATP aus ADP und Phosphat. So entstehen mit jedem $NADPH + H^+$ daher auch 1 bis 2 ATP.

Die lichtabhängige Reaktion besteht im wesentlichen aus zwei Teilprozessen: Einmal entsteht $NADPH + H^+$ (und Sauerstoff). Dabei werden Elektronen bzw. Wasserstoffatome gespeichert. Außerdem ist diese Reaktion *endergonisch,* und das Produkt ist energiereich. Zum anderen wird ATP gebildet. Auch dieser Prozeß ist endergonisch, und es entsteht ebenfalls ein energiereicher Stoff. Die Energie für die Bildung von $NADPH + H^+$ und die indirekt daran angekoppelte ATP-Bildung stammt aus dem eingestrahlten Licht (Abb. 2). In der Bilanz ergibt sich daher eine zweifache Energiespeicherung in $NADPH + H^+$ und in ATP.

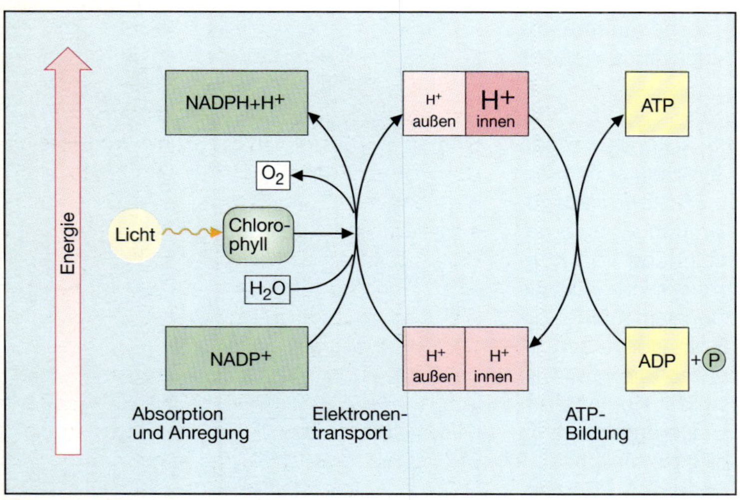

2 Bilanz der lichtabhängigen Reaktion

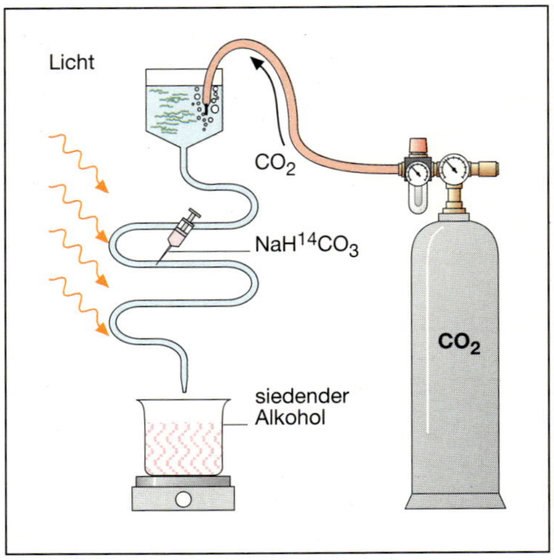

1 Versuchsanordnung nach CALVIN

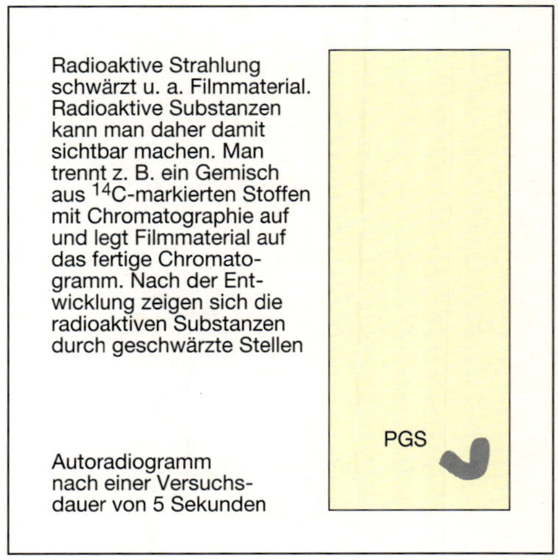

2 Autoradiographie

Die lichtunabhängigen Reaktionen

In den lichtunabhängigen Reaktionen wird Glukose aus Kohlenstoffdioxid (CO_2) aufgebaut. Die Aufklärung der daran beteiligten Schritte leisteten vor allem CALVIN und seine Mitarbeiter. Sie verwendeten dazu das radioaktive Isotop des Kohlenstoffs ^{14}C und boten ihren Algen daraus hergestelltes Natriumhydrogencarbonat ($NaH^{14}CO_3$) an. Dieser Stoff kann Kohlenstoffdioxid abspalten. Die damit gebildeten Fotosyntheseprodukte wurden mit Hilfe von Chromatographie und Autoradiographie identifiziert.

Der CO_2-Akzeptor

Bei den Versuchen wurde eine Algensuspension verwendet, aus der man durch einen langen, belichteten Schlauch Proben entnahm (Abb. 1). In diesen Schlauch wurde das $NaH^{14}CO_3$ gegeben. Die restliche Fließzeit bis zum Schlauchende bestimmte die Versuchsdauer, da die Algen anschließend sofort abgetötet wurden.

Eine Versuchsdauer von 5 Sekunden ergab im Autoradiogramm nur ein radioaktiv markiertes Produkt (Abb. 2): *Phosphoglycerinsäure* (PGS). Nähere Untersuchungen ergaben, daß diese durch Anbindung von Kohlenstoffdioxid an ein bereits vorhandenes Akzeptormolekül entstanden sein mußte. Zur Identifizierung des Akzeptors wurde den Algenzellen laufend Kohlenstoffdioxid (1 %) angeboten. Dann wurde das Kohlenstoffdioxid entfernt (Abb. 3). Daraufhin nahm *Ribulosediphosphat* (RudP) zu, ein Zuckerphosphat mit C_5-Körper, während PGS weniger wurde. Daraus kann man schließen, daß RudP nicht mehr so stark verbraucht wurde und sich anreicherte. Weiterhin konnte nur wenig PGS neu entstehen, während die restlichen PGS-Moleküle verbraucht wurden. Offenbar hatte RudP mit Kohlenstoffdioxid reagiert, wobei PGS entstand, und nach Entfernung des Kohlenstoffdioxid konnte diese Reaktion nicht mehr ablaufen. Damit lag RudP als CO_2-Akzeptor nahe, was durch weitere Versuche bestätigt werden konnte. Inzwischen wurden auch die Teilreaktionen aufgeklärt (Abb. 93.1), und es ergab sich folgende Gesamtreaktion:

$$RudP + CO_2 + H_2O \rightarrow 2\ PGS$$

Alle Reaktionsschritte (Einbau des Kohlenstoffdioxid und Hydrolyse des Produktes)

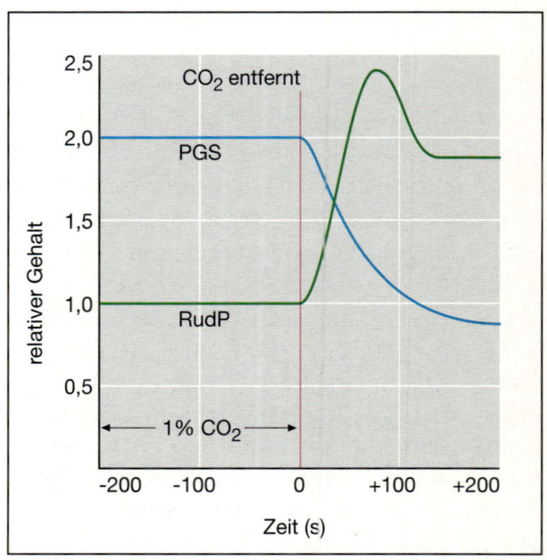

3 Auswirkung der CO_2-Entfernung

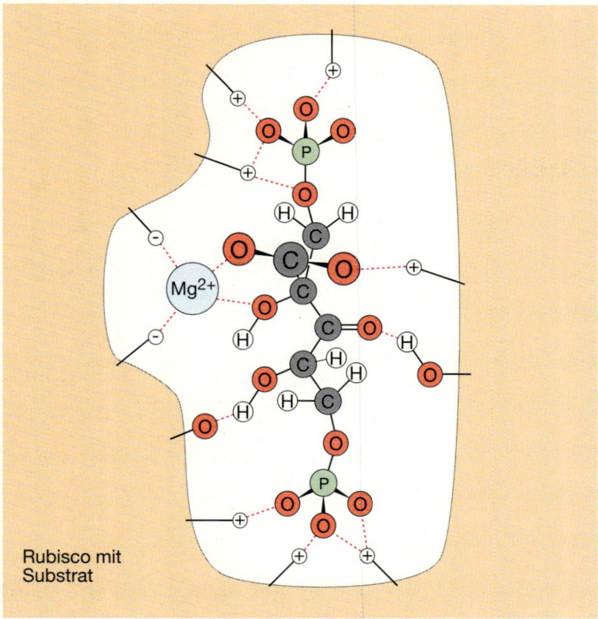

Rubisco — das wahrscheinlich häufigste Enzym auf der Erde

Die Reaktionsschritte der Fixierung von Kohlenstoffdioxid werden von dem Enzym *Ribulosediphosphat-Carboxylase* (Rubisco) katalysiert. Rubisco kommt in allen fotosynthetisch aktiven Organismen in großer Menge vor: Je nach Pflanzenart kann Rubisco 20 % bis zu 50 % der Blattproteine ausmachen. Rubisco ist ein sehr langsames Enzym (Wechselzahl: 3 Moleküle/s). Die Menge spiegelt daher wohl weniger seine Bedeutung als vielmehr die geringe Geschwindigkeit wieder. Das Enzym besitzt eine komplizierte Quartärstruktur aus 8 kleinen und 8 großen Untereinheiten. Letztere besitzen alle ein aktives Zentrum. In diesem ist als notwendiges Element ein Magnesiumion (Mg^{2+}) vorhanden, das das fixierte CO_2-Molekül hält und ausrichtet.

Bei der Fixierung von Kohlenstoffdioxid wirkt Rubisco als *Carboxylase*. Als konkurrierendes Substrat kann aber auch Sauerstoff dienen. Bei dieser Reaktion wirkt Rubisco als *Oxygenase*, und es entstehen PGS und Phosphoglykolsäure. Letztere scheint für die Pflanze nicht gut verwendbar zu sein und wird in mehreren Reaktionsschritten zu PGS (oder anderen Stoffen) umgebaut. Dabei verliert die Pflanze aber wieder ein CO_2-Molekül:
2 Phosphoglykolsäure ⟶ PGS + CO_2

Im Mittel wirkt Rubisco zu etwa 70 % als Carboxylase. Ungünstige Bedingungen (z. B. hohe Temperaturen und geringe CO_2-Konzentration) verstärken aber die Oxygenase-Funktion, und ein großer Teil (bis zu 50 %) der fixierten CO_2-Menge kann dann wieder verloren gehen. Besonders für die Landwirtschaft verringern sich hierdurch die möglichen Ernteerträge. Mit Hilfe moderner Gentechnik wird deswegen versucht, Rubiscoenzyme zu konstruieren, bei denen die Carboxylase-Funktion stärker begünstigt ist.

Die Oxygenase-Funktion von Rubisco stellt wohl die wesentliche Ursache der Lichtatmung dar. Manche Pflanzen besitzen jedoch die Möglichkeiten, die dadurch entstehenden CO_2-Verluste zu vermeiden (s. Seite 102).

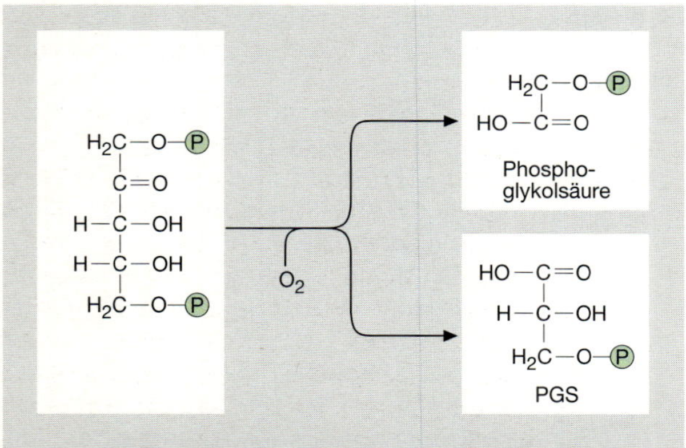

Reaktion von Rubisco als Oxygenase

werden durch das Enzym *Ribulosediphosphat-Carboxylase* (Rubisco) katalysiert.

Bei der beschriebenen Reaktion wird Kohlenstoffdioxid (bzw. ein Kohlenstoffatom als wichtigstes Gerüstatom) in die pflanzliche Substanz eingebaut. Kohlenstoffdioxid ist jedoch ein anorganisches Gas, das in der unbelebten Natur vorkommt. Es bildet mit Wasser eine anorganische Säure (Kohlensäure) und kommt in Form von Carbonaten als gesteinsbildendes Mineral vor. Bei der Fixierung wird aus Kohlenstoffdioxid aber neue biologische Substanz, nämlich ein Bestandteil der Pflanze, deren Masse auf diese Weise zunimmt. Letztlich ist durch diesen Prozeß die gesamte Masse jeder Pflanze gebildet worden.

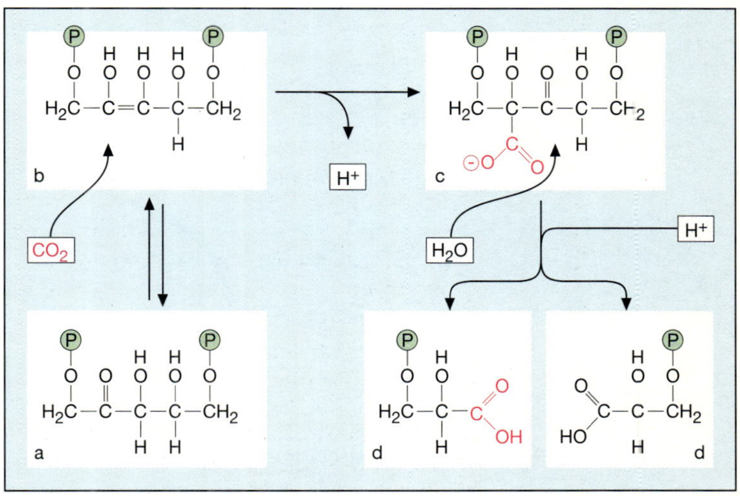

1 Reaktionsschritte der CO_2-Fixierung durch Rubisco

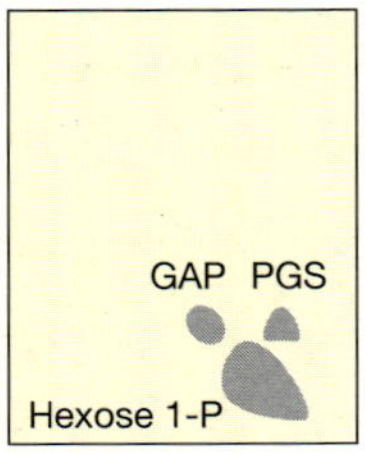

90 Sekunden
Autoradiogramm

Reduktion des fixierten Kohlenstoffs

Die Fixierung von CO_2 führt zu *Phosphoglycerinsäure* (PGS). Einerseits ist dieser Stoff aber noch deutlich energieärmer als Glukose und andere Kohlenhydrate. PGS muß daher *energetisch aktiviert* werden. Andererseits ist PGS eine organische Säure mit einer Carboxylgruppe. Kohlenhydrate, wie beispielsweise Glukose, sind aber keine Säuren, sondern besitzen eine Aldehydgruppe oder eine Keto-Gruppe. PGS kann deswegen noch kein Kohlenhydrat sein. Da aber aus PGS letztendlich Glukose als Endprodukt der Fotosynthese entsteht, muß die Carboxylgruppe zur Aldehydgruppe *reduziert* werden.

Zur Klärung dieser Reaktionen wurden weitere Versuche mit den Algen durchgeführt. Unter anderem wurde die Belichtung abgestellt. PGS reicherte sich nun an (Abb. 1). Es wurde aus RudP und CO_2 weiterhin gebildet, konnte aber nicht weiter umgesetzt werden. Bei Dunkelheit kann jedoch die lichtabhängige Reaktion nicht mehr ablaufen, in der NADPH + H^+ und ATP gebildet werden. Diese Stoffe fehlten offenbar an dieser Stelle des Reaktionsweges, und die Gesamtreaktion war unterbrochen. Belege hierfür waren auch, daß Glukose nicht weiter gebildet wurde und der CO_2-Akzeptor RudP verbraucht und nicht regeneriert wurde.

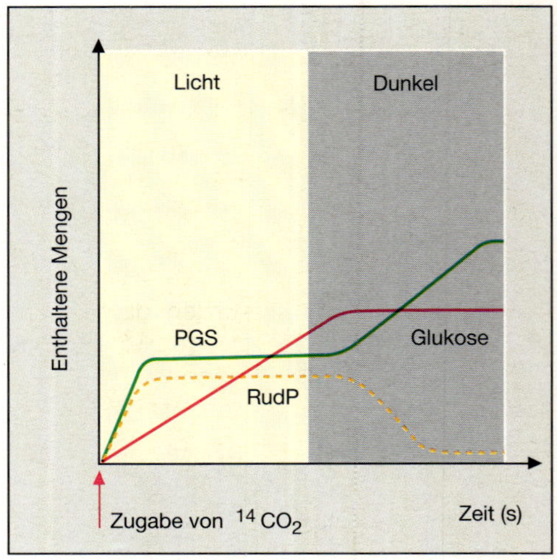

1 Abbruch der PGS-Reduktion

Normalerweise wird also PGS in diesem Schritt der lichtunabhängigen Reaktion durch ATP aktiviert und durch NADPH + H^+ reduziert (Abb. 2). Dabei entsteht *Glycerinaldehydphosphat* (GAP), wie auch das Autoradiogramm bestätigt: Nach einer Versuchsdauer von 90 Sekunden zeigten sich GAP und eine Hexose mit Phosphatgruppe. GAP ist aber keine Säure mehr, sondern ein Aldehyd (Abb. 2). GAP ist damit das erste Kohlenhydrat (als phosphoryliertes Molekül), das in der Fotosynthese gebildet wird. Aus den anfänglichen RudP und CO_2 sind damit insgesamt zwei Kohlenhydratmoleküle entstanden.

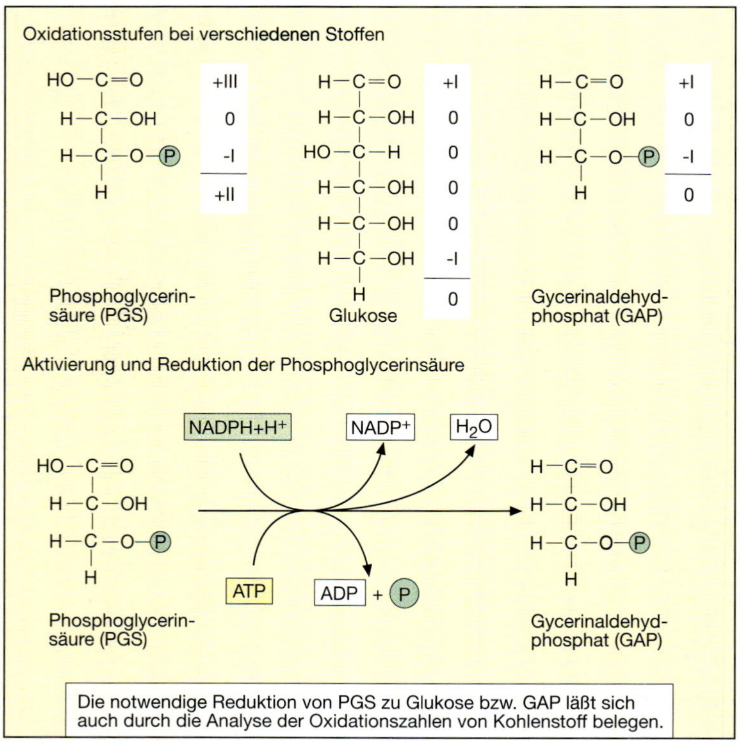

2 Aktivierung und Reduktion von PGS

Calvin-Zyklus

Die durch CO_2-Fixierung und Reduktion gebildeten Moleküle des Glycerinaldehydphosphats (GAP) werden auf unterschiedliche Weise weiter verwertet. Einerseits werden zwei Moleküle GAP zu einem Fruktosediphosphatmolekül und weiter zu einem Molekül Glukose verbunden. Auf diese Weise entsteht das bekannte Endprodukt der Fotosynthese.

Andererseits werden RudP-Moleküle aus anderen GAP-Molekülen regeneriert. Sie stehen dann für die weitere Kohlenstoffdioxidfixierung zur Verfügung. Die hierbei ablaufenden Stoffwechselschritte sind inzwischen aufgeklärt. In der Bilanz ergibt sich

CALVIN

folgender Ablauf: Zur Neusynthese eines Glukosemoleküls sind 6 CO_2-Moleküle erforderlich. Aus 6 RudP-Molekülen und 6 CO_2-Molekülen entstehen durch Fixierung und Reduktion 12 GAP-Moleküle, von denen zwei zur Bildung einer Glukose dienen. Die verbleibenden 10 GAP-Moleküle enthalten als Triosen (C_3-Zucker) insgesamt 30 C-Atome, ebenso wie 6 RudP-Moleküle. Diese werden daraus in mehreren Schritten zurückgebildet. Bei diesen Regenerationsreaktionen werden weitere 6 ATP-Moleküle verbraucht.

Alle lichtunabhängigen Reaktionen ergeben damit einen Kreislauf, der nach seinem Entdecker *Calvin-Zyklus* (oder auch *Calvin-Benson-Zyklus*) genannt wird.

Aufgabe

① Die Rückgewinnung der 6 RudP erfolgt im wesentlichen mit Hilfe von zwei Enzymtypen: Zum einen die *Aldolasen,* die zwei kleine Zuckermoleküle zu einem größeren verbinden. Zum anderen die *Transketolasen,* die ein C_2-Stück eines Zuckermoleküls auf ein anderes übertragen. Die dabei entstehenden Zwischenprodukte sind aber nicht kürzer als C_3 und nicht länger als C_7.
Ermitteln Sie die notwendigen Schritte zur Rückgewinnung der 6 RudP. Verwenden Sie dabei vereinfachend nur C-Körper (Anzahl C-Atome pro Molekül), und vernachlässigen Sie die angebundenen Phosphatgruppen.

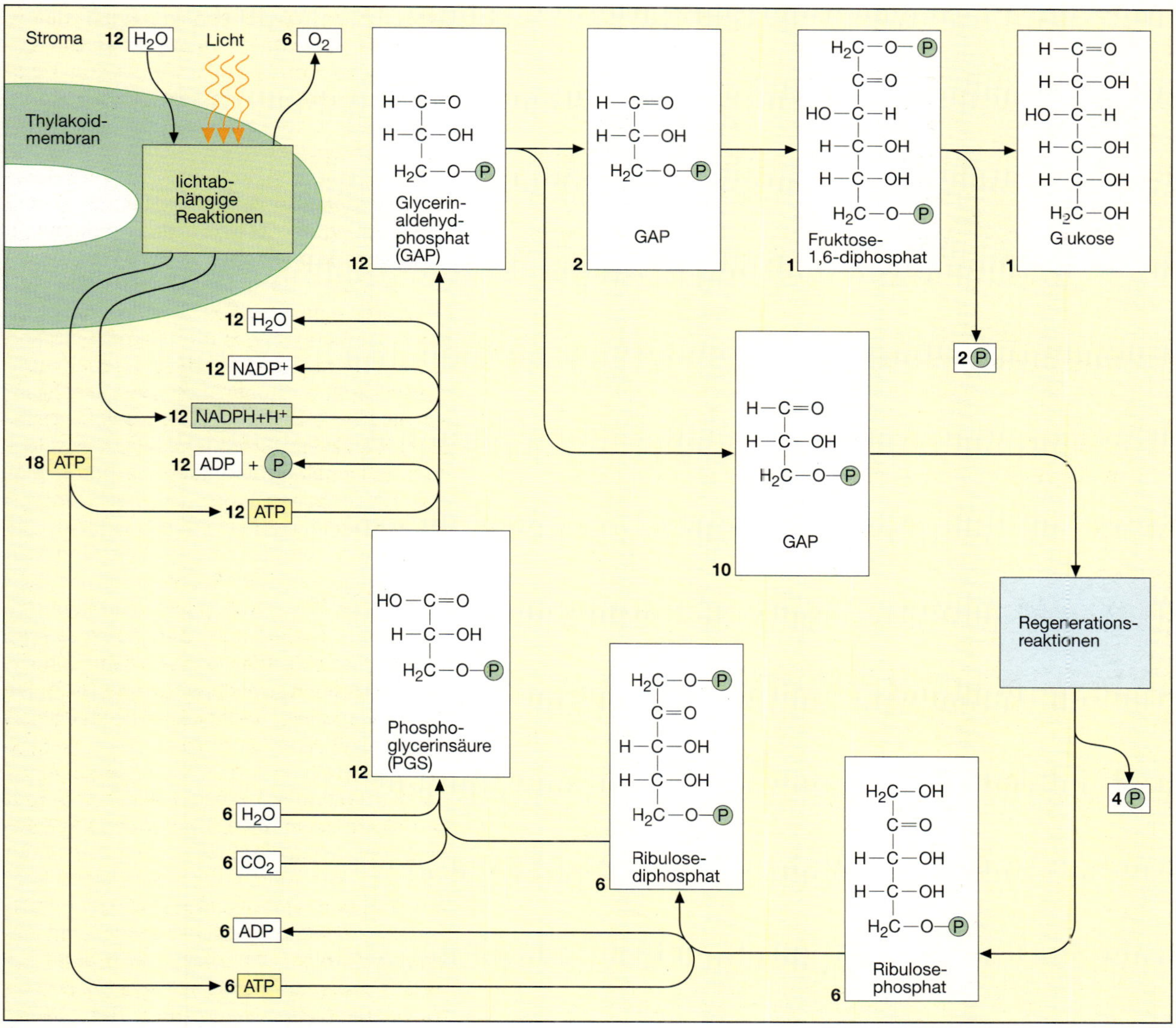

1 Lichtunabhängige Reaktionen

1 Salzseen, deren Oberfläche durch Halobakterien rot gefärbt sind

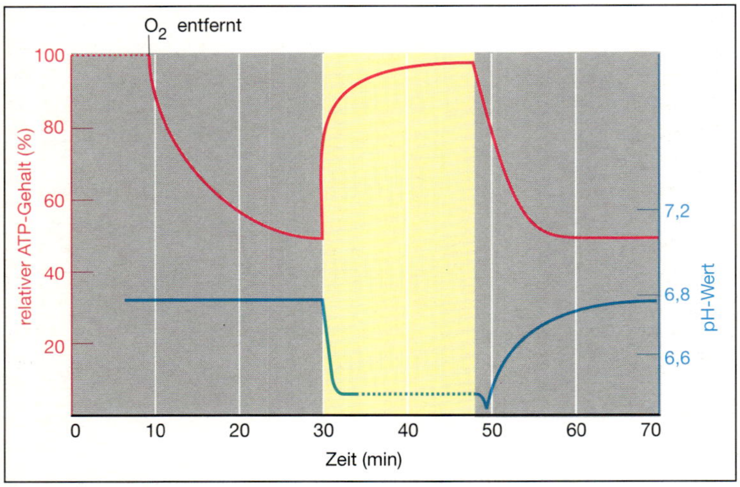

2 pH-Änderung und ATP-Gehalt beim Licht-/Dunkelwechsel

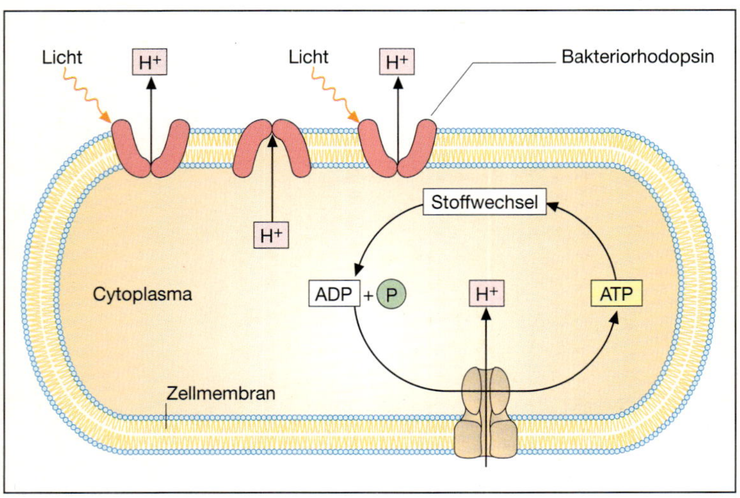

3 Schema des lichtinduzierten Protonentransportes

Halobakterium produziert mit Licht ATP

Die Salzkonzentration im Toten Meer ist sieben mal höher als in der Nordsee. Trotzdem können dort Organismen leben, sogenannte salzliebende Bakterien. Besonders bekannt ist *Halobakterium halobium*. Durch ihre intensiv rote Farbe prägen diese Archaebakterien das Erscheinungsbild vieler mediterraner Salzgewinnungsbecken.

Untersuchungen an Halobakterium zeigen, daß dieser Organismus ATP produziert, solange ihm Sauerstoff und Glukose zur Verfügung stehen. Die Energie für die ATP-Bildung stammt in diesem Fall aus dem Abbau des Zuckers. Wird den Bakterien in der Dunkelheit der Sauerstoff entzogen, kann die Zellatmung nicht weiter ablaufen. Der ATP-Gehalt sinkt. Belichtet man Halobakterium unter diesen Versuchsbedingungen wieder, steigt die ATP-Konzentration in den Bakterien auch in sauerstofffreier Umgebung. Halobakterium kann folglich seine lebenswichtige Energie sowohl aus der Glukose als auch aus dem Licht beziehen.

Mißt man parallel zu dieser lichtinduzierten ATP-Bildung den pH-Wert des Mediums, in dem die Halobakterien leben, kann man während der Belichtungsphase eine Ansäuerung messen (Abb. 2). Dies bedeutet eine Erhöhung der Protonenkonzentration in der Umgebung von Halobakterium. Die zusätzlichen Protonen können ausschließlich aus den Bakterienzellen selbst stammen. Für diesen Protonenaustausch scheinen die lichtabsorbierenden, purpurrot pigmentierten Zonen in der Zellmembran von Halobakterium verantwortlich zu sein. Bei der Analyse der Pigmentmoleküle fand man zwei Bestandteile. Der Proteinanteil des Bakteriorhodopsins durchspannt die Membran, der Nicht-Proteinanteil, die *prosthetische Gruppe*, ist mit dem *Retinal,* dem Sehpigment im Auge der Wirbeltiere, identisch. Sie ist nach außen gerichtet und absorbiert hauptsächlich gelbes Licht.

Bei Belichtung wird das Retinal angeregt und bewirkt so eine Konformationsänderung des Proteinanteils in der Membran (Abb. 3). Dies führt zur Abgabe eines Protons aus dem Innenraum des Bakteriums in das Außenmedium. Anschließend nimmt das Membranprotein innerhalb der Bakterienzelle wieder ein Proton auf und fällt in seine Ausgangsstruktur zurück. Bei starker Belichtung werden so von jedem Proteinmolekül mehrere hundert Protonen pro Sekunde durch die Bakterienmembran geschleust. Wird die Lichtphase beendet, steigt der pH-Wert, es werden keine Protonen mehr nach außen transportiert: Die pH-Werte des Cytoplasmas und des umgebenden Mediums gleichen sich an. Die ATP-Konzentration geht ebenfalls zurück. Dieses Ergebnis deutet auf einen Zusammenhang zwischen dem pH-Gradienten und der ATP-Bildung hin.

Auf diese Weise wird die Lichtenergie direkt in einen Protonengradienten umgesetzt (Abb. 96.3). Dieser enthält die Energie, die zur Bildung von ATP genutzt wird. Die Protonen werden durch ein zweites Protein in der Zellmembran, eine ATPase, wieder in die Zelle aufgenommen. Auf diesem Wege wird ATP gebildet.

Anders als bei der Fotosynthese der höheren Pflanzen wird kein CO_2 fixiert, und es entsteht bei den Prozessen in Halobakterium kein Sauerstoff und keine Glukose. Es handelt sich um die einfachste bekannte Umwandlung von Sonnenenergie in Stoffwechselenergie.

Die ATP- Synthese im Vergleich

Vergleicht man die Prozesse des Energiestoffwechsels aller Lebewesen, stellt man fest, daß ATP der universell genutzte Energieüberträger aller Zellen ist. Untersuchungen an den ATP-Bildungsenzymen, den *ATPasen,* der Chloroplasten, Mitochondrien und Bakterien, wie z. B. E. coli oder Halobakterium, zeigen eine große Ähnlichkeit im Bau dieser Enzymmoleküle.

In allen Fällen ist die ATPase in einer Membran verankert und verbindet so zwei voneinander getrennte Räume (Abb. 1). In den Mitochondrien und Bakterien werden die Protonen aus der Matrix bzw. dem Cytoplasma nach außen gepumpt. Die ATPase-Moleküle sind dementsprechend umgekehrt ausgerichtet: Sie lassen die Protonen von außen nach innen einströmen. Dabei wird ATP gebildet.

In den Chloroplasten werden die Protonen vom Stroma in den Thylakoidinnenraum transportiert. Die ATPase ist so orientiert, daß die Protonen wieder nach außen ins Stroma strömen. Die Thylakoide sind durch abgeschnürte Membraneinstülpungen der Außenmembran entstanden. Aufgrund dieser einander entsprechenden Ausrichtungen der Membranen kann man einen gemeinsamen evolutionären Ursprung vermuten.

Aufgabe

① Vergleichen Sie tabellarisch Gemeinsamkeiten und Unterschiede bei der Fotosynthese höherer Pflanzen und der lichtabhängigen ATP-Bildung bei Halobakterium.

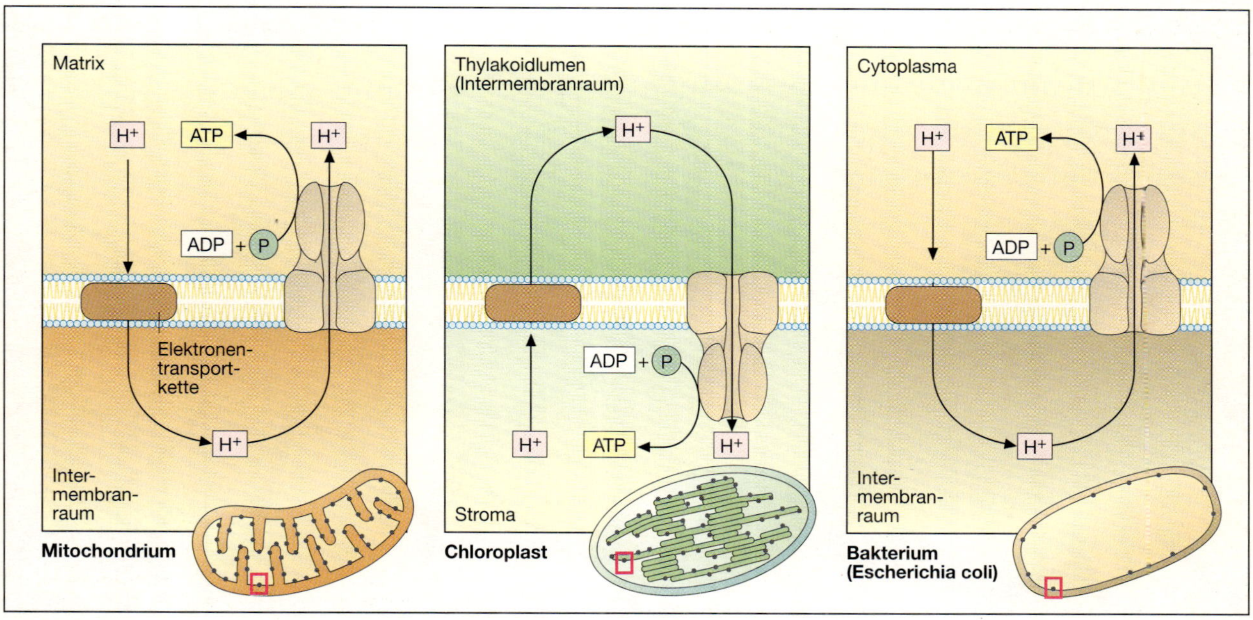

1 ATPase bei Mitochondrien, Chloroplasten und Bakterien

Überleben trotz Trockenheit

Alle lebenserhaltenden Stoffwechselvorgänge der Pflanzen benötigen Wasser. Trotzdem wachsen Pflanzen auch an extrem trokkenen Standorten wie Wüsten und Steppen oder auf felsigem Untergrund. Häufig müssen sie lange, heiße Dürreperioden überdauern. Verschiedenartige physiologische und morphologische Überlebensstrategien haben sich herausgebildet. Meist treten sie nicht einzeln, sondern in Kombination miteinander auf.

Manche Pflanzen sind so angepaßt, daß sie den größten Teil des Jahres in Form von Samen überstehen. Diese Pflanzen entfalten sich nach einem Regen schnell, blühen und bilden Früchte, deren Samen die nächste Trockenperiode überleben (Abb. 1). Auch geschützte unterirdische Pflanzenteile, wie beispielsweise Zwiebeln, können ein Überdauern während der Trockenphasen ermöglichen.

Pflanzen, die das ganze Jahr oberirdisch leben, sind darauf angewiesen, möglichst viel Wasser während der kurzen Feuchtigkeitsperioden aufzunehmen, zu speichern und die Wasserabgabe in den Dürreperioden gering zu halten. So besitzen die meisten dieser Pflanzen ein ausgeprägtes Wurzelsystem mit hoher Saugkraft. Besonders typisch ist aber vor allem die Fähigkeit, Wasser zu speichern. Man spricht von *Sukkulenz.* Als wasserspeicherndes Gewebe dient in den meisten Fällen das Blatt oder der Stamm *(Sproß).* Der auffälligste Vertreter der Blattsukkulenten ist *Lithops,* welcher in den südafrikanischen Wüsten zu finden ist (Abb. 99.1). Wegen seiner kieselsteinähnlichen Form wird er als „lebender Stein“ bezeichnet.

Die Triebe der Pflanzen bestehen aus zwei miteinander verwachsenen, fleischigen Blättern. Sie sind dick und fast rund. Während

1 Wüstenlandschaft bei Trockenheit und nach Regenfällen

der Trockenzeit ragen sie nur zu einem geringen Teil aus der Erde heraus. Im Blattinneren befinden sich große Wasserspeicherzellen. Dieses chloroplastenfreie, farblose Wasserspeichergewebe reicht bis zur Blattoberseite, die aus dem Boden herausragt. Hierdurch entsteht eine Art Fenster, durch welches das Sonnenlicht in das Blatt eindringen kann und zu dem an der Peripherie und tiefer liegenden, grünen Gewebe gelangt (Abb. 1). Durch diesen besonderen Blattaufbau läuft die Fotosynthese teilweise unterirdisch ab.

Bekannteste Vertreter der Stammsukkulenten sind die *Kakteen*. Sie sind im Südwesten der USA, Mexiko und den Andenländern heimisch. Besonders große Formen können 12 bis 20 m hoch werden. 91 % des Frischgewichtes eines Kaktus ist Wasser. Dies bedeutet, daß in großen Kakteen, wie dem Kandelaberkaktus, bis zu 3000 Liter Wasser gespeichert werden können (Abb. 1). So läßt es sich auch erklären, daß einige Kakteen Monate ohne Wasser überleben können. Sie verbrauchen in der Trockenphase 60 bis 70 % ihres Wasservorrates. Der Umfang der Kakteen ändert sich daher je nach Wassergehalt. Nach Regenfällen, wenn sich das Rindengewebe mit Wasser vollgesogen hat, sind die Rippen wie bei einem Blasebalg auseinandergezogen (Abb. 1).

Die zahlreichen Stammsukkulenten in den afrikanischen Savannen und Halbwüsten sind keine Kakteen, sondern *Wolfsmilchgewächse*. Bei ihnen wird das Wasser nicht wie bei den Kakteen im Rinden-, sondern im Markgewebe gespeichert. Ihren Namen verdanken diese Pflanzen dem weißen Milchsaft in ihrem Gewebe, der Kautschuk enthält.

Die Transpiration der Sukkulenten wird durch eine dicke Kutikula und versenkte Spaltöffnungen herabgesetzt. Meist besitzen die Pflanzen auch kleine Blätter. Bei Kakteen ist die Oberfläche extrem verkleinert, da bei ihnen die Blätter vollständig reduziert zu Dornen umgebildet worden sind. Eine Transpiration kann lediglich noch über die Spaltöffnungen des Stammes erfolgen. Die Fotosynthese läuft in den Rindenzellen des Sprosses ab.

Bei vielen der Sukkulenten, wie z. B. auch beim Brutblatt, kommt noch hinzu, daß sie nicht nur morphologisch angepaßt sind, sondern auch aufgrund von Besonderheiten im Stoffwechsel ihre Stomata tagsüber kaum zu öffnen brauchen.

1 Stamm- und Blattsukkulenten

Der Tag-/Nacht-Rhythmus beim Brutblatt

CAM
Crassulacean **A**cid **M**etabolismus
Crassulaceen-Säurestoffwechsel

Ohne Licht können Pflanzen keine Fotosynthese betreiben. Viel Sonnenlicht bringt jedoch nicht nur Vorteile, da mit einer hohen Lichteinstrahlung meist Hitze, Trockenheit und eine starke Verdunstungsrate verbunden sind. Wasser wird zum begrenzenden Faktor.

Pflanzen in sehr warmen und trockenen Regionen besitzen meist eine dicke Kutikula, die Wasser und Gase nicht durchläßt. Nur über die Spaltöffnungen können daher Wasserdampf und Gase abgegeben werden. Sind die Spaltöffnungen geöffnet, geht viel Wasser verloren. Werden sie geschlossen, kann trotz der hohen Sonneneinstrahlung nicht ausreichend Glukose gebildet werden, da für den Calvin-Zyklus nicht genügend Kohlenstoffdioxid aufgenommen werden kann. In vielen Sukkulenten laufen spezielle Stoffwechselprozesse ab, durch die sie dem Dilemma Verhungern oder Verdursten entgehen können.

Hält man eine Brutblattpflanze *(Bryophyllum)* und eine Buntnesselpflanze ohne zu gießen bei starker Beleuchtung, so zeigt sich bereits nach zwei Tagen, daß das Brutblatt der Buntnessel unter diesen Bedingungen überlegen ist. Das Brutblatt gehört zu einer Gruppe von Pflanzen, die man aufgrund ihrer Fähigkeit Wasser zu speichern und ihres damit verbundenen fleischigen Aussehens als *Blattsukkulenten* bezeichnet (Abb. 2). Viele Vertreter der Blattsukkulenten speichern das Wasser in den Zellvakuolen des assimilierenden Gewebes.

Bereits 1815 war dem Engländer HEYNE aufgefallen, daß die Blätter von Bryophyllum morgens sauer schmeckten, abends diesen Geschmack jedoch völlig verloren hatten. Genauere Untersuchungen zeigten, daß viele Sukkulenten über Nacht Äpfelsäure in ihren Vakuolen anreichern und tagsüber wieder abbauen. Diesen täglichen Wechsel der Säurekonzentrationen bezeichnet man als *diurnalen Säurerhythmus.*

Genau entgegengesetzt verändert sich der Stärkegehalt in den Chloroplasten. Tagsüber wird die Stärke durch die Fotosynthese gebildet, nachts wird sie abgebaut (Abbildung 1).

Messungen der Kohlenstoffdioxidaufnahme bei Sukkulenten und Nichtsukkulenten zeigen, daß die Sukkulenten in der Nacht die Stomata öffnen und den größten Teil des Kohlenstoffdioxides aufnehmen (siehe auch Abb. 101.1). Dieses Kohlenstoffdioxid kann im gasförmigen Zustand nicht gespeichert werden, weil dies dem Konzentrationsgefälle entsprechend wieder aus der Pflanze herausdiffundieren würde. Die Speicherung erfolgt durch eine Bindung an ein Abbauprodukt der Stärke, die *Brenztraubensäure.*

Dies erklärt die nächtliche Abnahme der Stärke. In zwei Reaktionsschritten wird Äpfelsäure gebildet, die in die Vakuole diffundiert und dort gespeichert wird. Sie bewirkt den morgendlichen, sauren Geschmack des Brutblattes Bryophyllum. Tagsüber gelangt die Äpfelsäure wieder aus der Vakuole zu-

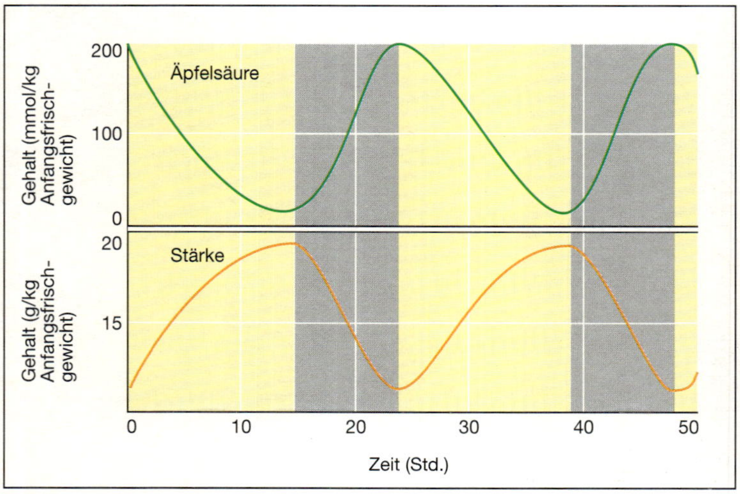

1 Äpfelsäure- und Stärkegehalt einer Sukkulenten

2 Brutblatt

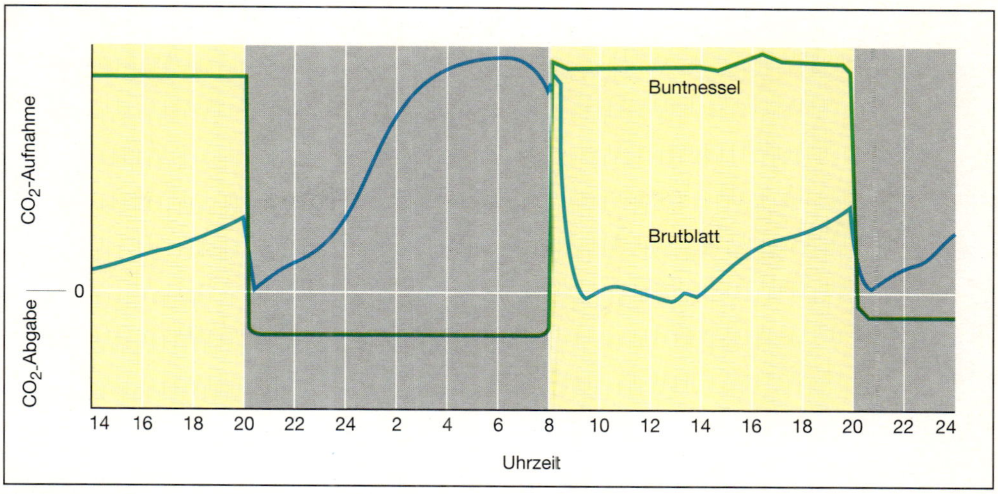

1 Verlauf der CO_2-Aufnahme einer Sukkulenten und einer Nicht-Sukkulenten

rück ins Cytoplasma und wird zu Kohlenstoffdioxid und Brenztraubensäure gespalten. Das im Cytoplasma freiwerdende Kohlenstoffdioxid kann innerhalb der Zelle in die Chloroplasten diffundieren und wie bei allen Pflanzen im Calvin-Zyklus der Fotosynthese zur Bildung von Glukose und Stärke genutzt werden. Die speziellen Stoffwechselschritte ermöglichen es den Sukkulenten, wie dem Brutblatt Bryophyllum, nachts Kohlenstoffdioxid aufzunehmen und zu deponieren. Mit dem nächtlichen Rückgang der Temperatur steigt die relative Luftfeuchtigkeit, so daß die Pflanzen selbst bei geöffneten Stomata weniger Wasser an ihre Umgebung verlieren als zwischen 10 und 17 Uhr. Von diesen Prozessen der CO_2-Bindung zeitlich getrennt, wird tagsüber das Licht von den Fotosynthesepigmenten absorbiert und seine Energie wie bei allen Nicht-CAM-Pflanzen in Form von Stärke gespeichert (Abbildung 2).

Der eigentliche Vorteil dieses Mechanismus liegt darin, daß tagsüber die Spaltöffnungen geschlossen bleiben und die Wasserverluste auf ein Minimum reduziert werden können. Bei der Fixierung von 1 g Kohlenstoffdioxid transpiriert die Buntnessel im Vergleich zum Bryophyllum eine wesentlich höhere Wassermenge. Bei Dürrebelastung ist der diurnale Säurerhythmus daher vorteilhaft, weil er wassersparend ist. Nachteilig ist jedoch, daß große Mengen der Stärke für die Fixierung des Kohlenstoffdioxides verbraucht werden und so die in ihr gespeicherte Energie für das Wachstum zum Teil verloren ist.

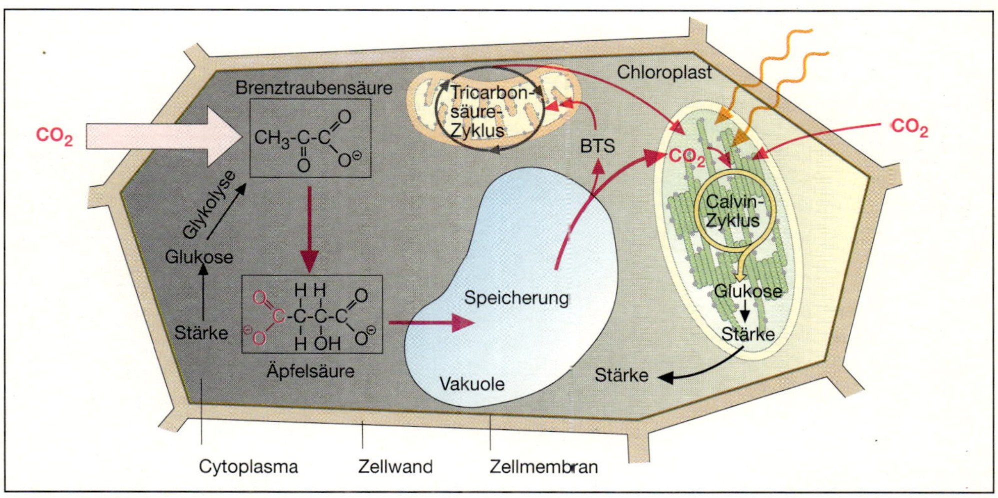

2 Schematische Darstellung der CO_2-Aufnahme bei CAM-Pflanzen

Mais — ein Sonnenspezialist

Mais wurde bereits von den Inkas, Mayas und Azteken angebaut. Seine heutigen Zuchtformen haben von allen Getreidesorten den höchsten Kornertrag und die größte Blattmassenproduktion. Durch diese Eigenschaften ist er zur wichtigsten Nutzpflanze Amerikas geworden. Wenngleich die Abstammung des Mais noch nicht völlig geklärt ist, so steht sein Ursprungsgebiet fest: Eine heiße Region Mexikos mit hoher Lichteinstrahlung und Wasserknappheit. Vermutlich brachte ihn Kolumbus nach Europa. Heute baut man ihn überall auf der Erde an. In Deutschland reift der Mais nur selten aus, deshalb nutzen die Bauern ihn als Grünfutter.

Besonderheiten im Blattaufbau waren den Wissenschaftlern schon früh aufgefallen. Sie wurden aber erst durch die physiologischen Befunde von HATCH und SLACK verständlich. Diese Wissenschaftler fanden in den 60er Jahren, daß Mais, ähnlich wie die Sukkulenten, neben den Substanzen des Calvin-Zyklus größere Mengen an Äpfelsäure und Oxalessigsäure enthielten. Deren Grundstruktur besteht aus 4 C-Atomen. Deshalb bezeichneten sie Pflanzen mit dieser Eigenschaft als C_4-Pflanzen und grenzten sie damit von den C_3-Pflanzen ab, in denen Phosphoglycerinsäure (3 C-Atome) als erstes Produkt nach der CO_2-Fixierung im Calvin-Zyklus auftritt.

Heute weiß man ferner, daß die C_4-Pflanzen neben dem CO_2-Bindungsenzym des Calvin-Zyklus in den Mesophyllzellen ein weiteres CO_2-Bindungsenzym mit fast 100facher Affinität besitzen. Dies ist neben den CAM-Pflanzen eine zweite Variante, den Wasserverlust bei der CO_2-Aufnahme zu verringern.

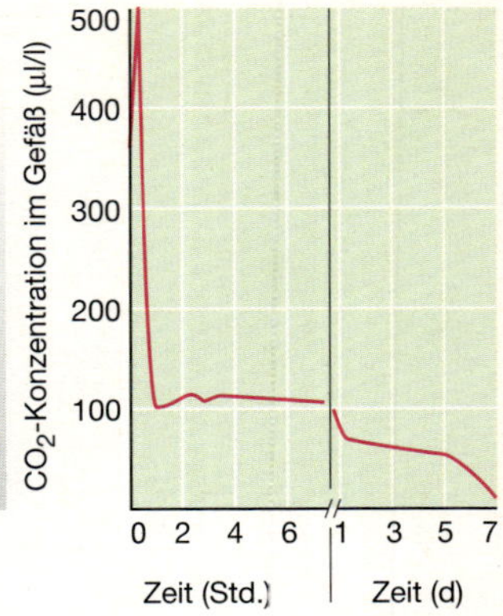

Belichtung der Versuchsansätze: 15 Std./Tag (Starklicht)
Versuchstemperatur: 30 °C (konstant)
luftdichter Verschluß der Glasglocken

1

Lichtatmung

Die Prozesse der Atmung laufen in pflanzlichen und tierischen Zellen gleich ab. Im Unterschied zu den Tieren wird diese mitochondriale Atmung bei Pflanzen jedoch durch Licht gehemmt. Man bezeichnet sie häufig als Dunkelatmung und stellt sie der Lichtatmung gegenüber.

Dieser Prozeß wird dadurch in Gang gesetzt, daß sich an die katalytische Stelle des CO_2-Bindungsenzyms des Calvin-Zyklus auch Sauerstoff anlagern kann. Folglich konkurrieren Kohlenstoffdioxid und Sauerstoff miteinander. Wird Sauerstoff gebunden, dann wird das entstehende Zwischenprodukt nicht zu einem Zucker, sondern zu einer Aminosäure umgebaut. Dabei wird weiterer Sauerstoff verbraucht und Kohlenstoffdioxid gebildet. Aus diesen Gründen unterscheiden sich die Prozesse der Lichtatmung grundsätzlich von der mitochondrialen Atmung.

Die Raten der CO_2-Abgabe und der Sauerstoffaufnahme steigen mit zunehmender Lichtintensität. Es können bis zu 50 % des durch die Fotosynthese gebundenen CO_2 an die Umgebung abgegeben werden. Damit bedeutet die Lichtatmung eine erhebliche Einbuße für den Energiehaushalt und wird häufig als Leck des Calvin-Zyklus bezeichnet. Eine biologische Bedeutung scheint nicht vorzuliegen.

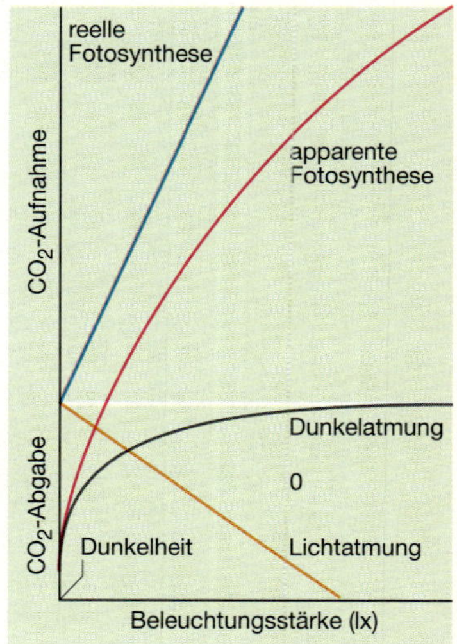

	Mais (C_4-Pflanze)	**Bohne** (C_3-Pflanze)
apparente Fotosynthese (mg CO_2 cm^{-2} h^{-1})	0,6 — 1,0	< 0,3
Lichtsättigung der apparenten Fotosynthese (W cm^{-2})	0,04 — 0,06	< 0,02
Lichtatmung (ng CO_2)	nicht meßbar	43
Transpiration (µg H_2O cm^{-2} s^{-1})	6,8	18,2

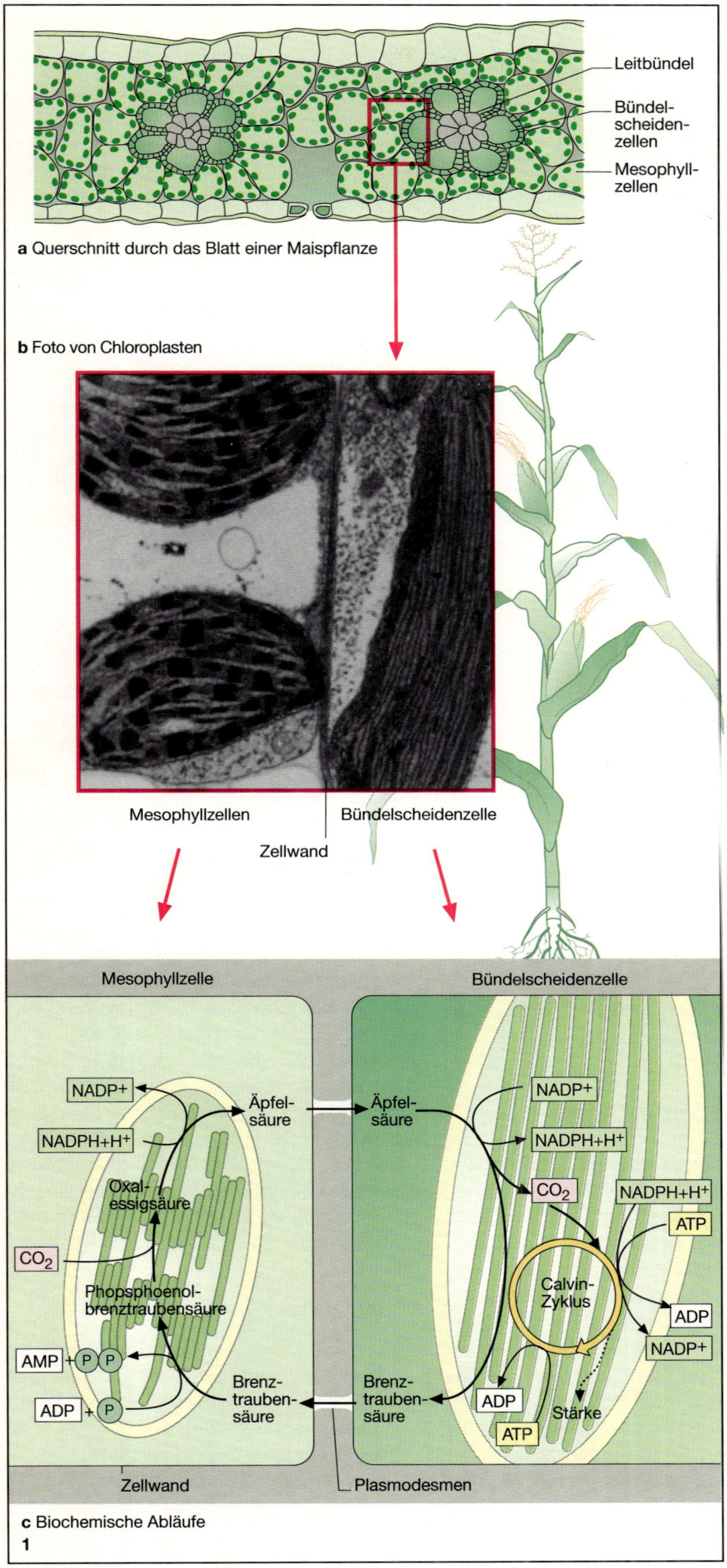

a Querschnitt durch das Blatt einer Maispflanze

b Foto von Chloroplasten

c Biochemische Abläufe

1

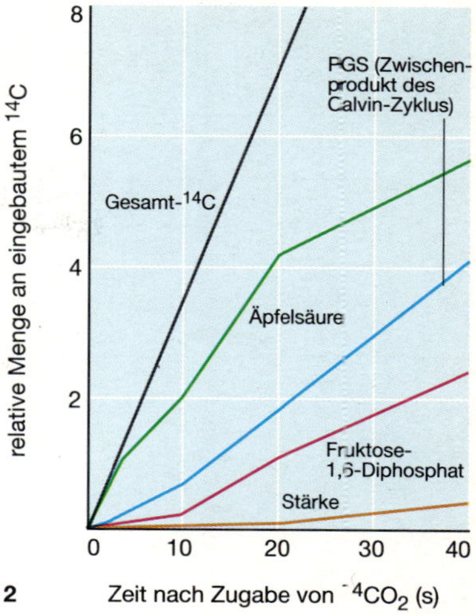

2

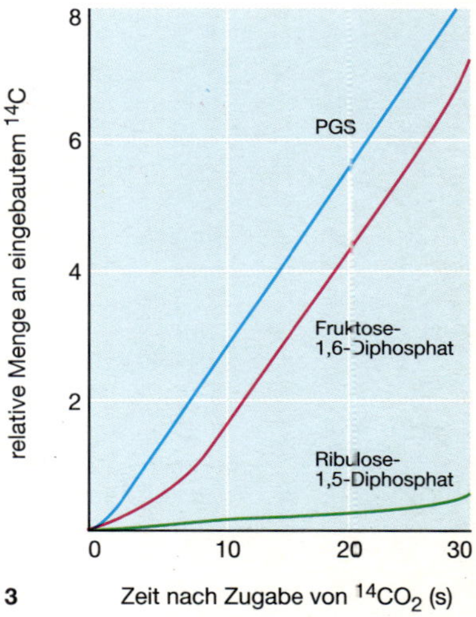

3

Aufgaben

① Formulieren Sie das stoffwechselphysiologische Dilemma, in dem sich Pflanzen heißer, trockener Klimazonen, wie der Mais, befinden. Beschreiben Sie Abbildung 102.1, und erstellen Sie eine Hypothese zur Deutung des Experimentes.

② Beschreiben Sie den Aufbau eines Maisblattes (Abb. 1 a, b), und vergleichen Sie ihn tabellarisch mit dem eines Bohnenblattes. Dies entspricht weitgehend dem Sonnenblatt einer Buche (siehe Seite 85).

③ Beschreiben und deuten Sie die physiologischen und histologischen Befunde (Abb. 2, 3 und dann 1 c). Begründen Sie auf dieser Grundlage den dargestellten Reaktionsverlauf.

④ Überprüfen Sie Ihre Hypothese aus Aufgabe 1, und erläutern Sie die Überlegenheit der C_4-Pflanze Mais gegenüber der Bohne (siehe Tabelle Seite 102).

13 Chemosynthese

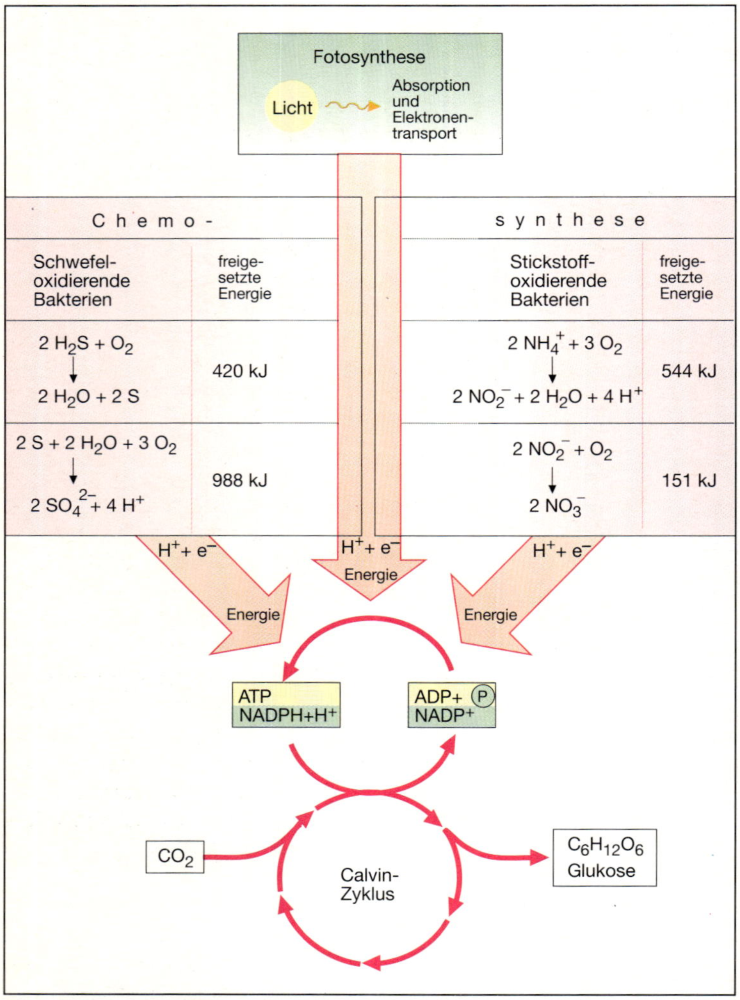

1 Schematische Darstellung von Chemo- und Fotosynthese

Es geht auch ohne Licht

Die grünen Pflanzen und einige farbstoffhaltige Bakterien nutzen die Energie des Sonnenlichtes. So sind sie in der Lage, aus den energiearmen anorganischen Substanzen CO_2 und H_2O energiereiche organische Stoffe wie Glukose herzustellen. Ihre Lebensweise bezeichnet man als *photoautotroph*. Daneben gibt es eine Reihe von farblosen Bakterien. Bei ihnen dient nicht das Licht als Energiequelle, sondern energiereiche anorganische Substanzen, wie Schwefel- und Stickstoffverbindungen. Die Substanzen werden aus der Umgebung in die Zelle aufgenommen, oxidiert, und die Oxidationsprodukte werden ausgeschieden. Die hierbei freiwerdende Energie wird in Form von ATP und NADH + H^+ gespeichert. Die weiteren Prozesse der Glukosesynthese laufen wie bei grünen Pflanzen im *Calvin-Zyklus* ab. Da chemische Substanzen Ausgangsstoffe der Energiequellen sind, bezeichnet man diese Stoffwechselprozesse als *Chemosynthese* und die Organismen als *chemoautotroph*. Die Chemosynthese ist wie die Fotosynthese ein Assimilationsprozeß.

Einzellige, farblose Bakterien, wie z. B. der *Thiobacillus* oder die fädigen *Thiotrix*, oxidieren Schwefelwasserstoff oder Schwefel zu Sulfat (Abb. 1). Die Energieausbeute bei diesen Reaktionen ist beachtlich. Diese Bakterien leben nicht nur in Schwefelquellen, sondern auch in nährstoffreichen Tümpeln. Sie tragen zur Selbstreinigung der Flüsse bei und kommen in Rieselfeldern der Abwasserreinigung und Faulschlammbecken vor, also überall dort, wo durch Fäulnisprozesse H_2S frei wird.

Organisches Material von abgestorbenen Pflanzen und Tieren wird von Fäulnisbakterien im Boden zersetzt. Bei der Zersetzung der Eiweiße wird Ammoniak frei. Die im Boden lebenden nitrifizierenden Bakterien wandeln Ammoniak in zwei Schritten über Nitrit zu Nitrat um (Abb. 1). Bei dieser Oxidation sind immer zwei Bakteriengattungen notwendig. *Nitrosomonas* oxidiert Ammoniak zu Nitrit. Dieses ist für Nitrosomonas jedoch ein Giftstoff. Ein Zusammenleben mit *Nitrobakter* ist notwendig, da Nitrobakter das Nitrit in das ungiftige Nitrat oxidiert. Nitrosomonas setzt bei dieser Reaktion pro mol Ammoniak 272 kJ frei. Nitrobakter muß für den gleichen Energiegewinn fast die vierfache Menge an Substrat umsetzen. Dies gewährleistet, daß giftiges Nitrit sich nicht im Boden anreichert. Die Nitrifikation ist für die Bereitstellung von Nitrat im Boden ein wichtiger Prozeß, da das Nitrat die Hauptstickstoffquelle für die Pflanzen ist.

Aufgaben

① Erklären Sie, weshalb die Chemosynthese im Gegensatz zur Fotosynthese keinen Energiegewinn im Energiehaushalt unserer Erde, sondern nur eine Energieumverteilung darstellt.

② Berechnen Sie mit Hilfe der Daten aus der Fotosynthese, wieviel mol Ammoniak Nitrosomonas für ein mol Glukose umsetzen muß.

Chemosynthese in der Tiefsee

Untersuchungen des völlig dunklen Meeresbodens zeigen normalerweise nur wenig lebende Organismen. Daher überraschten die Funde, die Geologen 1977 auf einer Exkursion mit einem Forschungs-U-Boot in 2600 m Tiefe machten. Sie fanden eine Oase überquellenden Lebens. Röhrenwürmer mit bis zu 1 m Länge, 30 cm große Muscheln, Trauben von Miesmuscheln, Garnelen, Krabben und Fischen. Die Organismen dieses Lebensraumes konnten in der völligen Dunkelheit nicht auf fotosynthetische Nährstoffe angewiesen sein. In der Umgebung der großen Muscheln oder der Röhrenwürmer konnten auch keine Nahrungspartikel entdeckt werden.

Das Besondere dieser Tiefseestandorte sind Lavaspalten mit heißen Tiefseequellen oder „Black Smokern“ (Abb. 1). Durch diese Spalten dringt Wasser in den Meeresboden ein und wird in der Erdkruste stark erhitzt. Das kochendheiße, von Schwefelverbindungen pechschwarze Wasser wird mit Druck herausgepreßt. Diese Thermalquellen enthalten viel Schwefelwasserstoff aus der Erdkruste.

Die hier lebenden Röhrenwürmer sind Tiere, die weder einen Mund noch andere Teile eines Verdauungssystems besitzen (Abb. 2). Der größte Teil der Körperhöhle ist ein Organ, in dem die Zellen mit schwefeloxidierenden Bakterien vollgepackt sind (*Trophosom*). Diese Bakterienkultur wird von einem effektiven Blutsystem mit Sauerstoff und Schwefelwasserstoff aus dem Seewasser versorgt. Die Bakterien gewinnen durch die Oxidation von Schwefelwasserstoff Energie. Mit Hilfe dieser Energie wird aus Kohlenstoffdioxid, das aus dem Wasser aufgenommen wurde, über den Calvin-Zyklus Glukose gewonnen (Abb. 3). Diese energiereichen Verbindungen gelangen in den Blutkreislauf der Röhrenwürmer und dienen als Energiequelle.

Auffallend sind die leuchtend roten Kiemenbüschel, über die Röhrenwürmer nicht nur Sauerstoff und Kohlenstoffdioxid austauschen, sondern auch Schwefelwasserstoff aufnehmen. Transportiert werden Sauerstoff und Schwefelwasserstoff durch die selben Hämoglobinmoleküle.

Schwefelwasserstoff ist zwar energiereich, aber für die meisten Lebewesen auch äußerst giftig. Bei uns Menschen verdrängt er z. B. den Sauerstoff vom Hämoglobin. Das Hämoglobinmolekül der Röhrenwürmer ist nicht nur größer als das des menschlichen Blutfarbstoffs, sondern besitzt auch eine andere Struktur. So befinden sich an diesem Hämoglobin eine Bindungsstelle für den Sauerstoff und eine zweite für den Schwefelwasserstoff, die räumlich voneinander getrennt liegen. Die Sauerstoffversorgung des Gewebes wird somit durch den Schwefelwasserstoff nicht beeinträchtigt.

Aufgabe

① Beschreiben Sie die gegenseitige Abhängigkeit von Röhrenwürmern und schwefeloxidierenden Bakterien.

1 Black Smoker

2 Röhrenwürmer

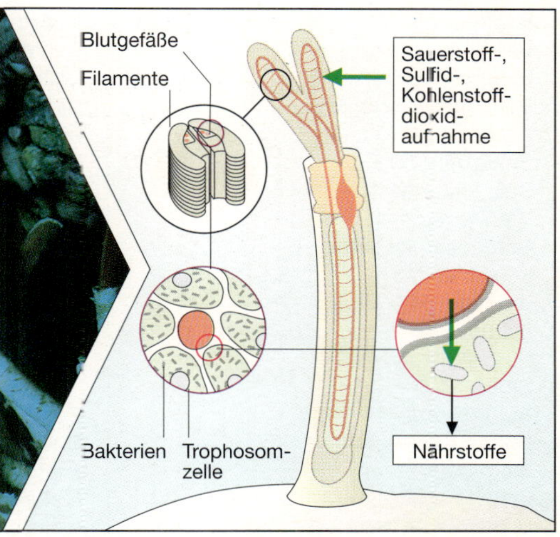

3 Röhrenwurm mit symbiontischen Bakterien

Register

Bildnachweis

Fotos: 4.1 Ralph Grimmel, Stuttgart — 4.2 Hans Reinhard, Heiligenkreuzsteinach — 5.1 Manfred Kage, Lauterstein — 6.1 W. Schlosser, Fluterschen — 8.1 J. Lichtenberger, Bielefeld — 15.K Hans-Dieter Frey, Rottenburg — 22.Rd. Okapia (Naturbild/Prinz), Frankfurt — 34.1 G. Kämpfe, Ulm — 34. K Okapia (B. Reif) — 35.Rd. Manfred Kage — 38.3 Okapia (Oxford Scientific Films, G. J. Bernard) — 39.1 Bonnier Alba (Lennart Nilsson), Stockholm — 44.1 a/b Boehringer Mannheim GmbH — 50.1 Vogell (aus „Unterricht Biologie", April 1978, Heft 20) — 58.1 a Toni Angermayer (Günter Ziesler), Holzkirchen — 58.1 b W. Schlosser — 60.1 a Okapia (Milos Andera) — 60.1 b, Rd. W. Schlosser — 62.Rd.1 Toni Angermayer (Günter Ziesler) — 62.Rd.2 Okapia (Nick Bergkessel) — 64.Rd. Okapia (R. Ben-Shahar) — 68.1 Okapia (Dong Allan) — 69.1 Okapia (F. Gohier) — 70.1 a/b Manfred Kage — 74.1 BASF, Limburgerhof — 75.K Donald R. Perry/Sylvia Merschel, Santa Monica, USA — 76.1 Okapia (W. Prinz) — 76.2 Okapia (C. Brown, Science Source) — 79.K Okapia (Berthold Singler) — 80.1 b Manfred Kage — 81.1 Prof. O. L. Lange, Universität Würzburg — 82.1 Dieter Schmidtke, Schorndorf — 82.2 Motor-Presse, Stuttgart — 85.1 Agri Media (hapo), Pinneberg — 95. Rd. Bettmann, New York, USA — 96.1 Bilderberg (Klaus-D. Francke), Hamburg — 98.1 a Okapia (Jeff Foott) — 98.1 b Okapia (K. Wanecek) — 98.1 c Eckart Pott, Stuttgart — 99.1 a Okapia (Harald Lange) — 99.1 b/c Save Bild (G. Ramm), Augsburg — 100.2 Claus Kaiser, Stuttgart — 103.1 a Prof. Eldon H. Newcomb, University of Wisconsin, Madison, USA — 105 1 aus „Illustrierte Wissenschaft", Februar 1992 (S. 30): Woods Hole Oceanographic Institution — 105.2 R. R. Hessler, Scripps Institution of Oceanography, La Jolla, California

Titelbild: Focus (Gopal Murti, Science Photo Library), Hamburg: Elektronenmikroskopische Aufnahme von Lysosomen einer Nierenzelle der Maus

Grafiken: Prof. Jürgen Wirth, Fachhochschule Darmstadt, Fachbereich Gestaltung (Mitarbeit: Matthias Balonier)

Stoffwechselphysiologie — ein Fazit

Die Stoffwechselphysiologie beschäftigt sich mit den Lebensvorgängen pflanzlicher und tierischer Organismen. Zahlreiche Beispiele in diesem Buch machen deutlich, daß es sich dabei um chemische Prozesse handelt, die alle den energetischen Gesetzmäßigkeiten unterliegen. Die chemischen Prozesse laufen in den Zellen ab. Diese Zellen sind in einen Organismus eingebunden. Dieser ist wiederum in seine Umwelt eingebunden. Nur wenn man möglichst viele Aspekte sieht, kann man die Zusammenhänge verstehen.

Die Analyse der Stoffwechselprozesse zeigt, daß die Energie von der Sonne stammt und über die Fotosynthese in Form von Kohlenhydraten und Fetten gespeichert wird. Im Verlauf der Dissimilation wird die Energie auf den universellen, kurzzeitigen Energiespeicher ATP übertragen. Seine Hydrolyse macht die Energie für die verschiedenen Lebensprozesse, wie z. B. Bewegung, Fortpflanzung und Wachstum, verfügbar.

Die Ursachen und die biologische Bedeutung von Phänomenen sind die beiden Leitfragen in der Biologie. Ihre Verknüpfung läßt sich am Eingangsbeispiel dieses Buches besonders gut verdeutlichen: Die Abhängigkeit der Herzfrequenz von der relativen Körperoberfläche. An diesem Beispiel soll aufgezeigt werden, welche Rolle die Physiologie für die Nachbardisziplinen innerhalb der Biologie spielt und wie eng physiologische Fragestellungen mit denen anderer biologischer Teilgebiete und auch mit der Physik und der Chemie verknüpft sind.

Unser Anfangsphänomen, daß die Herzfrequenz von der relativen Körperoberfläche abhängt, trifft lediglich für Vögel und Säugetiere zu. Nur Vertreter dieser Tierklassen sind gleichwarm *(homoiotherm)*. Die Fragestellung nach den Ursachen der Homoiothermie zeigt, daß ein homoiothermer Organismus bei Abkühlung die Wärmeproduktion über den Stoffwechsel steigert und bei Erwärmung Kühlmechanismen wirksam werden. Für die Einhaltung der konstanten Körpertemperatur sorgt ein komplexes Regulationssystem, dessen Aufklärung von der Physiologie und der Neurobiologie gemeinsam geleistet werden konnte. Als Ursache der Wärmeproduktion wurde die Atmung erkannt: Die äußere Atmung *(Partialdruck)* hat sich als wichtige Voraussetzung dafür erwiesen, daß die biochemischen Vorgänge der Zellatmung und Gärung ablaufen können. Erklären lassen sich diese Vorgänge allerdings nur mit den Grundlagen der Physik und Chemie.

Die Frage nach der biologischen Bedeutung der Homoiothermie, also die zweite Leitfrage, sprengt deutlich den Rahmen der Physiologie. Hier müssen zur Klärung die Nachbardisziplinen, wie Ökologie und Evolution, hinzugezogen werden.

Die biologische Bedeutung darf allerdings nicht einseitig als Frage nach dem biologischen Nutzen gesehen werden. Eine solche Sichtweise ließe völlig unverständlich, weshalb nicht alle Tiere gleichwarm sind. Die moderne Biologie vergleicht deshalb die vitalitätsfördernden „Nutzen" (Vorteile eines physiologischen Phänomens oder Verhaltens) mit den vitalitätshemmenden „Kosten", den Nachteilen. Dem Nutzen einer optimalen Betriebstemperatur für viele Lebensprozesse stehen bei unserem Beispiel die Kosten hoher Energieverluste bei niedrigen Temperaturen gegenüber. In der Regel wird davon ausgegangen, daß die „Nutzen" die „Kosten" langfristig überwiegen: In diesem Fall spricht man davon, daß die Lebewesen angepaßt sind. Die Homoiothermie ist für Säuger und Vögel demnach vorteilhaft, da die „Kosten" nicht höher sind als die „Nutzen".

Homoiothermie bietet nicht nur Vorteile. Dies wird indirekt aus der Tatsache deutlich, daß der überwiegende Teil der Tiere nicht gleichwarm ist. „Kosten" und „Nutzen" sind stark von ökologischen Gegebenheiten abhängig. Das Klima spielt eine wichtige Rolle. Durch Isoliermechanismen, wie Fettschicht, Fell oder Federkleid, aber auch durch zeitweiliges Absenken der Körpertemperatur, wie beispielsweise beim Winterschlaf der Fledermäuse, können die „Kosten" gering gehalten werden. Andere Faktoren, wie Fluchtgeschwindigkeit und Fähigkeit zum schnellen Beutefang, sind nicht bei allen Lebewesen von gleicher Bedeutung.

So erlaubt nur die genaue Analyse von möglichst vielen Faktoren, die einen Organismus bestimmen, ein Verständnis für seine Lebensweise. Dies gilt selbstverständlich auch für den Menschen.

Experimente im Unterricht

Eine Naturwissenschaft wie Biologie ist ohne Experimente nicht denkbar. Daher finden Sie im **Themenheft Stoffwechsel** eine Reihe von Versuchen. Experimentieren mit Chemikalien ist jedoch nie völlig gefahrlos. Deswegen ist es wichtig, vor jedem Versuch mit dem Lehrer die möglichen Gefahrenquellen zu besprechen. Insbesondere müssen immer wieder die im Labor selbstverständlichen Verhaltensregeln beachtet werden, wie sie z. B. in den Gefahrenstoffverordnungen der einzelnen Bundesländer für den Schulbereich festgelegt sind. Die Vorsichtsmaßnahmen richten sich nach der Gefahr durch die jeweils verwendeten Stoffe. Daher sind in jeder Versuchsanleitung die verwendeten Chemikalien mit den Symbolen der Gefahrenbezeichnung gekennzeichnet, die ebenfalls auf den Etiketten der Vorratsflaschen angegeben sind. Dabei bedeuten:

C = ätzend, *corrosive:* Lebendes Gewebe und Material, das mit diesen Stoffen in Berührung kommt, wird an der betroffenen Stelle zerstört.

F = leichtentzündlich, *flammable:* Stoffe, die durch das kurze Einwirken einer Zündquelle entzündet werden können.

X_i = reizend, *irritating* (X für Andreaskreuz): Stoffe, die reizend auf Haut, Augen oder Atemorgane wirken können.

X_n = mindergiftig, *noxious* (schädlich): Stoffe, die beim Einatmen, Verschlucken oder bei Hautkontakt Gesundheitsschäden hervorrufen können.

Chemikalien mit höherem Gefahrenpotential sollen bei Schülerversuchen nicht zur Verwendung kommen.

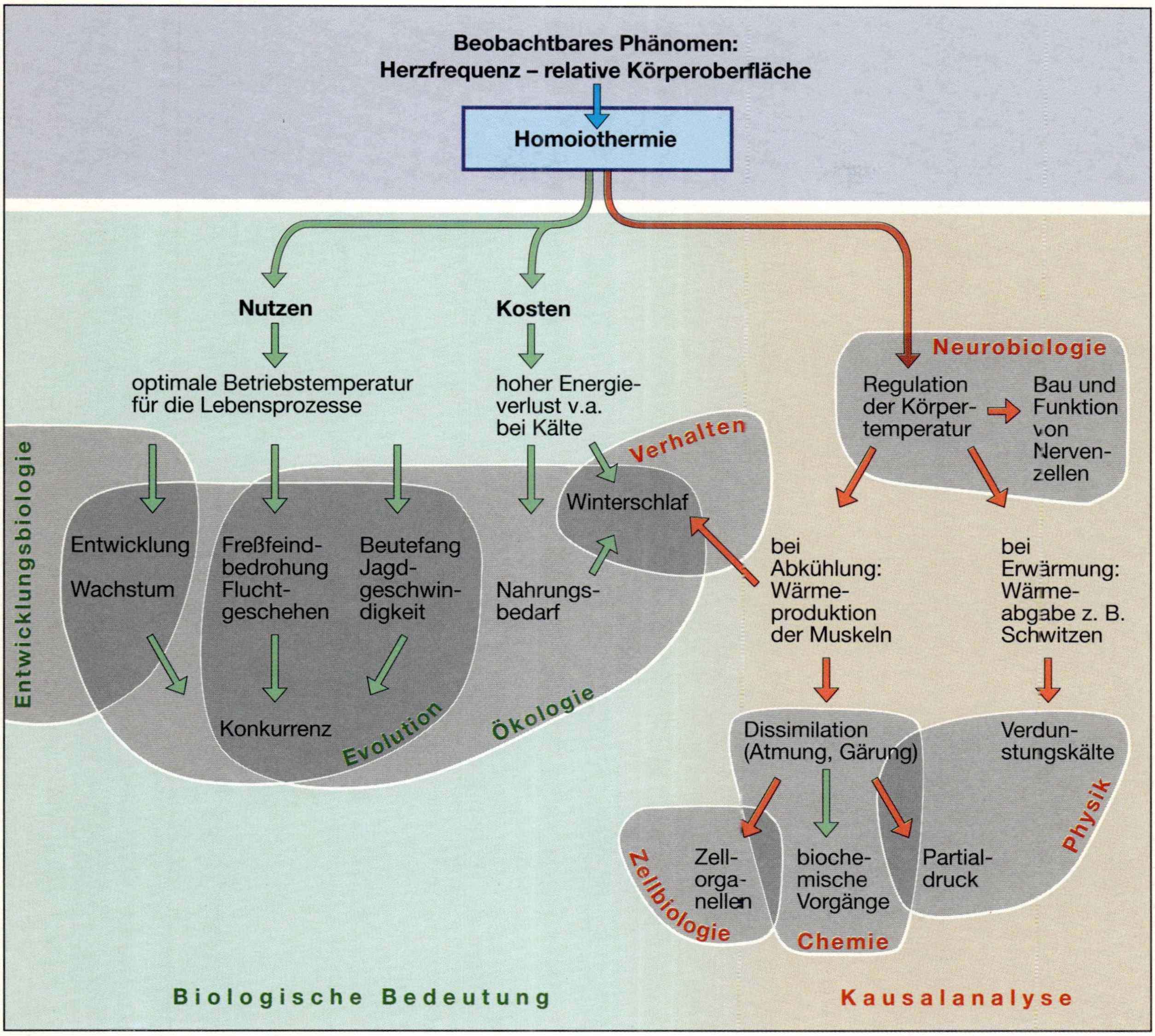

Beobachtbares Phänomen:
Herzfrequenz – relative Körperoberfläche
Homoiothermie
Nutzen
Kosten
optimale Betriebstemperatur für die Lebensprozesse
hoher Energieverlust v.a. bei Kälte
Entwicklungsbiologie
Entwicklung
Wachstum
Freßfeindbedrohung Fluchtgeschehen
Beutefang Jagdgeschwindigkeit
Nahrungsbedarf
Verhalten
Winterschlaf
Konkurrenz
Evolution
Ökologie
Neurobiologie
Regulation der Körpertemperatur
Bau und Funktion von Nervenzellen
bei Abkühlung: Wärmeproduktion der Muskeln
bei Erwärmung: Wärmeabgabe z. B. Schwitzen
Dissimilation (Atmung, Gärung)
Verdunstungskälte
Physik
Zellorganellen
Zellbiologie
biochemische Vorgänge
Chemie
Partialdruck
Biologische Bedeutung
Kausalanalyse